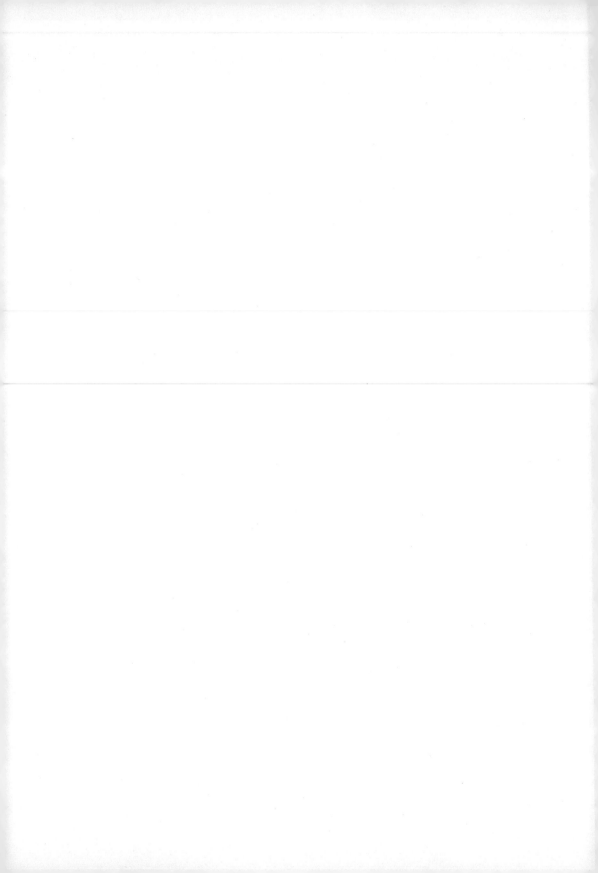

林克雷特聲音系統
釋放人聲自由的訓練

Freeing the natural voice: imagery and art

in the practice of voice and language

Kristin Linklater 著

林微弋 譯

五南圖書出版公司 印行

Freeing the natural voice

Imagery and art
in the practice
of voice and language

Kristin Linklater

Freeing the natural voice: imagery and art in the practice of voice and language
is Published by arrangement with Nick Hern Books.

謹獻

　　此增訂版獻給我對艾瑞絲・沃倫（Iris Warren）的回憶。艾瑞絲為1976年本書首版內容之草創者。此增修版是她輝煌成績的延伸加上我二十五餘年教學積累經驗所增添的練習內容。

　　一個字的述說，彷彿是敲響出想像力鋼琴上的一聲琴音。

　　　　　　　　　——路德維希・維根斯坦（Ludwig Wittgenstein）

　　　　《哲學研調》（*Philosophical Investigation*）第一部分第六節

推薦序一：覺察、想像力與人聲自由

　　我自己的訓練背景是肢體劇場，在多年的劇場與教學經驗中，發現台灣劇場界在八〇年代起重視身體的歷史氛圍下，許多表演體系如葛羅托斯基、第四道、樂寇或鈴木忠志等訓練方法，在演員間都十分盛行，可是關於聲音訓練，卻缺乏有體系的教學。我開始留意國外聲音訓練的相關訊息，但是缺乏相關聲音訓練經驗的我，也只能是關注與研究。2016年初，當時還是籌備處的衛武營來詢問我關於演員工作坊，有什麼大師可以推薦時，我立刻覺得這是難得的好機會，建議了在國際間非常有影響力的林克雷特。

　　2016年8月底，林克雷特首度也是唯一一次來台灣帶工作坊，在一旁擔任翻譯的，就是本書的譯者林微弋。林克雷特長期在哥倫比亞大學戲劇系任教，而台大戲劇系畢業後於哥倫比亞大學就讀研究所的微弋，恰好有機會可以親炙大師的教學。這段緣分也促成了她想將林克雷特聲音體系引介到台灣的動機，特別是2015年起，她開始上林克雷克認證教師的培訓課程，翻譯此書的想法也同時醞釀著。

　　2017年5月，我接到微弋的來信，她說想買下台灣版權，推動這本書翻譯出版，詢問我關於出版方式與可能性。那時我是台北藝術節藝術總監的最後一年，手邊沒有資源可以繼續協助本書出版或是給予實質的支持，只能建議她去申請國藝會或文化局的補助。在近五年後，接到《林克雷特聲音系統：釋放人聲自由的訓練》要出版的消息，讓我相當欽佩微弋對初衷的堅持。

　　《林克雷特聲音系統：釋放人聲自由的訓練》於1976年首版，2006年發行修訂版，目前至少有九種語言的譯本。林克雷特強調大多數人錯誤的發聲習慣，能透過意識覺察的方式來矯正，找回自然的呼吸方式，創造獨特的聲音表現。透過運用想像力，讓意象來調節身體內部對聲音的運用，可說是林克雷特訓練體系的核心。她發展出藉由想像力，使得身體不同部

分如橫膈膜或脊椎，與情感或本能等表現能力連結起來，從而在訓練演員的過程中，將台詞表現與身體不同發音位置，結合在一起。

　　林克雷特的教學，總是讓我聯想到禪宗，特別是她非常重視個人指導，以及協助學員破除受到外在影響的身體執著的種種練習。但是林克雷特並非是神祕主義者，只要舉她在書中頻頻引用當代神經科學大師達馬吉歐（Antonio Damasio）的著作，就能知道，她是綜合當代神經科學、解剖學與東西方身心療法（從亞歷山大、費登奎斯到瑜伽），加上長期劇場實務經驗，發展出來一套帶有科學色彩的教學體系。如果用醫學來比喻，林克雷特的聲音訓練是結合西醫與中醫，務求在現實上達到最佳治療效果。她的方法是經驗的，目標是指向個人，而不是去建立一套形而上的聲音理論。

　　近兩年來，微弋在台灣帶領的聲音工作坊，已在業界傳起口碑。只是她一人的時間與精力終究有限。過去幾年往返紐約與蘇格蘭的認證課程，在歷經疫情耽擱之後，微弋將於本書出版後不久，成爲亞洲地區第四位獲得正式認證的林克雷克教師。這意味著，她可以在台灣訓練一批新的認證資格教師，讓這本書成爲貨眞價實、能與實務搭配的教學手冊。

　　即使沒有認證教師的指導，閱讀本書依舊能爲劇場創作者帶來許多啓發，特別是第三部分「文本與表演的連結」，因爲對於文本的理解，決定表演的詮釋，而對台詞聲音的感受會影響肢體的表現。來自蘇格蘭的林克雷特，如同帕西・羅登伯格（Patsy Rodenburg）與西西莉・貝瑞（Cicely Berry）這兩位當代英國聲音訓練大師一樣，都從莎士比亞的戲劇語言中吸取養分。林克雷特於1992年出版《釋放莎士比亞的聲音》（*Freeing Shakespeare's voice*），即可視爲本書的進階版。

　　相信透過這本書的出版，加上認證資格教師陸續增加的前景，林克雷特這套教學，未來一定能發展出更能適應在地語言與表演文本的訓練體系，釋放我們這塊土地的人聲自由。

耿一偉

台北藝術大學戲劇系兼任助理教授

推薦序二

首先，身為一個演員與表演教師，我很感謝有關聲音訓練與運用的書籍被翻譯成了中文版。

演員的訓練過程相當地繁雜，這本書從作者Kristin Linklater本身的工作與教學經驗，一路也記載了英美演員從1950年代就開始觸碰到與不斷思考的問題：「我有真實豐沛的情感，但是要怎麼樣藉由我的身體與聲音傳遞準確呢？」

而這些思考與問題，仍然是當代世界各地的演員還在摸索與工作的。

我們很少能有機會客觀地聽見自己的聲音，還記得我第一次看到自己的演出在電視上被播出時，對於自己的聲音是極為陌生的。樂手、歌手一直很有意識地在跟自己的樂器與聲音相處，但演員通常在訓練過程當中，聲音被提及與重視的比例不如情感與身體技巧來得多，但是既然語言就是演員傳遞台詞的管道，聲音怎麼能被忽略呢？

雖然工作上沒有碰過微弋，但對於她致力於把林克維特聲音訓練系統帶進台灣，是早有耳聞，也一直期待能夠有機會能接觸。

這本書推薦給所有表演工作者，以及想透過聲音認識自己更多的朋友。

陳家達
演員

推薦序三

　　眞沒想到，我等這本書的中文版，等了近卅年。

　　上個世紀的九〇年代初，我懵懵懂懂地到美國紐約州學習劇場導演，當時被迫要選修一個莎劇表演課，老師指派我表演《羅密歐與茱麗葉》的第二幕。因為語言的失控，我完全找不到方法，即使換成田納西・威廉斯（Tennessee Williams）的現代劇本《夏日煙雲》（Summer and smoke），我還是因為歷史、文化和語言的龐大差異，無法掌控角色跟台詞的表達，甚至因此認為外國演員無法學習美國戲劇的表演，或有任何投入美國表演方法的必要；直到我開始接觸「林克雷特聲音技術」的表演方法。

　　我們學校的表演老師教授這門課僅教授一個學期，我當時完全沉浸在發現這套表演方法的驚喜裡；這套表演方法透過嚴謹的練習程序，打開我們的聲音，將能量完全滲透我們身心靈，這個表演功效簡直比我過去接觸的美國劇場專業書籍，都來得原創精深！我記得當時的表演老師曾經諄諄教誨地說，如果沒有投注長期的時間，或沒有長期切身學習「林克雷特聲音技術」，我不可以隨便對外傳授。基於對「林克雷特聲音技術」的尊重與肯定，我認為自己隨便對外教授或標榜這套方法，都對林克雷特有所褻瀆。然後，快三十年過去了，我在亞洲完全沒有聽說過「林克雷特聲音技術」的推廣，也很遺憾台灣戲劇界沒有多少人聽說過這套聲音與表演系統，儘管有非常多的美國知名影星都曾經學習過「林克雷特聲音技術」此表演方法。直到近幾年，再一次地，我很意外地發現，原來這本書的譯者林微弋，出國之後幾乎就是拜在林克雷特老師的門下。

　　經過林微弋多年的努力，這本書的繁體中文版即將面世；這本書應該是史上少數幾本必須結合實踐與練習的表演專書。林微弋是長期跟林克雷特貼身工作的聲音與表演助教，才能夠把書裡涵蓋醫學、生理、聲音、心理和戲劇專業知識的每個環節，透過文字轉譯。我相當明白微弋投注的心力與時間，甚至她親身體驗過才能理解林克雷特寫作表達的每個細節。

這不是一本通曉英文、文筆流暢就能翻譯出來的外文書籍，而是一本演練聲音與表演方法之道、貫徹自我理解與想像情感表演的藝術經典；林克雷特以她真誠純淨的堅持，開闢了一條修煉的道路，在台灣想學習表演的讀者，必須透過專業指導老師如林微弋的引導，才能理解文字的用意，學習了解自己，解放自己的大腦、身體肌肉與聲音。

　　至今，台灣的戲劇教育除了傳統戲曲的基本功，幾乎缺乏系統化的表演聲音訓練，我們欣見逐漸有一、兩位老師開始投入聲音表演的開發，足見聲音、身體與表演功夫根本是密不可分。「林克雷特聲音技術與表演方法」的啟發，能夠感動任何想要了解自己的人。雖然林克雷特老師2020年驟逝，而無法繼續與台灣的戲劇界結緣，但我非常慶幸，她為全世界有心向學的表演學生，扎下了她這套表演系統厚實的基礎，讓林微弋能在亞洲（台灣）延續這套聲音與表演方法的傳授。「釋放天然原初的聲音」便是回歸天然原初自由的聲音，所有一切表演的變化，即是從認識天然原初的本我開始。

傅裕惠

台大戲劇系兼任講師、第九屆國藝會董事及資深劇場與歌仔戲導演

譯者序

　　此次翻譯的重任，於我而言早已遠遠超過翻譯本身的專業。與一般譯者不同，身為林克雷特認證中教師的我，在接下此翻譯重任前就已翻遍此書大概不下二十次。

　　我與Kristin Linklater在2009年於紐約市的哥倫比亞大學表演研究所相遇，她是我這輩子的第一個「演員的聲音老師」。出國前的我在台灣上過許多與聲音相關的表演課程，但多少著墨於唱歌技巧、朗讀以及發音咬字之上──未曾有專為演員設計的聲音／表演課。遇見Kristin之後，才知道「好好說話」居然是這麼大的學問！懵懂踏上了自我聲音的旅途，在Kristin指導與影響之下十二年後的我，自認往上成為了一個更好的演員，更佳的聲音運用者，甚至可說是更好的人；林克雷特聲音系統不只在表演上帶我前進到未曾想過的境界，也滲入生活改變我面對人生與自我的角度與思考哲理。

　　於我而言，它是一種信仰，一種精神。

　　故能以一己之力盡其所能將其系統的核心價值以及當初曾經歷過被深深震撼的多次感動和體驗，透過文字轉譯分享給台灣的演員和讀者們，實屬殊榮也令我誠惶誠恐。

　　但亦因如此，非為翻譯專業本業的我，譯詞造就的文學性絕對與信達雅之境界有所差距。偏偏此聲音系統對於語言的使用，餵養身體的字詞精確程度或可達到吹毛求疵的龜毛程度：如此重責大任的確促使我十個多月的譯書過程中焦頭爛額。能力是否足已傳承的惶恐焦了頭，擔心轉譯中需要妥協捨棄原意的不甘心爛了額。

　　因為我永遠記得與Kristin多次在深夜的台灣和上海，坐在飯店或餐廳裡一、兩支白酒的陪伴下，花費數小時探索中文及英文語言的差異，了解意象與文化連結之差別，還有會因此獲得的效益高低。

　　戰兢履冰。

　　於是，在翻譯的過程中，我寧願選擇較瑣碎（甚至可說是囉嗦）的字詞，好更恰當地貼近當初 Kristin 在設計各種練習時，希望學員們獲得的學習效果之期待。例如：氣息下探、氣息愉悅地逃離等，一般會用吸氣、吐氣的字詞簡單替代。但這些動詞會深切地影響身體的反應及運作：「向內餵養」而非「製造」，「讓事情發生在我們的身上」不能變成「去做一件事」……。每一字句都經我再三斟酌。每每遇見難以轉譯的解釋，我或許會翻出舊有的筆記、錄音檔、影像紀錄去回溯學習時Kristin最在意的當下經驗體感；或想像她若仍在世，會予我何種建議，贈我何種意象。最後展現在讀者面前的結果，絕不盡善盡美（尤以文本教材的轉譯匱乏之缺失最令我深感遺憾），但若以了解林克雷特聲音系統之初衷的角度而言，我深信此華文版本的翻譯應是目前最接近林克雷特核心的可得線索了。

　　原書名《Freeing The Natural Voice》實指「釋放天然的聲音」。既然書中探討的是來自人體的聲響，亦即「釋放天然原初的人聲自由」。因為種種理由，書面無法以此書名呈現，必須容我在此特別指出，以圓滿當初林克雷特撰寫此書的初衷。

　　感謝五南陳主編及團隊的全然信任，給我篩改修訂的更動權力。我必須強調所有英文原文的更動均曾獲取林克雷特本人之同意。感謝廖苑喻Emma小姐以先鋒之姿的遠見將林克雷特聲音引進台灣。感謝吳佳祐先生任我有時深夜突如其來的諮詢有關聲樂或聲音相關專業字詞的疑惑。感謝爸媽散盡家財讓我得幸前往美國攻讀哥倫比亞大學表演碩士，才能在紐約與林克雷特相遇。

　　感謝克莉絲汀・林克雷特：我的mentor、我的恩師、我的好友，遺留給我如此美好重大的使命，從翻譯其專書開始，我負重前行，繼續做一個林克雷特的使者。

林微弋

寫於2022年初春的台灣

前 言

　　我前往美國的時機是很幸運的。之前美國許多想更精進演技（通常是專業演員或擁有表演碩士學歷）的演員，正好在我任教期間來到倫敦音樂與戲劇藝術學院（London Academy of Music and Dramatic Art, LAMDA），接受了為期一年的聲音訓練。他們回國之後不斷急切地鼓勵我至美國傳授此套系統。他們表示我和艾瑞絲・沃倫（Iris Warren）教授的這套聲音系統，將能帶給尚未聽聞我們的美國表演訓練極大的價值。1963年到達紐約的我，似乎是將對的方法在對的時間帶到了對的地方。

　　自1920年代起，尋求表演技巧與情感自由間的平衡占據了大多數演員的培訓時間。在整個1930、1940及1950年代的英美演員發展歷史中，此種情理平衡的找尋依舊，但尋找著那理想的表演平衡之步調與方式卻逐漸分歧。在美國，史坦尼斯拉夫斯基（Stanislavsky）的著作，群體劇場（Group Theatre）和李・史特拉斯堡（Lee Strasberg）創立的演員工作室（Actors Studio），帶著美國演員在心理及情感層面的探索上向前邁進，演員甚至因過於專注於內心探索而荒廢了身體外在技巧的研究。 觀看同時期的英國，這些身體外在技巧卻被奉為至高的圭臬。直至1950年代，英國戲劇漸漸受到著重情感的美國劇場影響，開始探索從內而外的表演技巧。1960年代以後，美國地方定目劇團（regional repertory）如雨後春筍般增長，演員和導演才發現自己急切需要能處理大量且廣泛戲劇風格（從經典文本到前衛戲劇等）的表演技巧。

　　當美國演員設法找尋能滿足此項能力需求的教學時，發現教師們教習的仍是當初從1920年代學來的朗讀、芭蕾、歌唱、體操、正音等舊式課程，這使得創作力與溝通力之間形成了無法逾越的鴻溝：具創造性的內在想像世界和富技巧性的外在表達之間缺乏連結的管道。

　　與此同時，倫敦的老維克戲劇學院（Old Vic Theatre School）的雅克・庫柏（Jacques Copeau）首創了一種表演訓練方法，並與米歇爾・聖丹尼斯（Michel St. Denis）及利茲・皮斯克（Litz Pisk）共同開發並培養其演員

1

成為一種高敏感度、具協調性又有創造力的人聲樂器。1954年，傳承了此方法的麥可‧邁奧文（Michael MacOwan）接管倫敦音樂與戲劇藝術學院後，將其精髓帶入了LAMDA，亦開啟了他與艾瑞絲‧沃倫的演員培訓合作之旅。

　　1963年移居美國的我也建立了自己的聲音工作室，發現這個積累多年經驗而逐漸完善的聲音方法當時的狀態，正好能與美國表演方法完美結合。那時的英美戲劇雖然都在改變之中，但雙方的自我內在創意運用和外在溝通技巧仍然失衡：英國戲劇仍苦苦掙扎於表演時情感及心理需求的匱乏，而美國戲劇仍不甚重視身體及聲音等技巧性訓練。此套艾瑞絲‧沃倫傳授的方法所用的語彙能輕易地轉換，並與其他表演訓練如方法演技或群體劇場等會使用的心理和情感術語融合。

　　當時的我仍有許多該學習之處。1964年至1978年間，我與多個美國表演劇團合作，如：泰隆‧格斯里爵士（Sir Tyrone Guthrie）領導的泰隆格斯里劇院（Tyrone Guthrie Theatre）；羅博‧懷特黑德（Robert White-head）、哈洛‧克樂曼（Harold Clurman）和伊莉雅‧卡珊（Elia Kazan）帶領的林肯中心定目劇團（Lincoln Center Repertory Company）；喬瑟夫‧柴金（Joseph Chaikin）領導的開放劇院等。在訓練這些劇團演員聲音的過程中，我亦日漸成長，此聲音系統的內容也隨之獲得難以估量的增強與平衡。另外，深刻影響我教學生涯發展的人，是我於紐約大學的劇場研究所教職任內遇見的同期表演老師彼得‧卡斯（Peter Kass）。

　　到了美國，我首次接觸亞歷山大技巧[1]，它對我釐清聲音訓練中的心理和生理特徵極有幫助。此外，1960至1980年代間從不斷增長的心理治療，到大眾對身心相互依存漸增的興趣都使我受益良多。越來越多人發現，若要解開心理內層的枷鎖，身體生理必須也開展自由，反之亦然。亞歷山大技巧、費登奎斯身體方法（Feldenkrais）、羅爾夫療法（Rolf-ing）、太極、瑜伽及現正時興的身心調整中心等，都是流行且顯效的身體訓練系統。這些練習系統能透過消除身體緊張之慣性，幫助情感和心理

---

[1]　譯註：The Alexander Technique。我的老師是茱迪‧萊柏維茲（Judith Leibowitz）。

層面的自我釋放。在二十世紀與二十一世紀交替之際,神經科學界的研究發現提供了許多與人之思想、情感、身體和意識運作有關的新見解。表演領域中我們深信的身體及情感本體智慧之理論因此有了科學依據的加持,如笛卡爾的謬誤、安東尼歐‧達馬吉歐(Antonio Damasio)之著作《當下之感》(*The Feeling of What Happens*)等內容。

我雖持續參與相關領域的工作坊和閱讀相關書籍,可是最讓我獲益良多的自始至終是我的學生。在紐約大學任教期間,我曾於麻省萊納克斯的莎士比亞劇團(Shakespeare & Company in Lenox, Massachusetts)培訓、教授、演出過,也在全美各區接案教課;於義大利舉辦連串演員工作坊,並接受世界各地邀請客座出席工作坊。我還在德國這對文學、語言、說話藝術充滿敬意與尊重的國家,創建了工作坊及教師訓練課程,其過程使我倍感榮幸及謙虛。後來,我曾任教過艾默森大學戲劇系,現正任教於哥倫比亞大學表演研究所,並長時個別指導劇場影視專業演員及歌手。在每個教學的日子裡,我幾乎總能獲得從人聲中那複雜、具適應力且神祕的人性經驗所映照出的各種大小啟示。多年的教學,我得以透過學生的反饋學會了哪些練習具有效益。此書中的所有練習均經受了多年的重複測試,若讀者能領悟內容並有意識地認真練習,必將獲得成效。

此修訂版(首版年為1976年)提供了我過去三十年知識更深入的積累成果,並包括些許非艾瑞絲‧沃倫教授的原創內容,但已成為此門聲音訓練中不可或缺的身體練習 —— 我必須承認,這些練習幾乎都不是我發明的。我從許多來源中挪用並吸收其精華,經常在融入聲音練習時發生龐大的化學變化。本來會讓人聯想到體操的生理練習,能因目標從肌肉發展改為能量的流通而轉化。一些在地上的瑜伽動作早已為了特定的發聲訓練而客製化,最後甚至難以辨識出其瑜伽淵源。我偶爾仍會上瑜伽課,但本書改變及使用的瑜伽練習建基於1960和1970年代紐約大學的現代舞蹈課,露芙‧所羅門斯(Ruth Solomons)和凱莉‧霍特(Kelly Holt)教授的瑜伽相關基礎之上。而此聲音訓練中最重要也最少經修改更動之身體運用,來自於我在LAMDA求學時的身體課程老師:翠喜‧阿諾德(Trish Arnold)。

向艾瑞絲・沃倫致敬

　　本書包含一系列結合意象、想像力與技術訊息之詳盡練習。認眞受引導的學生將從綜合心理生理（psycho-physiology）的聲音層面接受新經驗，讓慣用的交流舊習從根本上重新設定。其練習範疇的設計無可挑剔，並有著持久的效力。此體系結構的創設出自艾瑞絲・沃倫之手。

　　透過更深入理解身心知識學中的心理層面，艾瑞絲・沃倫將二十世紀中葉英國演員的發聲科學帶入全新階段。二十世紀初，專門爲演員設計的聲音及演說訓練在倫敦中央演講與戲劇學院（The Central School of Speech and Drama, CSSD）校長愛爾西・佛格提（Elsie Fogerty）的開創性研究之下逐漸系統化。她開發的聲音和演說訓練方法建基在精準的人體發聲物理機制之上。後來接任其位的葛妮絲・瑟本（Gwyneth Thurburn）亦具有同等影響力。CSSD在佛格提與瑟本的領導下，始能與皇家戲劇藝術學院（The Royal Academy of Dramatic Art, RADA）媲美，均爲倫敦最好的戲劇學校。克利福德・特納（Clifford Turner）畢業於CSSD，並曾於RADA教授聲音與演講。這兩所院校均以聲音與文本爲基礎培訓演員，在整個二十世紀上半葉占據了英語爲主的演員教育領域之主導地位。

　　1930年代末，艾瑞絲於自己的工作室開始與演員合作，試圖解決演員最常遇見的難題——表達強烈情感時會破音或傷喉嚨。她並不先處理受傷的聲音結果，而是直接處理因情緒無法自由的障礙造成的身心緊張。她一樣進行各種聲音練習，但將重心從外部生理肌肉的控制轉移到內在心理慾望衝動的掌控，從而改變了聲音訓練的本質。她評估進步與否的標準在於演員如何回答「你的感覺如何？」，而非「這聽起來如何？」。終極目標是，透過聲音釋放你自己。艾瑞絲當時一直強調的是：「我要聽到的不是你的聲音，而是你。」與時下仍推崇的「優美的說話語調」——圓潤的母音及發音技巧比「低雅粗俗」的情感表達更受青睞的那個時代相比，實屬先鋒。

我與艾瑞絲・沃倫的合作始於1950年代，當時我是LAMDA表演系的學生。畢業後，我在某定目劇團工作了兩年。1957年受沃倫之邀，我又回到LAMDA身兼教師及艾瑞絲學徒的身分教授發聲課程。在此六年間，我向艾瑞絲學習，同時也並肩工作。1963年，我決定前往美國成立自己的聲音工作室。

在持有教與學的雙重身分期間，當時LAMDA的校長麥可・邁奧文（Michael MacOwan）是一位極富遠見的老師，其藝術涵養至今仍深遠影響著我。他曾是倫敦西區（West End）劇場界著名的成功導演，但對需共事的演員素質高低參差感到不滿，因此決定透過接管一所沒落的戲劇學校，再次完全重新設計學校宗旨和課程內容，好從根本上解決問題。麥可是我當時的表演老師，替我對莎士比亞的理解打下重要基礎。也是他憑藉著那不可思議的先見之明，看見我做老師的潛力，邀請我學習艾瑞絲的聲音訓練方法。

四十多年過去了，但艾瑞絲對聲音解剖及心理層面的理解之準確度仍令我咋舌。隨著科技的進步，聲音科學家自1970和1980年代開始能佐證艾瑞絲早已直覺地知悉的事實。直至目前，仍無任何聲音科學家能設計出比艾瑞絲在前個世紀中葉就已發展出的發聲效能增強練習更好的內容。

積欠麥可・邁奧文及艾瑞絲・沃倫之培養恩情，我想我已透過長年的教學及熱忱償還了。但，我將兩位永遠銘記在心，並帶著敬仰之心傳承我心之所屬的這個悠久傳統。我深刻地期許麥可對真誠表演的奉獻追求，以及艾瑞絲對演員真實聲音的透徹直覺已留存於我身，並在數十年的歲月中昇華入理成為我現在所教授的真理：長年經驗的積累，被永不消減的熱情激發，再經受本能直覺之檢驗集結而成。

導讀：獲得聲音自由之途徑

　　本書專爲職業演員、在校演員、表演老師、聲音與講演老師、歌手、歌唱教師和業餘愛好者設計，提供了一系列能釋放、發展、強化人聲（人體樂器）的練習，並替一般人際交流溝通及演員表演技術闡明更透徹的觀點。爲了方便起見，此處所有讀者我都稱之爲演員——業餘愛好者也可視自己爲日常生活場景的表演者。在你練習觀察自身溝通習慣時，你會感受到一種高度自我覺察的愉悅狀態，這與演員發展演技所需的重要能力相同。正如莎士比亞喜劇《皆大歡喜》中的雅各（Jacques）所說：「全世界是個大舞台，所有男女不過只是演員……」[2]

　　本書所述聲音自由的途徑方法旨在釋放人與生俱來的自然聲音，從而開發出能全然滿足人類表達自由的聲音技巧。此聲音訓練的首要假設爲，每個人均擁有二至四個八度音程的自然音調範圍，能完整表達自身經驗中所有的情緒與其複雜性，以及思維想法的精妙細節。

　　第二個假設是，人們活在世上必然產生的緊繃壓力及受周遭環境影響形成的防禦心、壓抑性和消極反應，常削弱自然人聲的效益甚至到交流扭曲溝通無效之地步。因此，本聲音系統重點在消除阻礙人類樂器（人聲）的障礙，這與發展人聲成爲高超技巧工具之目的不同。我必須在這趟聲音旅程的一開始就強調，在感知自我聲音的過程中能觀察出聲音狀態中「自然的」（natural）與「熟悉的」（familiar）兩種感受間的重大差異是極端重要的。

　　完整訓練完此聲音系統的結果會是，你將能發出一種能直觸情感慾望衝動、經理智塑形構音卻不受其抑制的聲音。如此聲音是每個人身體原設的先天屬性，其天生潛力是具有廣泛的音域、複雜的諧和波動和變化萬千

2　譯註：《As You Like It》。第二幕第七景。原文「All the world's a stage, and all the men and women merely players.」因內容甚短，譯者選擇直譯以貼近此處舉例之因，而非其詩意文學價值。

的質性特色，再透過清晰的思維及溝通的慾望被釋放傳達。自然的聲音是清透明亮的，能直接且自發地揭露（而非描述或詮釋）自我內在情感慾望及想法衝動。

聽見其人，而非其聲。

釋放了聲音自由就是釋放了自己，每個人都是身心不可分割的整體。由於聲音的製造實爲物理過程，因此身體的內部肌肉必須擁有能接收腦中語言創造區發出之敏感衝動的自由。自然的人聲最容易被身體的緊繃張力阻斷及扭曲，但遭受情緒、理智、聽覺及心理的阻礙也一樣困擾。這些阻礙本質上均爲身心性障礙，一旦障礙消除，聲音便能傳達人完整的情緒領域及精妙的思維細節與差異。到時候，人聲的唯一限制元素僅剩自身慾望、才能、想像力或生活經驗的侷限。

身體意識的覺察和放鬆是此聲音工作的首要步驟。身與心必須學會共同激發和釋放內在衝動，以及消除身體障礙的合作方法。演員需發展既敏感又協調而非控制慾強又蠻力的身體，也必須具有讓聲音交融身心爲一的自我教育能力。人可以透過聲音，將內在心理世界傳遞至外在世界的舞台上及生活中專注的受眾身上。

神經科學家安東尼歐·達馬吉歐（Antonio Damasio）提醒我們「psyche」（心理／心靈）一詞最初的意涵是「呼吸和血液」。他說：「我對古人智慧驚嘆不已——古時所說的『psyche』，這曾用於表示呼吸和血液的字詞，轉變成今日所指的『mind[3]』。」[4]所以，心理學（Psychology）亦指關於呼吸及血液的知識學。當台上角色內在心理擾動了聽眾之呼吸、血液及其心理時，產生的便是劇場的「淨化作用」（Catharsis）。瑪莎·納斯堡（Martha Nussbaum）的著作《良善之脆弱性》（The Fragility of Goodness）中指出，淨化一詞原意爲「照射光亮至黑暗之處」。這個詞既可用以表示廚房的清潔，也可意指喚醒照亮了聽眾的內

---

[3] 譯註：mind一詞包含了許多涵義，能稱之為心智或身心的「心」，也能說是意識或意念。

[4] 譯註：摘錄自其著作《當下之感》第三十頁。

心世界。演員的聲音應是最有效力的戲劇元素，透過具淨化作用的戲劇事件去照亮觀眾的內裡暗處、喚醒其隱蔽的故事或釋放被壓抑已久的情感。若要達成如此效益，演員的聲音必須根植在能擷取並傳遞情感慾望、想像力衝動、心靈及理智衝動的人體神經生理通路之上。演員的身體需發展出視、聽、感、說的能力。演員的大腦**必須就是**演員的身體。

這種高度敏感的能力，讓演員的聲音波動被調入融合並轉換身體和腦中想法感受的波動能量，使看不見的溝通能量透過聲音放射並包圍觀眾。講者同時並存於舞台上與觀眾席內。這種源於身體深處的聲音能超越自身，甚至放大講者之存在。常常有觀眾會驚訝的發現，舞台上看起來有一百八十公分高的演員，走在平常的路上卻矮了十多公分。當演員深入角色的心理世界時，其想像力產生的電能會擴大並激發聲音之音流，帶著演員內裡的意象及慾望衝動，直接沖入聽眾耳裡、心裡。從講者內在揚聲發出的音波流動能量是使其看來更高大雄偉的原因。

矛盾的是，演員又必須訓練聲音才得以依照需求適時奉獻出聲音。演員的聲音必須學會臣服於思維想法和感覺衝動。演員不能「使用」聲音去純粹敘述和說故事，但其聲音又必須寬廣且深長，扎實卻也柔軟到足以體顯想像力的廣度及深度。若聲音受限於自身習慣和緊繃張力，就會限制想像力的傳遞。原來全然服務文本（字語）的想像力便會因為聲音的侷限，僅能盡到部分的責任。此處我必須強調，想像力跟虛幻空想不同。演員的想像能力必須受到像奧林匹克運動員訓練其身體般的狂熱訓練，這種想像力必須能完全忠實並準確地貼近文本內容的緊迫性——經典文本和詩歌尤其如此，以潛台詞為主要形式的當代文本亦然。直到你能精準地探查到文本故事深意底蘊為止，才能確定自己對潛台詞了解的準確度。演員放縱自己對文本外的虛幻空想則稱為耽溺。被文本激盪而點燃出的想像力，讓演員從文本中找到了層層資訊後再一一丟棄，像考古者想像世界般深入挖掘，直到作家當初寫作的意義種子被植入演員體內，發芽重生轉為其生命體的部分為止。

演員的完美表演（溝通）四重奏需要情感、理智、身體、聲音的平衡。你無法用任一部分的優勢去彌補另一部分的不足。扮演哈姆雷

（Hamlet，莎士比亞最著名劇作之一的主角）的演員，其表演若以情感為重，但欠缺了聲音及理智之發展，觀眾只會接收到哈姆雷籠統模糊的苦痛，心裡想著：「他看起來受了很多苦，但是為什麼呀？」同一齣戲中，扮演奧菲莉亞（Ophelia）富有情感的女演員發瘋時的情緒可能是真實的，但她若不具聲音及文本理解的傳達能力好讓觀眾體會其處境的話，觀眾會視她為故事的附屬品而全然忽略她的存在。

與這些情感驅使之表演的反例，是靠思維理智主導的演出——過於強大的理智亦能使四重奏失去平衡。演員聰明地替哈姆雷和奧菲莉亞辯護，卻無法動搖觀眾。他們注定無法在真實情感不介入的狀況之下成功傳達角色及其個性。而具有極佳身體技能的演員，或許會以身體作為樂器試圖控制四重奏；演出亨利五世[5]時，可能一個後空翻翻上戰場，氣喘吁吁地喊出：「再次向破口前行吧，摯友們，再次前行或用我們英國同袍的屍體砌出城牆堵住破口……」[6]觀眾會被體能技巧震撼到，對他說的內容卻沒什麼興趣。缺乏情感理智及聲音的溝通，讓身體技能淪為僅僅的浮虛表象，而表演也因四重奏的失衡而走山變樣。

同樣地，當演員的聲音為最強表演樂器時，失衡也會發生：聽眾可能會被其聲音和節奏感動，但是沒有身形體現、清晰思想及真實情感的聲音，無論多具力量和美感，仍與完善溝通的目標相牴觸。

具創造性的想像力是演員表演四重奏的指揮。能把這些不因個人習慣而受阻且能滿足創造慾望之聲音、身體、智能和情感傳遞到指揮身上，是演員訓練的必須。儘管本書著重於四重奏中聲音的部門，但此系統練習的總目標並非僅為聲音發展而貢獻，亦朝向能創作無限人物形象角色的演員四重奏能力發展之路邁進。

---

[5]　譯註：Henry V，莎士比亞歷史劇《亨利五世》的主角。

[6]　譯註：摘自莎士比亞歷史劇《亨利五世》。原文：「Once more unto the breach, dear friends, once more. Or close the wall up with your English dead ....」此為譯者自譯。梁實秋譯版為：「再向那缺口衝進一次，好朋友們，再衝一次；否則就用我們英國的陣亡士兵去填補那城牆吧！」

在本書的各章節（工作日）裡，我試圖捕捉艾瑞絲和我應用於每日課程內，永不應記錄成紙上文字的那些工作內容。口語相傳、身心親授是這門聲音訓練的本質，將它框限於印刷文字中並予其定義歸納是很危險的。這也是為何之前我多年來一直拒絕將這門聲音系統編寫成書之因。但過去三十多年，獲得許多迴響的此書首版證明了它存在的價值，而多數人藉此了解並體會這門系統的良好經驗也勝過我擔心它被少數人誤解的風險。至於添增進修訂版中的新素材，必將經受出版與大眾的考驗。

口語傳授的明顯優勢在於師生間一對一的關係。沒有任何人有相同的聲音──相異之聲，自然需面對相異課題。你如何教人放鬆？小心地將手放在對方的呼吸區上、肩上、後頸、下顎之上，以感受對方的肌肉群是否回應了身體傳送的訊息。你如何引導新的聲音運用方法？身體隨著新的運動方式移動以打破因長期習慣而成的固有動作姿態。沒有令人信任的外來指引和反饋的狀態下，學生怎麼知道自己感受到的新體驗是否有建設性或有效益？這問題我沒有答案，因為我深信，書籍相較於親授的實體課程，實在是很糟的替代方案。

另一個需提醒你的重點是，本書的運用將有一定難度，因為它會要求你在面對問題時處理原因而非結果。書中的練習重點比較著重於重新思索聲音該怎麼運用，而不是聲音要如何重發。這是需要緩慢消化的書籍，是需要實際操作的實用書，並非拿來吸收新知的瀏覽用書。認真的學生如果可以找他人合作最好，或至少找個同伴一起練習：輪流念出指令讓另一方隨之操習，還能互相檢視結果。教學相長收穫更大，這過程更可練習到此聲音系統的核心價值：溝通。

若非得獨自練習，那在這注重因果關係的訓練旅程中，你必須犧牲想獲得結果的那份渴望，著重在尋得原因的體驗上。儘管練習前，你的確需要理智才能了解內容，但實際練習時，你必須拋棄理智的主控，轉而讓感受與感官覺知去引領這過程。你已是個發展完善的自我審查器，所以絕對不能急著下「對」「錯」的結論。那因長期慣用的偏頗對錯定義而被左右的你自己，也暫時不能相信，並拿出對任何新經驗都充滿戒心的自我判斷力。

你原本溝通說話的方式無論好壞也已經跟了你一輩子。正因如此，若要真正有效改變並重設適合你的溝通方法，你需自我承諾規律不懈地練習至少一年。此外，聲音是整天在用，練習也該持續在做。就算你天天按表操課，進度仍會相當緩慢。剛開始或能感到明顯進步，但相同的進步幅度可能會維持一段時間。所以最重要的是，你必須有耐心。

即使你懂了也做了這些練習，要感受到我所保證的表演自由仍可能需花費滿久的時間。不過，一旦你真切實在的體會到，那將會是極度心滿意足的自由。

書中的每個練習均有我建議可能需要的練習時間，以及進行新練習前需吸收再訓練的時間長短。這些建議無疑是僅供參考，請視個人需求自行調整。這篇導讀提供了些接續內容的簡單脈絡。不過在進入正式聲音訓練之前，你必須先對人聲如何發出的理論及可能阻擾你完整發揮聲音潛力的生理與心理阻礙有些基本概念。

人聲如何有效形成？

以下是說話機制的簡易生理性概述：
1. 在腦內運動神經皮層出現了一個慾望衝動。
2. 這個慾望刺激氣息進入並離開體內。
3. 外衝的氣息與聲帶相遇，摩擦產生了震盪（oscillations）。
4. 震盪產生頻率（振動）。
5. 頻率（音波振動）進入共鳴腔體，增長茁壯。
6. 最後的聲響透過唇舌構音，形成字句。

以上所述相當易懂。但這過度簡化的描述對無限精細複雜的人類發聲過程而言，未免太簡陋粗淺。以下是更科學性的發聲過程描述：
1. 一連串的慾望衝動於腦運動神經皮層中刺激產生，並透過神經通路傳送至講演生理構造上。
2. 這些慾望衝動完美地在體內於對的時間送至對的地點，形成流暢而協調的連串體內動作。

3. 首先聲道（唇、鼻至肺間的通道）會開展，而呼吸系統的吸氣肌肉群收縮造成胸腔內部氣壓降低，空氣因此幾乎不受阻的內衝進肺裡。

4. 當身體獲得足以滿足發聲慾望的氣息後，呼吸系統的機制便自我反轉。此時已擴張的肌群組織回彈力，與腹及胸腔肌肉群收縮時產生的力量協同回推空氣向上，經過聲道，透過口鼻離開體內。

5. 但在呼氣運動開始進行時，喉部內的聲帶至少有部分閉合，氣流向上時因此受阻。

6. 空氣經過柔韌的聲帶時，幾乎同步地產生震盪（音波振動）。

7. 這些震盪（音波振動）轉變了外衝氣流的本質，成了陣陣噴氣。

8. 陣陣的噴氣啟動了各個共鳴腔體，包括咽部、嘴腔及鼻腔，於上聲道內製造了聲音。

9. 聲帶之振動程度決定此次基準音（basic pitch）的形成，而其泛音結構則取決於腔體們的形狀、大小以及開啟程度。

10.共鳴聲有兩種。第一種共鳴聲音於喉部塑形或增色（意即音色或音質的創造），並不受說話意圖影響。第二種共鳴則調整喉部傳來的聲音成為某種特定的語音。第一種共鳴是講者發聲時永遠伴隨的特質，而第二種共鳴則視其溝通內容而有所調整——涉及此種妥協性質的動作，被稱為構音（articulation）。

羅伯・賽塔洛夫博士（Dr. Robert Sataloff）優雅且鉅細靡遺地闡述的人體發聲過程之物理與解剖結構，節錄於本書附錄。

從現在起，我會盡少使用太確切的科學術語。我已忠實地概述了人聲的生理解剖結構，但之後將選擇透過譬喻以及使用類比的可感知特徵來描述人的聲音。如此簡化可能會讓聲音科學家不安，但事實證明這對用聲者來說，效果最佳。大致說來，我對聲音和呼吸機制及相關圖像的引用在解剖結構上都是精確的。但在某些情況下，若過度服膺解剖層的精準度上，會對聲音運作之自由產生反效果。譬如說：從解剖學層面來看，聲音源起於喉部確為事實。發聲器確實位於喉內。但如果你在與聲音工作時，只專注在這個解剖學理事實，那麼你最終得來的會是硬發出來的單調聲音，或最了不起，是個沒什麼個性的聲音。欲發展出具藝術性及獨特充滿表現力

的聲音，你必須把注意力重新放在氣息之源頭與共鳴腔體上。

這裡再舉另一個因過度拘泥於純粹解剖層面的事實，降低了聲音更自由的可能：科學事實是，氣息進出肺部，肺位於鎖骨與肋骨架底部間的空間內。但是當想像力能將氣息的居所一路擴展至骨盆底部、甚或腿和腳部時，你的肺對此種想像的反應將實際上更延展呼吸容量和能力。更重要的是，氣息進入且充滿骨盆腔、髖臼與大腿間的意象刺激了深層的非自主呼吸肌肉組織，並使心智（mind）與薦骨神經叢之原始能量源相連。適切地使用想像的力量，能在呼吸運動的刺激上產生深遠的影響，亦能增強聲音功能並發揮其最佳效能。

回到六個「人聲如何有效形成」的概述上，我將第一點「我的大腦運動神經皮層內產生了慾望衝動」翻譯成「我有個溝通的需求」。此溝通的需求成為電脈衝，透過脊髓傳導到管理語言與呼吸肌肉群的神經末梢。此慾望衝動（impulse）所含之電能量高低取決於刺激的大小。如果每天早上遇見一個你不甚在乎的人對你說早安，你會有些微呼吸和喉部肌肉群的刺激，其反應會製造剛好足夠的音波振動，恰好滿足一個有禮貌的義務性回應用的說話需求。但如果這個人變成了某個你心愛的對象，看到他／她既開心又驚喜，這種刺激或許會激起情緒，位於橫膈膜的太陽神經叢之神經末梢會發光發熱，相應的呼吸會充滿活力，而聲帶亦積極地反應，音波振動會手舞足蹈地通過共鳴腔體最後傳達到對方身上。聲音如此形成才會服務你表達強烈感受的慾望。外部刺激造成的內在反應有無窮盡的組合可能，而慾望衝動是言語肌肉群反應之引源，控制著其表達能力。

◀)) 譯者的話：關於慾望衝動（Impulse）

Impulse在英文中並無負面意義。通常指稱人在無防衛或社會負擔之下對外在或內在刺激的自然身體或情緒反應。它可以是看見車子來時本能的防衛反應，或遇到可怕的東西自然地尖叫的情緒反應等等。簡言之，它是一種本能、意念或想法。中文將Impulse翻譯為「衝動」、「慾望」等字眼，這轉換後的詞彙依稀能感到潛藏的負面意義，似乎有所「衝動」是不理

性的、不實際的或不正確的。在此希望讀者及演員能將字中負面能量抽離，謹記Impulse本身自然本能反應的單純性。若教師或學員有能力，我建議學習過程中直說「Impulse」而非其中譯。在正式練習前先了解字詞背後意涵為極度關鍵，切勿略過此步驟。

步驟二指出「呼吸伴隨慾望衝動的來臨而即刻反應」。這意味著全身無數肌群大量進行著協調運動，使肋骨架擴張，橫膈膜收縮降低，下移了胃，挪動了腸，以騰出空間讓位給即將擴大的肺部，肺內細胞得以吸入空氣，接續的逆轉作用再將空氣排出。以上均為簡單的非自主反應運動。

步驟三是能從生理層面上觀察到的聲帶與氣息的互動。呼吸運動及喉部動作事實上是同時發生的。刺激呼吸肌肉組織的同個衝動也會激發喉部肌群展開聲帶，聲帶因此有了足夠的張力使空氣碰觸聲帶時產生震盪。相對來說，放鬆的聲帶張力碰到較輕柔的呼吸會產生較小壓力，生成的振動較慢，因此聲音振頻較低。較強烈的慾望衝動刺激較強大的氣壓和更拉展擴張的聲帶，這更大的阻力使振動頻率更高，產生了更高音調。（聲帶長度約三到五公分，附著聲帶的軟骨能控變其長度。大腦運動皮層內慾望脈衝的直接反應主導了這些非隨意肌運動。這些肌肉運動雖非自主，但能被覺察辨別，並接受自主性的運作指令。）

步驟四中，在體內初產的聲音振動，比按下琴鍵卻沒有鋼琴內的音板（共振器）幫琴音擴增共鳴的聲音，更不像聲音。不過，一旦氣息振盪了聲帶，產生的音波振動會反射至最近的音板（也就是喉部軟骨）產生共鳴。

步驟五「振動因共鳴腔（諧振器）而增強」。聲音專業人士對共鳴系統的運作原理和學習了解其系統的方法，意見迥異——的確，若想完整描述共鳴系統運作方法的話，要用進階物理學才有機會充分解釋。因此，我以本書的聲音工作為前提，選擇以下實用且有形之敘述：

> 振動（vibrations）的物理本質在遇到適當的阻抗質地時會倍
> 增。而當振動從不同的表面反彈時，聲音會再造和增加，其

質量和數量取決於反彈表面的質地及空間（腔體）之形狀。人聲在體內初始音波振動的產生起點，周遭的共鳴表面難以計數——內在的骨骼、軟骨、筋膜、肌肉，都是能放大共鳴和聲音再造的導體。

共鳴表面越硬，共振就越強：骨骼最硬，軟骨其次，而健韌的肌肉亦可提供良好的共振音板，但是鬆軟、肉感、無抗阻的區域則只會抑制並吸消振動（像厚絨布或海綿般吸音）。人體結構上明顯空且大的孔穴中，是最能滿足聲音共鳴之處，如咽部（pharynx）、嘴腔、鼻腔；但骨感的胸腔、顴骨、下顎，以及音感強大的竇腔孔穴、頭骨、喉部軟骨、脊椎的節節脊骨等，都明顯地提供了良好的共振場域。音高和共鳴腔體之間的關係，與孔徑、形狀、大小的合宜度相關。咽部和口腔內襯肌群的張緩收縮也微妙的調節著音聲。為了工作方便，對應於音高變化的共鳴反應模式大致如下：低沉音從胸腔及下喉道獲得共振；中低音域連上喉部後壁，在軟腭、齒、下顎骨及硬腭的空間中放大；透過中音而向上移動的共鳴，在中鼻竇、顴骨和鼻腔出現；最後，中高音與高音在鼻腔以上的上鼻竇及頭骨中產生共鳴。所有音高和共鳴相互滲透彼此區域，從而創造出諧波與泛音。

在音聲溝通的最後階段，步驟六中，可見音波振動集聚成音流，順暢地流經共鳴腔體並震盪出各式豐富共鳴，入口形成字語後，釋出體外。口腔內有十個構音區塊：兩唇、舌尖、齒、舌緣（或前舌）、上牙齦脊、舌中部、嘴腔內頂、後舌及硬腭後方（可能包括軟腭活動）。輔音（子音）的成型，是當兩構音表面相碰或幾近接觸時，中斷或改變了氣息或聲音之流動。元音（母音）的成因，是隨著唇舌的移動，音流形塑成不同的形狀。能準確地反映體現內在思想的字詞構成，才有效益。身體肌肉永遠無法完整映照出思維之精妙，但構音肌群應追求具有這種能準確地揭露內心思想的能力。

◀)) 理想的溝通

　　此處我想提出一個假設：觀察人在理想狀態下（開放、敏感、情感成熟、高度智慧、不受制約拘束的理想人設），自然的人聲將如何發揮作用以傳達其思維想法和源源不絕的感受。藉此示範人體內複雜精確的「樂器」如何在反映溝通慾望之際，成為充滿人性的「人聲」。當這理想之人感到放鬆、溫暖、舒適又滿足時，其肌肉放鬆，呼吸暢通，能量則流動自如。若有想透過言語傳達這種狀態的衝動，足夠的額外能量出現，將氣息輕柔地傳至聲帶上。此時聲帶相對放鬆，低聲因此形成並於胸部和下咽部（lower pharynx）產生共鳴。

　　如果情緒從被動的小滿足變為主動積極的幸福感或驚喜感或急躁感等，原因的能量將增加，使氣息更有力地傳至張力也變大的聲帶上，產生了更高的振動頻率，向上震入臉部的中音共鳴腔體。沿路包覆著喉嚨內壁、口腔內裡及臉內孔穴的各肌肉組織會同時對變化的情緒有所反應，這些肌肉的非自主性收縮和舒張運動將幫助共鳴腔體根據增加的能量所產出的音高而對應調整。興奮的能量越高張，呼吸越受刺激，聲帶張力更大，發出的聲音也更高；與之呼應的是上咽部肌群的拉展並縮調，使軟腭更上提，聲音因此釋入上竇腔。如果最終興奮的程度達到常人認為像「歇斯底里」狀態（又或許，這種形容詞會產生，只是因為鮮少人習慣此種興奮程度的能量）的高音時，聲帶的壓力及其靈敏的反應張力將把尖鳴送入頭骨內：一個能應對此種高張力聲音，骨感又具彈性的完美聲響圓頂。

　　誠如前述，這種情緒能量和共鳴反應的模式是種假設。它過於簡化，無法涵蓋人們慣性的攻擊（積極）行為或消極習性，防禦機制或神經質性；但它能在我們體內，那無形且難以定義的情感交流之模糊地域中，提供一些地標及意義。

人聲為何無法有效發出？

聲音無法以自發性的理想狀態去反應，因爲此種自發性依賴的是本能反射動作，而大多數人已經喪失了此種反射能力，也或許是失去了反射性地做出舉動的慾望。除了極度苦痛、極度恐懼或極度狂喜等無法控制的行爲之外，幾乎所有反射型聲音的相關行徑都可以被次生型慾望衝動（secondary impulses）的介入變得短路失效。

一般而言，這些次生型慾望衝動是有保護性的，充其量只多給你三思的時間。不過若次要衝動發展得太好，足以抵銷掉主要或反射性慾望衝動的影響時，形成的就是「習慣」。習慣是人運作的必要組成元素：有些習慣是有意識的（每天的上班路線；選擇早晚洗澡時間等等）；但多數的心理及情緒性的習慣——「我從來不哭」、「我總這麼想」、「我不會唱歌」、「國歌曲子一下就會讓我哭出來」等等，是他人或自身在無意識的情況下養成的。這是不具選擇性的一種造就。外界要求或建議你執行的動作僅能對次要慾望衝動反應，而非主要衝動：「你不要再亂叫，不然就沒冰淇淋吃」、「馬上閉嘴，否則打你屁股」、「男孩子不准哭」、「乖巧的小女生不會大吼大叫」、「不好笑，你這樣很粗魯」，或極端一點的情況「乖乖吃這一記，好好教你一課」，以及「噓……教堂內不准訕笑搗蛋，上帝在看」。

在潛意識的深層，那對情感及刺激快速反應的動物性本能，早在孩童時期就很大程度地消失了。當然，成熟行爲中本應有著具意識的自我控制與本能反應之間的平衡，但是無意識控制著大多數人類行爲的習性是童年時期受到肆意影響而養成的，例如父母（或無父母）、老師、同儕、幫派成員、電影明星或流行偶像的影響。身爲演員的我們，在某個時刻想要汲取哭笑哀傷憤怒喜悅之原始根源的當下，可能會發現情感本身已被過度文明化或摧殘夷平了。來自神經系統的慾望衝動被撤銷慾望的反向衝動所阻擋、改向或跨越。

原生性質的慾望衝動（Primary Impulse）

這裡說個能描述關於原生形的慾望衝動（以下簡稱主要慾望或衝動）與次生性質的慾望衝動（以下簡稱為次要或次生衝動）生成原理的簡單故事。我稱之為「巧克力餅乾的故事」。這故事非常簡單，具象徵性的概括說出了從出生到成年聲音上複雜的身心發展。多處細節會依據個體而變更，但大致上來說能用在所有人身上。

當嬰兒出生時，身體第一波的原初衝動便會立刻啟動，以開始身體的第一份核心工作：活下去。當氣息被兩片肺拉進推出時，生命開始有所活動，而其他一連串的生存行動也因此被牽引發生。這是我們第一個生命體驗：生存或死亡。呼吸賜予生命力。

但只有生命力並不夠，生存才是必須。

嬰兒小小的肚子內部深處我們稱作「PANG」的地方有了身體經驗，是一種被刺或是悶緊的痛楚感受。這是人維生的訊號。沒有它，生命無法延續。PANG於肚子中央有個內建的中性環境，並與呼吸系統連結。提供生命的呼吸體驗在此變成生存的必要器具。PANG在呼吸的同時讓肺與喉齊行，製造了哭嚎（wail）。嬰兒以其小小的身體工具產生了不可思議的強大哭聲。而哭泣與嚎叫直至被聽見前不會停息。奇蹟般地，嬰兒的哭嚎被外界解讀為「因為飢餓而哭泣」，溫熱的奶因此提供給嬰兒。而痛楚、肌肉收縮及PANG，在舒適及溫暖的寄託（營養）來臨時被化解。

呼吸與聲音被交付了生存的任務。嬰兒聲音的首次生命體驗是反映存亡之需。需求、PANG、聲音、對聲音的反應——這些步驟讓嬰兒得以生存。

這極度關鍵的生命體驗在隨後的好幾個月中不停的重複。嬰兒將此生命體驗深深烙印於相關的器官上，而PANG、哭嚎、奶以及慾望滿足後的舒適感等，均成為生存必須的本能衝動。於是，嬰兒這個生命體學習到溝通的關鍵課程——為了生存，嬰兒必須溝通，而所有溝通都從PANG開始。這是存亡課程：哭嚎很有效！

我們從人生首次簡單的生理飢餓感受到PANG被根除後獲得的相反溫

暖滿足感兩者的轉換中，可見情感從悲傷憤怒和恐懼轉變形成快樂喜悅和愛。嬰兒人生首次求生課程進行得相當順利。之後隨著經驗增長，其主要反應機制亦隨之微調，不過大抵來說，慾望衝動仍為嬰兒生命的主要引擎動能。但接下來，孩子即將面對一個重大的新生命階段：

請想像孩子此時已兩、三歲左右，也已學會說許多字詞，其中大部分都跟食物有關（因為這是孩子人生的主要興趣）。但是PANG仍主掌一切。再想像一個下午，孩子玩著玩具，爸爸或媽媽或照顧者在廚房準備晚餐。小孩感受到強烈渴望吃片巧克力餅乾的生存需求。孩子跑到廚房，用其強力的PANG能量注入全身和聲音裡：「我要吃巧克力餅乾！給我巧克力餅乾！給我巧克力餅乾！巧克力餅乾！我要巧克力餅乾！！」

想也知道，爸媽或照顧者對這種猛烈的攻擊不會有太正面的回覆。一般反應大概會是：「不要發出這麼恐怖的聲音。這樣叫你絕對沒有巧克力餅乾吃。除非你學會怎麼好好地問。你不再大吼大叫然後有禮貌的好好說『請』和『拜託』，我再考慮給你一片餅乾吃。」不幸的是，這樣溝通新規矩的學習階段可會花上一段時間，有時還包括體罰。孩子於此學了一課：跟隨PANG的本能衝動不再能存活，反而會帶來跟死亡感覺很像的結果。小孩體內生態身心系統極致敏感，其早年發展過程中的所有事物都是攸關生死經驗的程度。為了維生，這有機體會從事件中學習（有時是即刻反應）到如何部署在神經生理學中能繞過主要慾望衝動的次生型慾望衝動。

溝通仍是主要目標，因為只有溝通才能求生。但現在這生命體直覺上已學會以後要繞過PANG。PANG及其主要本能慾望的路線已被證明無效，甚至可說是危險的。用PANG跟外界溝通的話，你可能會死。

說不定很快地在隔天，小孩再度地在下午玩著玩具，也再度地感受到強烈想吃餅乾的需求的生死關頭。但這次小孩很快地記起前一天的教訓。此時PANG被壓抑，呼吸運動遠離PANG中心。這份需求跟呼吸一起出現在肺部上部，離危險的PANG中樞相當遙遠，重新導向至喉嚨上方的肌群。一個小小的微笑浮現，唇舌和下顎接收到需求訊息，聲音不再透過身體中心發出為生命而戰的全身共鳴，而是乖巧且不具衝突地滲入兩頰和

頭腔。孩子小心地走進廚房，用輕且旖旎的甜蜜高音語調問：「親愛的爸爸媽媽或保母呀，如果我很乖很乖，然後很甜的說拜託拜託求求你，你能給我吃一片巧克力餅乾嗎？拜託，求求你？」這時可想而知，爸媽或保母會開心地回答：「哎呀好乖呀！你學會有禮貌的好好說話了。來，這裡給你兩片餅乾！」孩子接續此次經驗學到了第二個溝通的大課題是：為了生存，你必須遵循次生性神經生理衝動的路徑。

　　這粗略的概述幾乎如寓言般陳述出「人聲為何無法有效發出？」的啟示。我們究竟是如何從「人聲如何有效形成」的美好機制上脫軌，變成在次要衝動能量的路徑上運作著那相對來說較不真誠之發聲機制的呢？每個人的情況迥異，但或許從巧克力餅乾的故事框架中，我們能依稀窺見那些想藉由改善聲音去改善關係的多數人聲音背後的心理背景。

次生性質的慾望衝動（Secondary Impulse）

　　接下來的年歲中，次要慾望衝動的訓練持續進行著，慣有的溝通模式逐漸成形，你成為似乎沒什麼大礙的人。在「人聲如何有效形成」的步驟一中，我舉例說明了何為「溝通的慾望」，但即便這樣的需求也無法被視為理所當然。成年後，人們接受刺激的能力或許會被削弱到連問候他人的言語交換都成了單向的交流。假設真的有人問候你了，這時你面對「早安」的反應可能會受到「他為什麼要跟我說話？他通常都不理我啊！」之類的次要衝動想法影響；或「她額頭上那可笑的瘀青是怎樣？」或「我知道，你是要我簽什麼公投請願吧？」等等。這中斷了本來應傳導至呼吸和喉肌組織的電脈衝，而讓次生型電脈衝告訴呼吸肌群保持緊繃，避免自發地去回應溝通的慾望。

　　呼吸肌群無法將自然的呼吸能量傳至聲帶，但回應對方的需要仍在，所以在鎖骨下方找到了一些足以啟動音波振動的氣息，這時喉嚨、下顎、唇舌都需用兩倍的力氣以彌補呼吸動能的不足。最後發出的音調細微，傳遞的訊息亦微弱不明。這不過是千百個如何微妙地避免人自發本能的反應例子之一，並展現了次要慾望衝動能如何顛覆「人聲如何有效形成」的步驟二到四。這並不是說本能反應就對，控制和三思就錯。但具有此種反應

能力又可自由運用的人實屬少數。

防禦性的神經肌肉設定，演化成心理及生理肌肉之慣性。這些習慣阻斷了我們與情緒及呼吸的本能連結。如果聲音的基本能量來源不是自由呼吸的話，聲音是無法發揮其真正潛能的。若情緒一直被保護或防禦著，我們的呼吸就永遠無法自由。呼吸不自由，聲音就得依靠喉內和嘴內肌群去代償聲音的應有之本初能量。當這些肌群試圖傳達感覺的強烈性時，許多可能會發生的結果如下：找到一種安全、音樂化的方法以描述情緒；或將聲音單調地送進頭腔；或是肌肉緊繃，收縮、推動和擠壓的運動使得聲帶交互摩擦──於是聲帶發炎並失去彈性，無法振盪出正常的音波振動。到最後，因為聲帶沒有氣息的潤滑，不停互相摩擦而長出團團肉結，剩下的只有粗糙嘶啞的聲音，最終甚至到失聲的地步。

擾亂步驟一至四的抑制訊息也會干擾步驟五「共鳴腔體增強放大音波振動」。干擾訊息中某些結構性的中途擾動其實能創造諧音且更複雜地豐富了音色，但在依託這些更變因素前必須先消除會限制音域及共鳴的擾亂。此些干擾通常在呼吸被限制時出現。如果喉嚨過於緊張而用力，會縮限聲音行經的傳播通道。這種縮限造成最常見的結果是：阻止了音波往下擴散到咽部及胸部內共鳴空間放大的自由，使放大共振的責任轉移到中上區的共鳴腔體內，最後成為輕飄或高尖刺耳的音調。或者有時喉嚨緊繃加上無意識地想要顯露男子氣概，或想讓一切都在掌控之中的需求會將喉部下推，聲音只能在低區腔體內共鳴，形成了單調但龐大且低沉的音聲，卻無法從高音域處獲得其精微細節及抑揚頓挫。此外，如果軟腭和後舌加入了呼吸替代的陣營，兩者可能使命地出力合攏，本來應流經口腔內的孔道而自然共鳴的聲音被上推至鼻內。鼻腔共鳴非常強大、強勢，又不很靈巧。若聲音落入鼻中，講者的聲音會被聽見，內容就不一定了。聲音內帶有的細節變得粗糙，多樣的思維無法找到相對應的多樣共鳴質地去釋放。溝通內容因妥協於唯一可用的共鳴形式而失真。

以上是聲音在共鳴腔體內被身體慣性的緊繃張力抑制時，三例最明顯的失真反應。而頭腦送出的任何抑制性訊息均更微妙地影響全身調音結構。如果呼吸肌群緊繃，咽部內沿的肌肉組織也會隨之繃緊。這些微小的

肌肉，回應了抑制性訊息而收縮，無法執行本來的精微肌肉運動（隨著思想的多變，回應的細小肌群持續調節著聲音流經的孔徑大小厚薄，改變著音高之抑揚頓挫及大小），如此肌肉緊張降低了人聲直接被思維念頭改變的能力。當然，人聲可以靠聽覺和有意識的肌肉控制去製造變化，不過，操縱控制聲音的技術越高，距離傳達真相的聲音也就越遠。

　　還沒走到步驟六「最後的聲音由唇舌動作而構成字句」前，一切就已看似離真誠溝通遠去，錯得離譜。氣息及共鳴淪為緊繃張力的受害者，唇舌扛下了所有代償任務，原有的構音責任被新增的龐大工作壓力埋沒。舌頭若在基本音聲成形時無法放鬆，就不能好好執行它塑音成字語的原設功能。舌頭透過舌骨附於喉部，喉部則連通氣管直接與橫膈膜溝通。這三區任一處的緊繃張力都會促使其他區的緊張出現。舌頭緊繃就會花多餘不必要的力氣構音，對大腦語言神經皮層所發出的運動刺激之反應敏感性因而降低。

　　舌頭與發聲機制的內部運作緊密相連，而嘴唇則對此些抑制訊息反應稍有不同：雙唇是複雜臉部肌肉組織的一部分，臉部肌肉組織對抑制訊息的反應是像關上窗簾般緊閉一切。臉，可以是全身最揭露內心祕密的開放處，也能是最祕密的隱蔽處。有的面孔僵化成看來無懈可擊的無動於衷，其實心機正謀策算計著；有些人則戴上安撫的面具，微笑哄騙他人一切安好的肌肉逐漸變成永久性的嘴角上揚；另有陷入常時沉重的沮喪垮臉，即便突如其來的快樂心情也難以提動笑肌。的確，一個人的面部表情顯露出其四、五十年來積累形成的主要個性是很正常的。但年輕時若能讓臉肌群自由地接收複雜情緒感受不停變化的刺激，任其自由反應，就能避免過早的面肌僵化定型。臉肌群與身體其他肌群一樣，不運動就會變得鬆塌或僵硬。人們需先有揭露內心的意願，不怕臉部表情的表達開放並相信溝通交流中的誠實「脆弱」（vulnerable）力量。

　　雙唇是嘴的守護者。嘴唇既可發展成全副武裝的城塞，也能成為滑順易開的大門。僵硬的上唇不僅是面對刺激無動於衷的典型英國人象徵，也似乎是一種需要看起來無所畏懼或懷疑而僵化的反應。也可能因為主人成長過程中慣性掩藏自己覺得不好看的牙齒或笑容而變得僵硬。上唇的自

由度對於生動的字詞構音至關重要。上下唇之間應平均分配表達的工作責任，才有最大成效。上唇變硬，下唇就得肩負起至少百分之八十五的工作，還可能得招募下顎的額外幫助——下顎與唇相比之下笨重多了，如此的字語構音不太經濟省力。

光是列出人聲爲了不讓自己內心暴露或被讀懂而做出的所有可能偏差選擇就足夠寫整本書了。對發出強勢好鬥的聲音很專業的人，其實是在掩護內心那受驚、充滿不安全感的小男孩；女人潛意識裡認爲在男人的世界中，自己必須裝弱才可能成功，因此總發出輕柔的聲音；低沉龐大又放鬆的聲音，發出了其實沒有的自信和成就感訊號；充滿傲氣的聲音在恐慌時響起等等，調整來的虛假聲音能服務自我內外世界精湛的雙面性。

然而，此導讀的描述僅旨在作爲這本正向積極書籍的序言——本書獻給願意以自我原初人聲透淨地揭露其內心世界眞相的人們。爲了不讓你對接續的訓練感到過於龐大而惶恐生畏，在此與今後我將持續強調：清晰的思維及自由的情感表達，能在訓練聲音時極大地幫助解決問題。生理心理整合方法的運用像是問出「究竟是先有雞還是先有蛋？」完美的難題典範，但此書的聲音工作應建基於以下兩大原則：

- 情緒的阻斷是自由人聲之根本障礙。
- 思維的混濁是清晰表達之根本障礙。

聲音訓練的前期準備工作

你將踏上一段漫長的發現人聲之旅，一段將打開所有感知、增強自我及自身運作意識的旅程。初期的聲音練習是主觀的、自我檢視性，甚至有點內向。我建議你寫一本聲音練習日記，專門記錄你經驗過的聲音練習之當下反應。你可能是自己一人或跟一個朋友循書練習，或找了些人互練，或一對一教學，或在課堂上被老師帶領。不管哪種情況，請記得你找尋的都是自己的聲音自由，能輕鬆眞實地表達自我內裡的想法感受或所扮演之角色的眞實內心世界的自由人聲。

開始養成把對呼吸、聲音，以及身體的印象和感受記錄下來的習慣。

擴展自己聲音相關的詞彙——除了聽覺層面以外，更應包括所有生理上、情感上、感官上的知覺感受。或許，有意無意地，你會依賴聽覺評斷自我聲音的效果。因此，為了能打開你其他感知的評估能力，最開始時我建議你在進入聲音技術層面的訓練之前，先試著用充滿想像的方式看待自己的聲音。

找一組蠟筆（越多色越好）及一些白紙。拿一張紙，在上面畫出薑餅人的外框。

1. 寫下標題「我現在聲音的樣子」（我的聲音現狀）。畫出你當下聲音的樣貌。（下筆前先閉上眼睛，花一分鐘的時間讓此景象從體內浮上心頭。）

2. 換另一張紙，標出「我想望的聲音樣貌」（希望擁有的理想聲音）。繪出薑餅人輪廓之後，用多彩蠟筆畫出心眼看見的體內聲音樣貌。

3. 在新的一張紙上，畫出薑餅人外框。在人形內用任何形式（抽象或象徵）畫下所有阻止你現在的聲音（圖1）成為你想要的聲音（圖2）之阻礙。

回看每張畫出來的圖，寫下每一張圖所呈現的各種詞彙。這些字詞可能來自於畫本身的形狀、樣式、顏色、質感、感受到的情緒或心理狀態等等。千萬不要用批判的字眼，也要避免淪於分析。重點是你感受到了什麼，透過詞彙描述出來。

從條列出來的字語裡，很快不假思索地寫下一首標題為「致我的聲音」的詩。讓寫詩時出現的感受以及躍出圖畫的字語開始擴展你與自己聲音的關係。透過這些圖畫的創造，在某種程度上，你已成為自我聲音狀態及其可能有的問題，以及需要處理哪些部分才能發揮充分聲音潛力的權威。現在，身為自己的專家，你可以開始詳細檢視自我的聲音了。用擴展的詞彙和其他能幫助你發展與自我聲音連結的想像圖像、顏色或抽象形狀等，記錄練習的心得日誌。

每個新的聲音工作階段，我都會給你練習時長的建議，以及重複此訓練和吸收的學習時間需求。例如：學習了解此練習需花費一個小時，但需要約一星期的規律複習與訓練才能真正吸收體會。時間的建議僅供參考，

自然需根據每個人不同的需求而調整。我的計畫是：每個新的聲音階段會是一個全新的「工作天」，而學會完整的聲音系統則需二十至三十個工作日。若加上每個階段所需練習週數，約需半年至一年的時間汲取新知並吸收聲音練習經驗，才能開始掌握並熟悉此門聲音技巧。

你聲音發展的程度將取決於自我練習的自律性，以及在自我發現的旅程中允許自己放心享受的愉悅程度高低。

目　錄

第一部分：聲音的觸動

ꝟꝟꝟꝟꝟꝟꝟ

第一階段的四週聲音練習：

身體的意識覺察、放鬆與釋放後的自由

第二階段的四週聲音練習：
聲音渠道的疏通與自由——何謂聲音「渠道」？

第二部分：共鳴階梯

六至八週的聲音發展與強化階段

第三部分：文本與表演之連結

第一部分
聲音的觸動

第一階段的四週聲音練習：
身體的意識覺察、放鬆與釋放後的
自由

本書所有練習附帶的建議時間表是我認為學會各項新練習所需的時長，實際訓練的周時長以及為熟稔訓練應花費的時間建議，僅供參考，學生或老師應按照自己的進度調整。認真學習，演員應能在半年至一年的持續練習中獲得永久性的聲音改善。

第一天

身體意識的覺察：脊椎
支撐自然呼吸的能量——一棵大樹

■ 預計工作時長：一小時

‧‧‧‧‧‧‧‧‧‧‧‧●‧‧‧‧‧‧●‧●‧‧‧‧‧●‧‧‧‧‧‧‧‧‧‧‧‧‧‧

　　釋放原初的自我人聲首要步驟是發展出能揪出自我慣性和記錄新體驗的覺察能力。這覺察能力包括了精神心理和身體物理層面，其極致精妙程度的達成是最終的必須，才能觀察到為滿足溝通需求而啟動的神經肌肉行為細節。很少人在剛開始時就能立即擁有良好的心理覺知能力，所以無須急進：此處謹慎的分級步驟設計會帶你逐漸進入自我信任狀態，並相信身體反饋訊息。我們會從相對宏觀、簡單的圖像介紹和練習開始，逐步發展至最適合自然人聲的精微效益。

　　如果你猴急地快速閱覽了練習說明並論定練習動作就是「伸展和下掉脊椎成倒掛姿態」的話，這練習對你而言毫無意義。沒錯，這是個很常見的熟悉動作，你能很機械性的完成它，只要身體大塊的外層肌肉用力就能做出一些表層的釋放假象。但，脊椎的延展和椎柱節節下落的過程才是此練習的構成。這大概是本書所有練習的根基：練習本身和結果（what）並非重點，如何練習（how）才具真正意義。

　　帶有意識的心智（mind）具備著挺驚人的推翻新體驗能力——不是把新經驗跟已知的安全事物混為一談，就是妄下定論而略過整個體驗過程。譬如說，「我睡著前就是這種感覺」的想法會強化熟悉的舊思維：放鬆等於睡著。如此便成功地排除了「放鬆可以產生能量」的新可能。此脊椎練習的終極目標是透過特定的放鬆方法增強身體意識的覺察力。在解除

緊繃張力的過程中，被關陷於體內的能量開始釋放，覺察意識和潛在活力的狀態亦開始活躍。

更具體地說，人體發聲設備的效能取決於身體的齊整性，以及齊整身體運轉時所能帶來的經濟效益。脊椎不齊整，會削弱其支撐全身的能力，其他肌肉需放下本身工作以提供支撐的代償力。

若下脊椎力量紊弱，腹部肌群就會提供代償的力量支撐軀幹。腹肌群若肩負起撐著身體的工作，就無法自由地回應呼吸的運動需求。同樣地，上脊椎若放著提拉肋骨架和肩胛骨的工作不做，肋間肌可能就得替它撐高胸腔，那麼肋間肌呼吸運動顯然會因此荒廢。最後，若頸部椎節不齊整，會使整個聲音傳播的通道變形，下顎肌群、舌肌、喉部肌群、甚至兩唇及眉頭都會出力支撐頭部，這讓聲音幾乎沒有自由通過的可能。因此，強壯具彈性且齊整的脊柱是自由呼吸及聲音的必要起始點。

莫希・費登奎斯（Moshe Feldenkrais）的心理物理學之再教育訓練，已成為許多演員培訓課程的必修，其被視為無價之寶的著作《動中醒覺》（*Awareness Through Movement*）提出：

> 人體任何姿勢只要不與自然法則牴觸，均可接受。換言之，骨骼結構的作用是抵銷重力的下拉，使肌肉能自由運動。神經系統與骨架共同受重力影響而發展，所以骨骼應能在不消耗多餘能量的情況下支撐身體，讓它不受重力影響。此外，若肌肉肩負了骨骼原有責任，那麼肌肉本身不僅會不必要地消耗能量，肌肉原本用以改變體態的功能（即身體運動）也會備受阻礙。

因此，釋放自然人聲的第一步，是與你的脊椎和骨架變熟。你越能想像以下骨骼的運行過程，你的肌肉發揮自身作用的經濟效能就越高。

多跟自己的骨頭聊聊。

本書許多練習都會請你閉上眼睛感受體內運作的清楚意象。有鑑於此，我建議你先將指令錄音下來，在練習時播放錄音檔作為指引。否則，你便需要先閱讀內容後記下細節再自我導引。

步驟一

輕鬆地站立，兩腳站約十五至二十公分寬（與髖同寬，而非與肩同寬）。讓體重既平均分散於兩腳之上，也平均分散於腳掌及腳跟之間。

- 以你身體的心智之眼（body mind's eye）[7]想像兩隻腳骨的樣貌。
- 想像你的小腿骨自踝關節向上生長。
- 想像大腿骨從你的膝關節生長向上。
- 想像髖關節及骨盆帶的清楚意象。
- 看到你的薦骨[8]——在後骨盆正中間的大骨頭——脊椎之底基。
- 想像脊椎自薦骨一路向上生長，經過腰部及兩肩胛骨之間，肋骨架漂浮於脊椎四周，肩胛帶則輕放在肋架最上方。
- 感覺兩臂掛在肩臼下，垂於軀幹兩旁。
- 想像上臂骨、手肘肘點、前臂、手腕及各個手掌骨和指骨的意象。
- 讓心眼（意志）沿著手臂飛回身體中央，進入頸部。
- 想像頸椎節節向上建立箝入頭骨。
- 看到脊椎頂節與你的耳朵和鼻子齊平。

7　譯註：body mind's eye，這裡譯做心智之眼，或簡稱心眼。有人會稱之為腦海或意志，從翻譯角度而言也較優雅。不過為更貼近作者希望讀者理解的意涵，譯者特別提醒心智（mind）是身體的智慧、智能，跟理智的腦力不同，出現的位置也在體內深處而非頭腦之中。意志、心識等字詞是比較貼近原文表達的。因為之後mind的使用率非常高，特此花費篇幅說明。譯者建議（若讀者願意）以英文mind給予指令會更直接。

8　譯註：sacrum，或稱骶骨、薦椎。

- 想像頭顱像氣球一樣漂浮著，浮在脊椎頂端。

步驟二

　　注意力集中於兩肘肘點上。向前轉肘點後，讓肘點在軀幹前方輕柔向上浮起。這裡只會用到上臂的肌肉 —— 肩膀肌肉放鬆，前臂亦然，兩手鬆鬆地掛在手腕之下。

- 注意力轉至兩手的腕關節上，讓它們飛往天花板。手掌仍放鬆垂掛。
- 注意力注入手指尖，讓指尖飛向天花板。

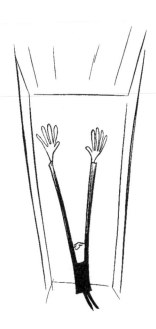

- 想像有人拉著你的十隻指尖向上，肋骨因此被拉離腰部向上而更延展你的骨盆帶，腿或腳不會參與此伸展運動，維持原地的放鬆狀態。

　　現在，跟隨這唯一的指令：兩手掌全然放鬆，垂掛在手腕上。

- 註記下來手掌與手臂之間完全相反的兩

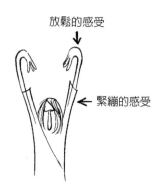

放鬆的感受

緊繃的感受

種感覺。手掌的感知標記為「放鬆」（relaxation），手臂的感知則
為「緊繃」（tension）。

現在，讓兩前臂放鬆下掉，鬆掛在手肘之下。

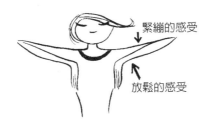

緊繃的感受

放鬆的感受

• 註記前臂、手掌、上臂及肩膀內相反的兩種感知：前臂及手掌的
感知標記為「放鬆」，上臂的感受則是「緊繃」。

現在，上臂重重下掉，鬆掛在兩肩下。

• 註記兩臂之重量，血液回流到手掌內和手臂內溫度的變化。

• 標記兩臂內的感受為「放鬆」。感覺重力的牽引增加了手臂之重。

現在，讓頭被重力拉走，頭往前下掉並帶著頸部垂掛在軀幹的最上
方。

感覺頭的重量下拉著連接頸椎與體椎的脊節，有時稱爲小牛骨椎[9]。小牛骨椎逐漸臣服於頭的重量，緩緩下沉並拖拉著肩胛帶一起垂下。接著，讓頭肩手臂的重量帶著脊椎緩慢地節節下掉，肋骨架與腰部也跟著對重力投降。試著看見每一節脊柱動作的清楚樣貌。

- 膝蓋放鬆，好讓體重保持在兩腳中心。檢查重心不要後放於腳跟或前傾至腳趾上。兩膝不要鎖緊。脊椎下沉到你無法再支撐上半身體重量之時，快速地放鬆整個下脊部，變爲上半身倒掛，下半身維持直立的倒掛姿態。

- 想像軀幹自尾椎垂吊下掛，完全臣服於地心引力。
- 輕鬆地呼吸。你做此練習是爲了要放鬆軀幹的所有肌肉、肩膀肌群、頸部肌群、頭，以及手臂的肌肉。

提醒：如果你的兩腿在這不太習慣的姿勢中開始感到疼痛不適，用兩手從小腿後側由下往上刷過大腿後側幾次，把從腳踝到臀部多餘的緊繃張力刷掉。

現在，將注意力放在尾椎上，從此處開始節節分明地向上建立整條脊椎，好似用積木疊出一座城堡似地將脊柱逐個上疊。

- 跟你的骨頭交談。看見自己的骨架。

---

[9] 譯註：bull vertebra，或稱牛背骨椎、牛椎骨。

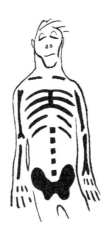

- 腹肌不要用力，讓腹部放鬆垂下。呼吸。肩膀肌肉放鬆。
- 膝蓋不要突然打直。讓它們在你體重平衡變化中緩慢地從微彎變成不僵硬的直立姿態。
- 找到支撐肋骨架的椎節們，從腰開始帶著肋骨回整上建至小牛骨椎。

現在的你，是個無頭的軀幹。想像你的頸椎在恰好的角度上，前掛垂於體脊之頂。

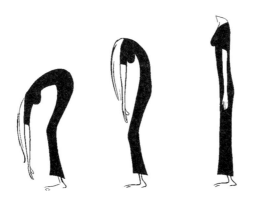

- 在構成頸部的七節脊椎上聚焦，脊柱逐個上建直至頸椎與整條脊椎齊整為止。感覺頭隨著頸部自然地浮起，無須主動用任何力氣「抬」頭。

步驟三

眼睛閉起，讓心眼（像個體內的鏡頭一般）從頭開始內視身體每一區的細節，一路掃射至腳底，再自兩腳回溯向上，沿經兩腿，再入軀幹。過程中，開始持續有意識地放鬆那些緊縮用力的腹部、臀部、肩膀或頸部所有肌肉。你正主動地讓站立的力量從身體大塊的外部肌肉轉換至體內抵抗重力向上生長的強大脊椎意象能量。想像脊椎是一棵透過意念的推動，從薦骨、兩腿、兩腳的根部往上生長的大樹，其枝節向外延伸成為肋骨架。

- 感受身體切入空氣的體型輪廓。
- 感覺空氣觸摸著你的皮膚。
- 張開眼睛，遊走在空間裡，讓骨架帶著你走路。

回到靜止站姿，再次閉上眼睛。將注意力放回體內。讓放鬆的感覺由外部肌肉蔓延到內裡肌層。

- 以心智之眼（內視鏡）由內觀看臉部，開始放鬆臉部肌肉。下看喉嚨，一個空心且通暢的聲音通道。繼續往下透過兩肺檢視肋骨架內裡，橫膈膜映入眼簾，它是肺的地板，胃的天花板。從橫膈膜下沉至骨盆底，並穿過兩腿直至根植地板的腳底。
- 再次讓你的身心之眼從腳骨由下往上視察，沿著整個骨架直到頭骨之後，再回到脊椎裡。
- 安靜地站著一、兩分鐘，感受脊椎支撐著漂浮在頭骨和腳骨之間的骨架，而全身的肌肉均放鬆地掛在骨架之上。
- 伸伸懶腰，打打哈欠，再自由甩動全身。

這是一長串訓練的首個練習，目標是將訊息傳遞系統自腦內轉換到身體，從大塊的外部肌群運動轉變為精細的內層肌群。天然的人聲是非自主性肌肉組織，透過非自主性神經系統而傳播的。簡易的將身體肌肉系統分析一下，可將之分為兩到五層：從能被意識控制的大型外層肌肉到最內層貼連骨骼的肌群（由非自主神經系統主導）。最裡層最靠近骨頭與器官的肌肉是無法被你的顯意識控制的，屬「本體感受性（proprioceptive）肌肉」——能自我體視並在自身感知下運作。不過，此種屬性的肌群能受意

象及情緒影響的刺激而改變。

🔊 作者的話

最好的演員，或基本上可以說最好的表演藝術家（音樂家、舞者、歌者），在表演中都是很放鬆的。也就是說，他們身上並無多餘的緊繃張力。其肌肉先做好接受動作執行所需之必要衝動的準備，並能隨著特定的刺激而激起更多能量。慾望衝動一旦滿足後，肌肉就會放鬆並再次備迎下一份工作。緊張且用力的表演或能引起外界的興奮，卻鮮少引起觀者深刻的情感反應。「以最少的力氣獲得最大的效果」是偉大藝術之標章。

偉大的藝術植根於真理之上。要花費最少的力氣，必須承諾自己每次都會透過內在想像力及情感，激發身體和聲音由內而外的真誠表達。如此過程，能讓身體與聲音即便在極端情狀中，仍能最誠實且毫不費力地揭露內心的各種真理。為了發展出這種能用最少氣力產出最大效益也更為真實的人聲，演員必須用的調整方法是練習讓聲音能對想像及情感刺激反應，以訓練發聲肌肉組織──我們已經開始做，也將持續地訓練的各種練習。一開始，先很簡單地讓本來對人如何發聲的基本概念無意識的你注入意識，再用解剖層面上更正確且經濟的知識替代或許你曾有的誤解，並訓練此更具意識的聲音能自然有機地對充滿情感的思維慾望衝動反應。

步驟四

這裡將重複步驟三，但過程中將加入新的覺察。此步驟適合閉眼練習，因此建議所有獨自練習者可先閱讀以下指令後銘記在心，或將指令錄音下來播放聆導。

輕鬆站立，感受到你的脊椎向上生長，支持著整個軀幹，再次閉上雙眼。帶著放鬆身體內層肌群之目標，讓你的心眼（內視鏡）從頭頂開始往下旅行，途經你的臉部內裡，放鬆那面對世界的外部臉孔肌肉。沿著你的喉嚨，進入你的胸膛。在意念下沉入胃部區域時，注意到那無法避免、微

小的呼吸運動，穿過腸胃和下腹部而降臨骨盆之底。鬆開任何體內用力之處。在放鬆自身內裡圍繞脊椎的肌肉組織之際，請維持脊椎上挺生長的清楚意象，否則你會整個人鬆垮塌掉。

讓整個軀幹內部放鬆，它才有空好好服務你呼吸所需的運動。

- 觀察身體內裡對你的非自主運動之呼吸機制所產生的反應。
- 接著感受到體內深層有股想好好地打哈欠、伸懶腰的慾望，緩慢且享受地順應這股衝動。
- 打打哈欠，伸伸懶腰，把身體甩開；像是早上剛起床的一隻狗，打完哈欠伸完懶腰後，把皮膚甩回原位一樣。
- 你現在身體的感受為何？你現在感覺怎樣？仔細註記下來。

在這些初始練習的過程中，你正有意識地決定如何部署運用身體的能量。如果你的身心都按細節遵循著過程，你將會暫時擺脫一些慣性肌肉反應的舊習。你應該已經獲得了（相對來說）易感的身體部位中緊繃與放鬆的對比感受之經驗值。這經驗值替你接下來感知較難體感的部位（如後舌、橫膈膜中心，以及上唇）並替釋放其緊張（tension）的能力發展打下了根基。

放鬆的能力必須帶著明確特定的意圖緩慢培養，否則反而會退化成整體鬆塌的狀態，誠如哲日‧果陀夫斯基（Jerzy Grotowski）所言：「人不能變成像許多戲劇學校教的那種全然放鬆狀態，這種全然放鬆只會讓你變成一塊又濕又重的抹布而已。」為了放鬆而放鬆將無法避免心理上的同時放棄，這與為了達成任務而放鬆有著重大的差別。我們的目標是消除所有不必要的肌肉緊張（tension）慣性，好讓它們不被習慣造成的短路阻斷，自由地反映慾望衝動的需求。

※實踐練習※

接下來的兩三天，每個早晨都重複伸展與放鬆脊椎的練習。注意前述步驟中的細節，過程中仔細觀察骨骼的運行。並且打開身體隨時感受到緊張與放鬆知覺差異的意識，時時向內覺察。

第二天

呼吸意識：釋放呼吸的自由
聲音之源——氣息

■ 預計工作時長：四十五分鐘至一小時
· ● · · · · · · · · · · · ·

　　人不呼吸，無法生存——人不能沒有空氣。你的呼吸既是生命之源，也是聲音之源。你的呼吸習慣像你今日的自我個性一樣已然發展成形。認眞嚴肅的專業演員，其遠大目標是能在表演中全然轉換成其他角色性格。其中包括將自我行爲與思維模式、感受及呼吸方式，轉變成忠於你所創造的角色之行爲、想法、感受、呼吸。

　　倘若演員僵化地維持著慣性使用肌肉的呼吸模式，要達成上述的期望只會獲得表淺的成效。欲融入且完全活在不同角色的生命裡，演員必須能棄捨本身根深柢固的呼吸模式，暫且允許所扮演的角色之心靈（psyche）去主導體內呼吸機制。只有在戲劇角色的呼吸過程中經歷情節事件，才會使人信服此角色及其聲音的眞實性。

　　接下來提供給你的是一種身心整合的呼吸地理環境指南。我不會給出一個「正確」呼吸的規則。完全滿足所有需求的單種呼吸方法並不存在。呼吸能根據不同需求而調整：肺功能在職業游泳者身上，與歌劇歌者或瑜伽人士之需求是完全不同的。但游泳的、唱歌劇的、練瑜伽的呼吸過程，在演員身上是毫無助益的。

　　我知道這想法頗具爭議，你就算不相信，仍可以持續接下來的練習。不過，我希望你在探索自我呼吸的時候，想想你呼吸的目的爲何？唱歌劇、職業游泳或認眞的瑜伽練習都需要發展呼吸的控制能力，部分原因

是在執行這些活動的時候，不會被突如其來的隨機慾望衝動（尤以情緒型衝動爲主）影響或阻擾當下的呼吸節奏。

表演目標需要的則是演員能有意識地追求那自然的自發本能性演技。演員的呼吸機制必須能夠接收那些透過想像創造出來，有著萬變的想法和情感之角色狀態。重視眞實誠懇表演的演員，應將如何「控制」呼吸的重心從肌肉氣力轉換到慾望衝動之上。最終希望演員能控制的不是肌肉，而是想像力和情緒。

接下的幾個步驟應該帶著心胸開放、愉悅的期待狀態去練習。爲了體會練習，每一步都慢慢來，並允許自己能好好享受這經驗。放下練習「目的」，純粹享受過程。

透過先前對脊椎的探索，你達成了對身體意識及放鬆狀態的基礎程度，並準備好了呼吸探索的開始。身體呼吸運作原理極其複雜，所以在這個階段先別妄下自己了解如何呼吸的結論，而是先發展出客觀覺察而不介入的自我檢視能力。

此處目標爲移除肌肉控制的慣性，並讓你的非自主（involuntary，或稱非隨意）運作過程開始主導。要覺察到非自主神經系統的功能卻不介入其運行是絕對可行的，只是剛開始察覺到時你會很不習慣。一開始你可能會利用觀察到的運動去形成自然的假象。譬如說吸氣時肚子會凸起，吐氣時肚子會扁縮，這是正確的現象。但你若開始用腹部肌肉去控制呼吸，緊縮肚子時空氣被擠出體外，用力推凸腹部把氣吸進來，就是誤用了觀察到的自然呼吸狀態。

非自主性的呼吸肌群，是存在於你體內深處精微複雜的強大力量。任何你自主控制的動作都只能運作到大塊、笨拙、表層或偏離肺部的自主性肌肉群。用意識控制呼吸，會破壞其對內部狀態變化之靈敏度，並嚴重地限制呼吸與情感衝動的連結反應。此處值得一提再提的重點是：你是無法模仿身體反射動作的。自然呼吸是反射型的，你只能透過移除造成限制的緊繃張力和提供多樣化的刺激，以重建此種呼吸反射潛能。這些刺激能引發比日常生活中被習慣操控的行爲更精細微妙、更深層、最終也將更具力量的反射動作。你的呼吸肌肉群將很快地成爲話語藝術中反應靈敏的樂

器。

剛開始以站姿觀察呼吸練習較佳，這將有利於稍後坐或躺姿練習覺察差異的比照。

步驟一

重複先前脊椎的身體意識練習。重新發現那支撐著你的大樹、樹根與枝節。

步驟二

讓長直的脊椎和放鬆的肌肉輕鬆站立，並讓你的意識向體內下探，使注意力在身體中央的深層停息。

- 感受氣息進出身體時產生的微小運動。
- 讓非自主性的呼吸韻律告訴你身體的自然呼吸節奏為何。
- 讓你的呼吸告訴你它要什麼。

這些維繫生命而不停進出你身體的氣息，其實很小、很少。

- 意識上，你只能持續釋放腹部、肩膀和下腹部的緊張力氣。注意：是呼吸使身體動作，而不是身體運動造成呼吸。提醒自己，你的「自然」呼吸韻律可能跟你「習慣」的呼吸節奏大有不同。

探索以下呼吸過程的細述：

- 氣息的離開是身體內部的全然放鬆。
- 若你能耐心等待，氣息會自然而然地再度進入體內。

步驟三

- 讓氣息從你的體內自然釋放離開。
- 等待──別讓肌肉用力──直到你感受到那股呼吸的需求。
- 臣服那股慾望，滿足呼吸的需求。

讓氣息自然交替──不要主動「吸氣」。

- 讓氣息再次自然釋出體外。
- 放鬆，感受身體內部短暫的靜止狀態。

- 一旦你感受到體內深處那小小的慾望需求，立即順應那份想望，讓新的氣息飛入體內。
- 重複步驟三中的心理過程。客觀而不控制地體察那體內深處的反射性動作：讓氣息自然釋出。

耐心等待，但不屏息。

- 允許氣息自由的飛入體內。
- 立即讓氣息自然釋出。

靜心等待，肌肉完全放鬆。

- 允許氣息自由的飛入體內。
- 立即讓氣息自然釋出。

靜候。

- 允許氣息自由的飛入體內……（重複等等）。
- 持續觀察自我的呼吸約兩、三分鐘。

🔊 作者的話

在微小呼吸的範圍中，氣息集中於身體中央，並提供了足以延續你生命的能量。你越放鬆，身體存活所需的氧氣就越小。值得注意的是，在深層靜心（冥想）的狀態中，呼吸頻率會急遽驟降，甚至到難以察覺的地步。焦慮情緒及身上緊繃的氣力不是使呼吸節奏增速，就是減緩且費力，或是會導致疲長沉重的呼吸交替。

日常而放鬆的正常呼吸節奏可說是舉世皆然的。意即，一旦解除了身上緊繃張力的慣性，而非自主性的原初呼吸過程重建之後，每個人的呼吸節奏幾乎都是差不多的。一次氣息的進出差不多是四秒鐘的時間。當然，基本呼吸節奏的存在是為了迎接多變的身體需求。所以在觀察自身自然呼吸韻律過程的一、兩分鐘後，你可能會發現自己難以抗拒地有著想打哈欠或深長嘆息釋放的慾望，這慾望定會急速地改變呼吸的節奏。但是能意識清晰地讓自己放鬆回到自然呼吸節奏上是非常重要的。（成人睡眠時的呼

吸節奏並不是放鬆呼吸的可靠參考。部分原因是呼吸肌肉此時正對應減緩的新陳代謝而放慢；另外，若仔細觀察，你或許能發現成人身體在睡眠中處理著日間面對的壓力而造成了呼吸節奏的不規律。不過若你觀察的是嬰兒的睡眠，倒是可以學到非常多。）

步驟四

- 持續步驟三的呼吸觀察，另加以觀察，自己正透過口或鼻呼吸？如果是鼻，讓你的嘴巴放鬆微開，好讓氣息能透過口中而不是鼻內進出。不用張得太開，只用氣息能輕鬆通過的空間即可。

　　如果你的嘴巴是放鬆的，釋出的氣息應會自然形成小小的「fff」字，在上齒列和下唇間或兩唇之間輕輕構成。（中文標示會像無聲的氣音「ㄈ・」，但發空韻，僅為唇嘴的構成形狀結果。）

- 舔舔雙唇，感受涼爽空氣飛經兩唇後沉入體內，再感覺溫暖的氣息釋出體外。而飛出體外的溫暖空氣流經濕潤的雙唇之時會鬆鬆地構成無聲的氣音「ㄈ・」（fff）。

　　「ㄈ・」（fff）無聲氣音不是刻意發出的。此音的最終構成是因為呼吸時氣息飛過放鬆的嘴巴而自然形成的結果。發出的音是一種副產品，並非主要目標。

🔊 作者的話

　　「ㄈ・」（fff）無聲氣音根據每個人的天生構造，可能會在兩唇間或上齒和下唇間形成。這小小的「ㄈ・」音之所以重要是因為透過它，你開始建立著從身體中央釋放後途經口腔前方的呼吸路徑，這也是自由人聲釋放的途徑。所有呼吸意識的練習都是聲音的藍圖。因此在呼吸相關的所有練習過程中，能讓嘴巴跟說話時一樣放鬆微開是相當重要的。靜態時或走在路上，用鼻子呼吸的確較美觀衛生，因為空氣進入鼻中離肺較遠又較慢的

> 呼吸路徑時會過濾、淨化並潤濕空氣。但說話時，氣息需能快速地對迅速變換的慾望衝動反應，因此一個直接而開展的口腔通路是明顯的必須。不過，嘴若張得太開，呼吸反而會很明顯地墜落在喉嚨裡而不是嘴前區，構成的音變成「ㄏ·」（hhhhh）而非「ㄈ·」。所以，張得太開的嘴巴會造成過於集聚在喉嚨裡的呼吸路徑，氣息將難以自由。
>
> 容我強調一句：鼻腔呼吸是極不利於演員追求之真誠話語自由的。

在呼吸意識覺察練習的過程中，必須清楚區分以下兩種想法的差異：「呼吸最後到嘴部前區才是對的，所以我會把氣推到那兒」，或「如果氣息能從身體中央自由釋放出來，而釋放中途也沒有遇見任何緊繃張力之阻礙的話，氣息將自然抵達嘴部前方」。調整心境讓意識主要對成因（亦為呼吸釋放的起點）感興趣，並僅以客觀的心態觀察結果（亦即氣息抵達的終點）。

步驟五

- 持續練習觀察自身的自然呼吸節奏。現在，想像橫膈膜在氣息衝離身體時向上飛移，在新氣息沉入體內時隨之下沉。你的橫膈膜是個很大的圓拱型肌肉，形成了雙肺的地板、腸胃的天花板，其邊緣附著於肋骨架底的周圍。你無法直接命令橫膈膜如何動作——它並非屬於意志控制的自主肌肉。不過，透過想像準確的橫膈膜運動，你能間接影響刺激其運作。
- 嘴巴微開，讓每次飛出體外的氣息自然形成小小的無聲氣音「ㄈ·」。感受你的呼吸及覺察力均集於同處——身體中心。別在呼吸時讓內在一分為二，一邊坐在腦子裡批評或控制呼吸。你與你的呼吸，同為一體大同。釋放呼吸的同時，也釋放了你自己。當你和呼吸一起釋放時，橫隔膜向上飛入胸腔肋骨架內；當你和氣息一同更新之時，橫膈膜往下降沉，肺部空間因此開展。此橫膈膜上升下沉的運動是橫膈膜的釋放體驗過程。

- 呼吸時，讓每個釋出的氣息都充滿愉悅的釋放感。像是自己擺脫身體的束縛，逃出體外而重獲自由。而每個新氣息的進入，都是備受歡迎的內部更新。重生（氣進，inspiration）與離逝（氣出，expiration）在自然呼吸節奏的循環內，周而復始。
- 現在，身體中心湧現想輕柔地嘆息釋放（sigh of relief）的慾望衝動。

別發出聲，僅純粹的氣息嘆放。

- 觀察你的呼吸如何對這簡單輕鬆的釋放慾望之刺激做出反應。
- 你會發現，呼吸回應了此慾望衝動，讓更多的氣衝進體內，因此更多帶著釋放感的氣息洩出，形成較長的無聲「ㄈ・～～」（fffff）。
- 再次有意識地決定在身體中央餵養一股想嘆息釋放的衝動。觀察非自主呼吸肌肉組織對此慾望的反應，以及因此產生的橫膈膜運動。

看見你的意念／意識（mind，慾望衝動的發送者）、感受（feelings，慾望衝動的接收者），以及呼吸全集中於身體的深層中心。

- 再一次向內餵養嘆息釋放的慾望衝動。
- 這次感受釋放慾望更往身體深層下探。甚至深入到骨盆底。
- 讓解脫的感受與氣息合而為一，一同釋出。
- 放鬆整個身體內裡。允許下一個新氣息進入體內自由更替。

骨盆底是位於骨盆帶低處橢圓狀彈性肌肉交織處（之後會更仔細解說橫膈膜與骨盆底的連結關係）。現在可以先想像你的軀幹底的地板是位於骨盆內約橫膈膜下方三十公分處，對呼吸反應相當靈敏之區域。

你具有影響呼吸肌組織，刺激其更大運作之能力。但請不要把「透過視覺及情緒衝動的運作去有意識地控制情緒」和「用意識控制肌肉用力」這兩件事搞混了。

◀)) 嘆息釋放（the sigh of relief）

嘆息釋放及打哈欠是身體需要額外氧氣時會啟動的有機動物行為。嬰兒、狗、貓每天都會毫不客氣的打著無數次哈欠。他們也會在身體需要更多氧氣時無聲地嘆氣。多數人已被教育成遺忘了許多身體與生俱來的功能作用的大人。在公共場合打哈欠會被說粗魯，嘆氣背後一定有什麼情緒目的，這兩者都會讓人覺得丟臉。

然而，若你現在開始讓自己能帶著愉悅的心情打哈欠，而嘆放就只是單純為了釋放的話，你將能替自己的身體與心靈重新注入活力。你身心的生命力取決於氧氣的循環。它有可能因為你身體慣性的緊張和阻礙，造成這生命的必須養分供應不足的現象。

為了建立釋放你天然的原初人聲之呼吸基礎，你需先能分辨「嘆息釋放」與「吐一大口氣」的差異。不具有任何感受內涵而吐（或吸）一大口氣，啟動的是身體的肌肉機制，與被充滿想法感受的慾望衝動激發出的嘆息釋放大有不同。對於希望能透過自己的聲音揭露（而非描述詮釋）內心想法及感受的演員來說，練習嘆息釋放就是練習連結想法和感受、呼吸與聲音。在演員表演的藝術中，具有創造並再創造——慾望衝動（impulse）——這成因之源的能力是極為重要的。創造並能再創造一次次充滿懇切感受的嘆息釋放所帶來的潛在能量，將會重新教導與建立呼吸及聲音之間的連結關係。

訓練的多次重複，是訓練著反覆創造想像型成因的能力。演員常在排練或表演過程中被要求更釋放些（release）或放開丟掉一點（let go）。但是，多數人在成長過程中建立了頑強的「控制」習慣，讓「放掉」這件事成為幾乎不可能的任務。

這些人的內心深處住著保護性強大的相反命令：「不要放開，不要揭露。不要讓別人看到你在想什麼或感覺如何，太危險了！」原生性神經傳導路徑之自由表達技識早已屈從於防禦及控制型的次要慾望衝動。

嘆息釋放，是能打開通往原始慾望衝動中心之門的第一把鑰匙，也是

重新連通大腦和身體間之原始神經心理通路的第一步。這是一把心理型態的鑰匙，卻能透過生理手段被轉動。畢竟我們還無法假定自己下了「放開吧」或「釋放吧」的指令後，身體就會照做。我們必須先經歷過一些簡單並難以置疑的練習，去體驗「放開」的真正體感為何。地心引力是幫助我們感受何謂let go的最佳盟友之一。

步驟六

　　這裡介紹一個用心理、身體、地心引力來玩的簡單遊戲，或許能幫助你更能釐清和發展對嘆息釋放的理解。

- 輕鬆站立，一隻手臂伸直，從體側上浮直到與肩同高，與地平行，與身體呈直角。
- 自問：「是什麼力量讓我的手臂抗拒地心引力而浮在半空中？」

　　這時，我和學生通常花很多時間問答後，得到諸如「我的肌肉」、「沒什麼」、「它自己就待在那兒」或是「上帝」等答案。但最後，我總能說服他們，是意念（mind，或意志／心智）使手待在半空中的。

- 現在，告訴自己：「把我的意念抽出手臂。」

　　同樣地，課堂中又經過許多哲理辯證、試驗和失敗後，大家終於能明顯地觀察到，當你的心念「放開」手臂時，手臂必因重力而落下。（身心意識是使我們抵抗地心引力而維持站立的原因。意識消除，我們必會倒下。）

- 現在，小心地觀察這下落動作的屬性：下落是突然的、不受控的，手臂打到身體側面時也會帶著些力量。

　　以上觀察證明了當心智意念「放開」的瞬間，地心引力接手，能量便會釋放。現在，你的責任是把這個遊戲的體驗轉換到嘆息釋放的過程之上。

- 往體內餵養（創造）一個想愉悅深層嘆放的慾望衝動（無聲的），讓這樣的慾望創造最大的潛在能量，像你的手臂抗拒重力

浮在空中時所產生的能量那般大。如果你覺得這種嘆息釋放的慾望有點難以捉摸，就想像某種很糟的事情即將發生的瞬間被解決或阻止了。將那股深深的解脫感餵養進呼吸區域，並感受到氣息因此慾望而被抓進體內。

- 現在，把心智意念抽離呼吸區域。氣息會釋放出像手臂下落到體側時所產生的能量。因為你「放開」意念而發生嘆放的結果。這樣的能量讓橫膈膜向上飛衝至肋骨架高處。

嘆息釋放的能量高低取決於慾望衝動的大小。雖然重力無法真的幫你嘆息釋放，但是手臂降服重力而落下的心理經驗應能直接地影響嘆息釋放的體驗。重力能教你的意念意識如何「放手」。

- 現在，讓你的手臂浮至與剛才相比僅一半高度的位置。（若剛才手臂與身體呈90度直角的話，現在則為45度角。）
- 自問：「是什麼力量讓我的手臂抗拒地心引力而浮在半空中？」
- 答案是「我的意念」（my mind）。把你的意念抽離手臂。

你的手臂將很突然地落下，向地心引力臣服。手臂會打到體側，但下落產生的力量只有先前的一半。

- 將此體驗轉換至嘆息釋放的過程中（無聲，純粹氣息嘆放），嘆放的能量也減為中度。

身心湧出中型的釋放慾望會吸引中量的空氣進入呼吸區域，釋放出去的氣量自然也相對中等。雖然能量改變，但它仍是個百分之百的「放開」。能量仍是不受自主肌肉組織控制的瞬間釋放。橫膈膜仍會上衝，只是沒那麼高遠。

- 然後，讓你的手掌浮起即可，手腕以上均放鬆在體側。
- 自問：「是什麼力量讓我的手臂抗拒地心引力而浮在半空中？」
- 相同的答案：「我的意念」。將意念抽離手臂。你的手會突然地落下，完全臣服於地心引力。它會輕拍到你的身體，產生的雖然是輕柔能量，卻全然自由不受意識的控制。

將此經驗轉換成一個微小、集中的嘆息釋放體驗。

無論這個氣息有多小、多內蘊，它仍是全然地釋放、解脫或放開。釋

放出的能量可能極微弱，但絕對自由。橫膈膜會從中心點微微地釋放向上飛。

自然呼吸韻律是自由不受控制且極度微妙的。此練習開始重新調整身心，感受到溝通就是釋放；並開始相信溝通不過是人有說話慾求時，身體自由地滿足此慾求的過程中所產生的副產品罷了。

讓地心引力成為你的導師。

步驟七

此練習請背朝地，身體平躺仰臥。這無須用任何能量維持站姿的狀態，能讓你更輕鬆地觀察呼吸過程。讓注意力全然集中觀察，在身體完全放鬆的狀態下，體內的吸呼如何運作。

> 以下練習顯然無法單靠閱讀完成。你可先行錄下指令，或找個朋友替你念出以下導引——緩慢地。

- 背朝下平躺於地，讓全身臣服於地心引力。
- 意識進入兩腳的中心，並放鬆全腳及腳趾，兩腳自然外落遠離腳踝。
- 想像你的踝關節裡充滿空氣。
- 小腿肌肉放鬆，感覺小腿肌、皮膚和血肉都從小腿骨上融化滴落。
- 想像你的膝關節中充滿空氣。
- 放鬆大腿肌肉。感覺大腿肌、皮膚和血肉都從大腿骨上融化滴落。
- 想像你的髖關節中滿溢著空氣，充滿到兩腿似乎不再連著軀幹為止。
- 讓所有臀部、骨盆、腹股溝，以及下腹部的肌肉都融化並向下滴落。

- 感受整條脊椎從尾椎至頭骨都完全地交給地心引力。
- 腰部放鬆，但腰部的自然弧線仍在，無須試圖讓它貼平地面。
- 讓整個腹部區放鬆、融化、解開。
- 想像兩肩胛骨間的區域從脊椎向外延展至兩側，彷彿展開翅膀一般。
- 想像肋骨架跟你的肚子一樣柔軟：讓它們臣服於地心引力，並跟著你的呼吸釋放出去。
- 想像軀幹沿著地板放鬆，向四方開展。
- 想像你肩臼內充滿了空氣，兩隻手臂似乎不再連接著軀幹。
- 注意到你手臂及手掌的沉沉重量。整條手臂被丟在地上。
- 意識注入所有手指。
- 讓意識沿著手臂、經過肩膀回到頸椎裡。
- 整個頸部及頸椎交給地板，但是清楚感知到七節頸椎形成的自然弧線──不要試圖拉平或扭曲。
- 喉嚨放鬆。
- 感受頭在地上的重量。
- 下顎肌肉沿著兩耳下沉放鬆，齒列放鬆不咬緊。
- 舌頭放鬆於嘴內的地板上，所以舌頭不會用力貼著嘴內頂部。
- 意識集中在臉部肌群上，所有肌肉融化，感覺臉皮重重地貼在臉骨上。
- 兩頰放鬆，雙唇、前額、眼皮全部放鬆。
- 整個頭皮和肌肉放鬆。
- 現在，讓意識帶你回頭往下掃瞄過全身，感覺整個身體被丟在地上。
- 想像你能向下融化穿透地板。花點時間享受這奇妙的感官體驗。

你在這完全放鬆的身體靜止狀態中發現，氣息進出時產生了無法避免的非自主運動。

- 讓你的嘴巴放鬆微張。舔濕雙唇。感覺涼爽的空氣從外頭被抓進身體，向下飛入軀幹中心；並感覺溫暖的氣息從同一個中心被釋

放，再次逃出體外。

- 一隻手慵懶地放在呼吸區域，感覺到因體內運作有所反應的體外動作。（此處所指的「呼吸區」位於前肋骨下方及肚臍上方的區域。你現在手的放置處則是腹腔壁。）

- 你發現在氣息離身時，手下方的區域也就是腹腔壁會往地板下掉。

- 在體內深處餵養（創造）一個巨大的深層嘆息釋放的慾望衝動（無聲）── 想像這份想要解脫的慾望大到能下探至你的腹股溝，使骨盆底也移動開展 ── 接著讓感受隨著氣息一起掉出體外，如同被拋棄一般毫不客氣地丟出去。

- 現在的呼吸區拓寬至肚臍以下了。下腹部和下腹壁似乎也隨著嘆息釋放而反應運動。

◀)) 作者的話

這裡，你利用地心引力的幫助，增加了氣息釋出時肌肉同時能完全放鬆的可能性。整個腹部區應能完全不受控制的倏地下掉，這種釋放的質感幾乎等同於你將手臂從地上抬起，然後臣服重力瞬間放鬆而產生的作用力。透過要求身體將控制權交給地心引力的這個過程，可以測出你的身心放棄對呼吸的物理控制之意願高低。在你完全消除體內所有控制元素之前，你無法在必要時刻擁有控制與否的選擇自由；你仍然會是無意識的控制習性下的犧牲品。

因此，此練習旨在：

- 能創造（餵養）想解脫的感覺（慾望為因）。

- 在不受心理阻礙控制的狀態下，讓這慾望被滿足而釋放（溝通為果）。

- 觀察：較大而深層的解脫衝動能相對激發出較大的呼吸體驗。

- 仰臥於地。觀察橫膈膜對所有慾望衝動的運動反應：氣息進入，

橫膈膜往骨盆的方向下擴開展，氣息飛出體外時，橫膈膜也隨之咻一聲地經肋骨架向上衝。

你觀察到是慾望衝動激發了呼吸運動，呼吸激發了身體運作。

練習時若能沿用以上想法要點，你在這體內非自主性神經系統運作的有效過程中，就不太會花費不必要的多餘氣力了。

- 探索在呼吸中心創造（餵養）的慾望衝動程度生成的不同能量結果——首先，微小而中心的自然呼吸韻律之氣息交換，轉成小且滿足的嘆息，再轉變成較大而充滿感激的嘆放，最後是巨大的深沉嘆息釋放。利用想像力創造各種想像情況，以適切地激發出不同強度的嘆息釋放。
- 放鬆。回到自然的呼吸狀態。

步驟八

- 帶著對自身骨骼的敏銳覺察意識及放鬆的肌肉，緩慢的自地上起身回到站姿。頭，會是身體站升的最後高點。

齊整回站後，觀察站立後你能維持多少剛才躺地時所體驗到的身體感知。譬如說：

- 想像地板仍支撐著你的整個後背。
- 讓腹部肌肉跟躺地時狀態一樣的鬆懶。想像重力仍在你的身後，讓腹腔壁在每次氣息離身時重重地往後方想像的地板掉下。
- 觀察你的自然呼吸節奏。
- 觀察自己躺著與站著呼吸時的所有身心差別。
- 感受現在橫膈膜回到垂直式運作而不再是躺地時的水平式運動。
- 對比當下呼吸狀態和先前的站立呼吸練習，觀察兩者間是否有所不同。

記得，你感受到的差別是「改變」的經驗，並非「對錯」的比較。

- 你能明確的感受到身體何處對呼吸做出反應嗎？是肋骨嗎？後背？身側？肚子？腹股溝？體內運動為何？身體外又形成了什麼動作？

- 感受：生理上，什麼感覺變好了？什麼變不好？你的感受如何？
- 氣息是從身體何處開始釋放？氣息釋放時又往哪裡去？
- 你能感受或想像出橫膈膜在氣息入體時落下展開，而氣息釋出體外時它又咻一聲地上飛衝過肋骨架嗎？
- 你現在的感覺是更清醒了，還是更想睡？或是你覺得滿頭問號？你有任何新的發現嗎？

擁有以上問題的答案者是你，不是我。你不停自問這些問題，並用持續增長的知識回答出對自我個體來說最真誠懇切的有機體驗，是練習過程中相當重要的必須。

與自己工作的自我探索旅程之困難處，是能承認接受新的體驗。大多數人對自我樣貌及性格的長成或訓練都下了很大功夫。畢竟這樣的你也活到現在，怎樣的習性好歹都算可依靠，也算安全。透過自問這些關於新感知經驗的問題，以及練習將自己心裡的答案盡可能清楚地大聲說出來，你學習和改變的速度也會加倍。誠如我先前所述，mind（意識理智）是相當不情願接受深度改變的，還會為了維持現狀耍奸詐。我們現在面對的是一些本應為自動屬性的功能，但長期慣性造成它們很大程度的變質，需要極大的決心才有機會改變。這些練習所獲得的新體驗將在更深層的意識中出現。當你把經驗轉化成具體字句說出時，它也同時被帶入你較熟悉的意識層面中；新的經驗因此強化，並更深刻地烙印於體內。

以下是我聲音課堂中常上演的片段（細節常有所變化），表現了意識或理智如何想方設法地避免改變。某學生已做過先前兩篇章的所有練習，從旁觀察能很明顯地看見學生的呼吸在身體內變得較深層、較自由，也較省力：

> 我：你的感覺如何？
>
> 學生：還不錯。
>
> 我：你感覺到什麼？
>
> 學生：我也不太知道我應該感覺到什麼呀？
>
> 我：有感覺到身體上的任何不同嗎？

學生：大概有。我覺得頭暈，有點噁心……

我：那你的呼吸呢？（一片靜默）你有感覺到現在的呼吸在身體新的部位造成任何新的影響嗎？

學生：噢，有。輕鬆多了。

我：哪裡？

學生：等一下，我回想一下。嗯……對，好，我之前從來沒感覺到下背對呼吸的反應過（或肚子、或腿之類的回答都好）。

我：那你現在那個部位感覺到什麼？

學生：噢，有點像是我用屁股在呼吸（有人會說骨盆或膝蓋等其他答案）。

我：好，了解。

學生：這樣對嗎？

我：如果這真的是你身體感受到的現象，以目前來說可以。

學生：但你的意思是說我應該要用屁股呼吸嗎？

我：沒有什麼應不應該的。

接著，我們或許會討論關於橫膈膜的事實：從物理層面而言，兩片肺最低只能下展至橫膈膜的位置，橫膈膜將軀幹一分為二，當空氣飛入，橫膈膜下擴並下推了胃，胃下推了腸，所以下軀幹內部因為反應呼吸而有了一連串的運動。由於這些運動不只侷限於身體前側，因此唯有不受緊繃阻力的下脊椎才能讓身體的呼吸設備自由運作。替較大的呼吸需求加強反應，幫助擴展出最大的軀幹內部空間，使雙肺能開展並於氣息釋放時鬆縮回原位。如此的脊椎運動在站立時幾乎無法覺察，但若以臉朝下的俯趴姿態呼吸，就能輕鬆察覺。

不停地追問學生說出關於練習過程中所發生的事情之重要原因，是如果學生能在整體經驗裡找到（儘管只有）一個明確的發現或特點，但想方設法清晰地表達的話，這被字句體現的經驗便真的能有機且有意識地被吸收學習。學生為了避免面對新的經驗所採取的各式分心或轉移策略大致如

下：第一種答案是「還不錯，很好」，表示知道老師想聽到什麼，快丟出對的答案就可以換下一位。第二種回答是「大概吧」、「可能有」，其實翻譯是：「讓我偷偷享受我的主觀經驗，但是這很私人又太親密了，我要是說出來跟大家分享，這經驗會被破壞或被說做錯了。」這通常是一種抗拒心態。第三種反應呢，可以被翻譯成：「我不想承認這改變的感覺是好的方向，但我也不想做錯。那我就專注在這種不太舒服、不太清醒的昏沉感覺中吧」的一種迴避策略。

◀)) 作者的話

若能學會接受在練習中出現的噁心或頭暈的狀況——你不會因為這種感覺而真的倒下——你會發現，接受這種迷失狀態可以將之轉化成新的自我探索指標。不過，如果你因為對這種體驗過於恐懼，可能真的吐了或暈倒，那你便成功地逃脫並阻止了新體驗所能帶來的真正改變。某些高度緊張的人在釋放慣性緊繃張力時，肺部隨之聽令於強大的非自主性神經系統接踵而來的反應，對這些特別緊張的人的身心內裡來說是特別極端的轉變，面對此狀態常見的生存反應機制就是頭暈。

一旦這些人暈倒過幾次，就能漸漸習慣此心裡過程，並在每次面對暈倒與否的時刻，慢慢能選擇是否要放棄然後倒下，或是選擇將注意力放在別的更有趣的地方，譬如說練習本身的內容指令。這聽起來好像很殘酷冷血，但若不經歷這種心理對抗，你可能會永遠不停地延後真正的重大變化與成長。另外我應該強調的是，暈倒或嘔吐並不是呼吸放鬆自由的必經途徑。

躺在地上一段時間後站起時所感到的頭暈目眩，是很自然的。這是因為平衡機制發生變化，又隨著深度放鬆，更多氧氣進出人體，刺激了血液循環。更多的血液泵送心臟和大腦，從而改變了腺體和化學物質之現狀。在此練習中，頭暈幾乎都是健康的現象，因為它表示身內某些改變已然開始。

在徵求學生的反饋過程中，我試圖提供一種方法，能學習揪出並消除許多人都具有的頑固傾向：自我批評，自我貶損，總覺得自己即將失敗、不會成功的先入為主。

以下是問題「你感覺如何？」的一些常見回應：

「躺地上好冷喔。」「站起來的時候背很痛。」「我沒做到練習，因為我睡著了。」「我的腿會抖。」「我不喜歡這樣看自己的骨頭。」「一站起來全身又緊起來了。」

每個答案或許對學生來說都無比重要，但這些回答跟練習本身，也就是呼吸，一點關係都沒有。我會接著問：「在剛剛這麼漫長的呼吸覺察過程中，這是你覺得最有意思的感受嗎？」在我窮追不捨的追問之下，學生終於會說：「喔，我感覺到更多的氣息進出體內，以前都沒有過。」或：「當我真正開始嘆息釋放的時候，我看見了各種顏色。』或：「我以為我要哭出來了。」

這裡我希望你學到的是，每次練習完的第一個口語反饋的自身感受，無論它多微小瑣碎，都應是新鮮的（fresh）、新的（new）及有趣的（interesting），然後再接著分享問題及苦痛也不遲。任何新的經驗若要成為具意識之改變推動者，必先被察覺認可。否則，剛體會到的新經驗將稍縱即逝，舊習再現，回到原狀。而最頑固的老舊慣性可能是安靜，幾乎無意識卻在腦中不停負面打擊你的那些聲音：「你搞不懂啦」、「你永遠都做不到」、「你不夠聰明」、「你沒這本事」、「你大概聽不懂指令吧」；或是很久以前父母或老師對你說過一些暗指明指你不可能會成功的負面話語，深深烙印在你當時極度敏感的年輕的心中，造成人生接續著遭遇到的任何小失敗都幫助加深了那印記，變得更無法抹滅。為了保護自己免受練習可能失敗的影響，你選擇回答一些無關痛癢的「其他不適」，以避免面對自己真正的問題。

你若能培養自己從過程中先行找出新鮮的、新的及有趣的經驗並清楚表達之習慣的話，你便能使自己正面積極的心態逐漸代替並消除負面消極的糾纏。先因經驗中新鮮有趣的新發現而慶祝，勿以不悅或尚未成功的部分自我鞭撻。記住這口號：「先歡欣慶祝；勿自我鞭撻！」這並不表示每

次的練習經驗一定要有深刻美好的發現或深遠意涵──只不過是因爲微小步伐的漸進才會積累出眞正的轉變，所以每一小步的前進都值得你的正面認可。

我鼓勵你從先前探索自然呼吸的原初意識覺察練習過程中，找出並說出任何上述新鮮的、新的及有趣的經驗：

- 新鮮（fresh）：鮮活的。感覺有點熟悉，但這次突然再次勾起你新的興趣，或你曾有過卻以全新的角度浮現的感覺想法。
- 全新的（new）：從未經歷過的體驗。
- 有趣（interesting）：有意思的。激起了你的好奇心，讓你三思或深思的觀察。

或者你可以選擇完全相反的做法：我剛剛做的一切都是陳腐、老舊、無聊的。

在這自然呼吸探索中表明了非自主性神經系統的運作能獲得最佳功效。意即一旦你聽從呼吸發出的需求訊號，你將無須浪費力氣去有意識地控制或維持呼吸。最終眞能控制呼吸的，其實是情感和思維。不再用「吸氣」、「吐氣」等從你出發的主動訊息，要用「讓氣息進入」、「讓氣息離開」、「讓氣息飛入下沉」、「讓氣息自然飛出」的語彙來允許自己成爲被動接收資訊的受體。從此，與呼吸相關的名詞不再是「我吸進的氣」、「我吐出的氣」，而是「進入體內的氣息」、「離開身體的氣息」。倘若你不改變在呼吸過程中所使用的語言，你的行爲就不會改變。剛開始練習時會花較長的時間，不過一旦你適應了這新的重設，便會感覺這新發現的自然呼吸法比你刻意設計的任何方法都有效省力。

※實踐練習※

用兩至三天的時間重複練習脊椎和呼吸訓練。觀察過程中發現的任何緊繃張力，並下定決心放鬆。觀察一天當中，你的呼吸如何反映各種情況或事件。注意到何時且爲何呼吸會停止或屏住，觀察當你放鬆而自然呼吸的當下感覺如何。多多利用你的好朋友：嘆息釋放。

寫下自我觀察的筆記。

第三天

聲音的觸動
原初的音波振動——一池之水

■ 預計工作時長：一小時以上
· ·

　　自此之後我將致力在本章及後續章節中，逐步把判斷人聲的方式從聽覺轉化至觸感與視覺的感知。若與聲音工作時一直藉由「聽」到的聲音結果去評斷其價值，你的腦子（理性）和心（感性）就會持續處於分裂的狀態，理智會持續審視情感而非自由地促成。此處「聲音的觸動」（touch of sound），指在體內音波振動時的確切感受。初起之時，我們將視聲音為身體中心大樓的另一個居民（其他著名的住戶：氣息、情感、慾望衝動），逕行探索。聲音的原動力是慾望衝動，氣息則是原物料。為了說服喉嚨肌肉無須再費力發聲，想像聲音和氣息均從身體中心發起將會有極大的幫助。上緊發條，準備好迎接想像力即將帶來的強大作用囉！人們下意識地視覺化聲音通道範圍僅從喉嚨通到下顎，便下意識地誤認為溝通亦只會在臉後窄小的空間內物理性地被執行著。接下來，挑戰自己在比平常預期還低個四十五公分左右的位置找到溝通中心，而中心之上約十到十五公分之處才是聲音的通道。

　　如今我已帶你走過初步的自我身體與氣息的探索，過程中自然需要擴展你的自我感知。現在差不多到了更開展之時，而意象（imagery）的作用將會越顯重要。此處我再次引用安東尼歐・達馬吉歐（參見前言與導讀），此神經科學家清楚闡述人在意識創造的過程中，身體與情感間的交互作用，而此種語言亦能經常套用於演員在表演中某些特別階段的經歷

之鮮明描述上。達馬吉歐的著作《當下之感》提出了術語「核心意識」
（core consciousness）一詞：

> 核心意識替生命機制的自我感知提供了一個時刻——此時，
> 以及一個地點——此處。核心意識之界就是此處當下。核心
> 意識不能照亮未來，並僅能讓我們模糊地微見瞬逝的過去。
> 其無它處，無謂之前，無存之後。（頁16）

　　教學中，我雖然經常使用「覺察力」一詞，但狄瑪希歐的「核心意
識」一詞是演員的創造力基地：一種具生命力的、覺醒的、敏銳的狀態。
它不僅是達馬吉歐「意識的擴展」之基礎理論核心，亦是想像力的練習。
而聲音的觸動，便是扎根在「此時此地」基礎之上的想像練習。

　　之後的練習我會請你用想像力的力量刺激聲音，使之自由。意象是
身體的語言，而想像力則為表演的語言。當你願意常時運用意象來練習聲
音體驗時，你身心的連結就有機會重設：把想像之力從理智的腦裡帶回體
內，體內的各種圖像才能有機地產生可以啟動慾望衝動及行動的情感。

　　腦子裡的想像力對演員沒什麼作用（我稱它作莫須有），但想像力的
具體化卻是表演（行動）的好料。想像力的具體實現能力可以像訓練肌肉
般一樣的被鍛鍊。

　　演員唯有在能將其想像力於身上具象體現時，其表演才能視為內外一
致的完整實體。你的身體與聲音能如何在台上為你的表演貢獻，完全取決
於你平時訓練身體與聲音的方法。這裡我得強調，意象並不僅止於視覺。
其他所有的感知範疇均對身心之意象有著強大貢獻，觸覺與嗅覺引發的意
象尤其強大，極易激起記憶與情緒。容我再次引用安東尼歐・達馬吉歐之
書《當下之感》：

> 我認為，關於意識的問題是由兩個密切相關的問題組合而成
> 的。第一個是人類有機體內的大腦如何產生心理模式之物體

圖像[10]（或物件形象）的理解問題。這裡的「物體」（物件）是指各種各樣的實體，如一個人、一個地方、一首旋律、一次牙痛、一種幸福狀態；而「圖像」（形象）是任何感官型態的心理模式，譬如一種聲音的圖像、觸覺圖像和幸福狀態的圖像。此種圖像傳達了物體各方面的物理特性，或某人對某物體可能的喜惡反應，或可能因其萌生的計畫，或該物體與他物間的關係網絡。講白一點，關於意識的第一個問題就是如何得到「腦中播放的電影畫面」，前提是我們理解在這粗略的比喻中，此「電影」能連結到許多感官知覺：視覺、聽覺、味覺、嗅覺、觸覺及內裡感知等等。（頁9）

圖像，是在我們接觸物體時建構的——從人和地到牙痛，由腦外進入腦內；或自記憶中重現物件時，像初遇時如實地從裡到外的重建。圖像製造的工作在人清醒時永不停歇，甚至連睡覺做夢時也部分進行著。或許甚至將圖像稱之為「心思的貨幣」。（頁318-319）

步驟一和步驟二需長時的身體覺知及視覺化過程，最好閉上眼睛練習。獨自練習者應先錄下步驟一、二，再下一階段為步驟三至八。

步驟一

- 輕鬆站立，感覺長長的脊椎帶著軀幹的重量向上延展過背中區，減輕兩腿的壓力。
- 讓你的腹部肌肉放鬆。

這裡需暫時放下虛榮心好讓內部放鬆，讓腹部鬆垮，但屁股不翹，膝蓋不鎖死。

過程中持續傳遞兩種訊息：

---

[10] 譯註：the images of an object，難以找到更佳的術語，因此暫稱「物體圖像」。

- 延長脊椎。

  放鬆肌肉。
- 向體內深處找尋，調節到自然的日常呼吸節奏。
- 誘發一個深層嘆息釋放的慾望衝動。
- 感受呼吸對此衝動反應，透過你的嘴巴釋放而自然形成了輕鬆的
  「ㄈ˙」（fff）無聲氣音。
- 你感受到呼吸就是解脫釋放，解脫就是呼吸。看你是否能在氣息
  進入體內時誘發一個大到足以開展體內空間的解脫感受，直至軀
  幹的下半部，從橫膈膜到骨盆底。
- 想像橫膈膜在氣息進入時下擴，在釋出氣息時則上衝回肋架內的
  翻騰運動。

  讓意念從骨盆底下沉經過兩腿進入雙腳，繼續從兩腳沉入地下深層的
地表電磁流層。
- 感覺這些電磁流回流，經過雙腳、雙腿、軀幹後，進入呼吸區域。
- 心情跟著輕鬆進出的呼吸一起休息放鬆。

  現在，身體內部橫膈膜之下的區域將湧出一個新的意象：
- 請想像：一個深靜的森林水池，池面大約跟你的橫膈膜齊高，而
  池深則與骨盆區雷同。地下水透過你的雙腿提供了此池水源。
- 你看見：你的脊椎像是一棵大樹，樹根扎在森林水池邊。
- 你看見：池水表面被陽光照得金黃。
- 你看見：一個迷你版的自己靠著大樹站在池邊，看著自己的倒影
  映照在金黃光芒的池面上。
- 你看見：這池面將你臉的倒影放大，你倒影的臉看著自己真實的
  臉，輕柔微笑著。你的雙唇微開。

步驟二

當以上意象清晰浮現時，將此池水的圖像轉換成充滿音波振動的水
池。
- 這個水池成為了你聲音之池。

- 以心眼觀看你的池面倒影。專注於嘴，雙唇微張，或許帶著微笑。
讓音波振動的泡泡在池面破開，從倒影的口中和你真實的口中逃出：
- ㄏㄜ・（Huh）

◀)) 作者的話

　　由於嘴巴僅是微張又相當放鬆，因此從音波振動池中嘆放出的聲音會是連續而不太成形的「ㄏㄜ・-ㄜ・～」（hu-u-u-uh：類似英文her發出r之前的聲音，也像美語hut中的母音聲，因此我拼成「huh」[11]）。若嘴張得更大，聲音會變得更像「haa-aah」（英文father的母音聲）。嘴若不夠放鬆到雙唇微開之狀態的話，四分之三的聲音會跑到鼻子裡。這聲音應是原始的、不成形的、中性的──在喉嚨或嘴巴沒有扭曲聲音的緊繃張力和不要求塑形母音的狀況之下自然發出的聲音。

- 現在，一個雙泡泡從池底深處上浮，破出池面：
- ㄏㄜ・-ㄏㄜ・（Huh-huh）
- 嘴巴放鬆地微開。
將一股想嘆息釋放的慾望餵養入音波振動的池水深層。
- 透過從地下湧出的深長音波之噴泉，流經你的嘴巴與解脫的慾望一起嘆息釋放出去。
- ㄏㄜ・～～（Hu-u-u-u-uh）
- 身體內部放鬆，讓氣息自由交替。

　　打打哈欠，伸伸懶腰，眼睛張開。甩甩身體，把聲音振動從水池內經過全身和四肢後甩出身外。

　　探索在釋放聲音的音波振動之時也一起嘆放了解脫的感受。看見感覺及音波之源來自身體深處，經過你的口內再嘆放出「ㄏㄜ・～～」（Hu-

---

[11] 譯註：以中文角度聽的話則與「喝」字雷同，但不發出其一聲調，僅純粹聲音透過口型造成的聲響，因此用注音標示，以避免讀者下「huh」等於「喝」聲的定論。

u-u-uh）聲的過程中不受任何阻礙。這是一池解脫水。

請確保這解脫的慾望連結到的是百分之百的音波振動釋放，而非一半氣息、一半音波振動的模糊地帶。

這是將心念集中在你聲音內包括圖像及感受的因果能量來源之上的一項練習，你亦開始體驗到聲音振動與感覺之間的具體連結。想像力被運用的同時，解剖層面上的呼吸事實也準確地參與練習。

你將在步驟三中找尋更精確、靈敏的聲音觸感。氣息與聲帶的交互作用越經濟越好——這既是為了聲帶的健康著想，也是為了追求忠實的思維溝通之實現。但矛盾的是，不太正確的發音結構剖析圖像卻能最成功地達成氣息與聲帶之間功能的經濟效益。當呼吸與音波振動的起點融於同處（位於比喉部低許多的體內位置）之際，聲音效果最佳。

首先，我們將注意力集中在橫膈膜中心，視其為「熔點」。為了經濟效益的考量，將視橫膈膜為氣息與聲音之間最為中心的初始源頭之特定意象。此圖像有意識或無意識地包括了被稱為太陽神經叢的強大神經叢。雖然人全身均能記錄到不同生動程度上大大小小的情緒及感受，但悲傷、喜悅、憤怒、震驚和傷慟的感受經常在太陽神經叢／橫膈膜區域中有著清晰又具體的敏銳紀錄。對於那些希望自己的聲音能傳達自身感受之情緒的人來說，呼吸、聲音、太陽神經叢及橫膈膜的融合之點，將隨著想像力的反覆鍛鍊變得顯而易見。從此熔點引發和發出的聲音體驗變成了習慣。此經驗成為真理的試金石，最終成為了說話的自然方式。

或許，你會說自己大部分溝通的時候並不帶有情感。但其實，我們存在於未曾停歇的情緒波動之中，這是人類有機體的事實之一，也是生命本質的一部分。

這裡，我再次引用達馬吉歐的《當下之感》：

> 正常人類行為表現著連串思維引發了連串情感之特質。這些常平行發生卻也同時出現的思想內容，包括了正在交流的對象或憶起的物件及甫現的情緒感受。這些實體對象、回憶物件和感受的思流，接續著誘發不甚顯著或次要（無論有意

識與否）的情緒。情緒的持續表現即是源自於這些已知／未
知、簡單／複雜的豐富誘導因子。
這在日常背景中持續播放的情感旋律，是觀察正常人類行為
時需加以考慮的重要事實。（頁93）

　　若只看此擷取片段，挺像表演書籍中的一個好註解吧？

　　有鑑於演員必須先能觀察並了解自身的人類行為，才懂得如何揣摩劇
中角色之行為，讓我們回到情緒、呼吸、聲音之間行為性連結的進一步探
索之上。

　　不僅僅是橫膈膜，你且需集中橫膈膜中心點的探索。你無法「感覺」
到橫膈膜，但透過想像，你能影響橫膈膜的運動並能讓心念與聲音的連結
更銳利敏感。越能準確地視覺化橫膈膜及其運動，你越能修復且加強其功
能。

　　橫膈膜在靜止時呈圓頂狀，為體內最大的單一肌肉。其圓周附著於肋
骨架底，前接胸骨和腹壁，後接脊柱，水平地將全身一分為二。

　　氣息進入時，橫膈膜下移而變平；氣息離體時，圓頂狀的橫膈膜向上
變得更像錐狀。雖然膈肌運動的科學事實是，下移稱為收縮，上移則為舒
張，但此說法只會讓非專業人士困惑，因此透過主觀感知來解釋最好。主
觀上，這感知的圖像重點在是否感到其擴展。氣進時，雙肺擴張，而橫膈
膜區域的「感覺」是往下擴展的——日常呼吸的擴展程度小，而像嘆息釋
放這種較強烈的表達之擴展程度則較大。氣出時，感知的呼吸圖像是橫膈
膜向上釋放回原位。但只要外腹肌群一直強硬主導，這經驗應有的所有內
在生命都將被削減。

　　下頁圖能更清楚的提供你氣息進出時的橫膈膜運動狀態。

在進入步驟三前，試著多餵養嘆息釋放的衝動幾次，並帶著橫隔膜是個絲薄而充滿彈性的橡膠圓頂之清楚意象，看見被衝進體內的氣息往下吹，被衝出身的氣息向上推。這意象適用於較強效程度的嘆放衝動，日常呼吸之運動程度比它微小精妙許多。對於最終的嘆息釋放，你可以想像這釋放過程讓橫膈膜圓頂越漸軟化，軟化到上衝的橫膈圓頂變成錐狀，其中心幾乎要抵達鎖骨高度的地步為止。接著，你讓橫隔膜突然落跌在肺的地板上。不要擠出氣息吐氣，讓它隨著釋放感受一起放鬆軟化。

步驟三

視覺化橫膈膜圓頂的中心點對日常呼吸進出的微小反應。觀察自然呼吸節奏通過微開的嘴進出而形成的「ㄈ‧」（fff）無聲氣音。將這橫膈膜圓頂中心作為呼吸起點的圖像。

- 現在，讓有著「不成形的中性聲音」這個想法慾望隨著氣息進入時一起出現在橫膈膜圓頂中心，在氣息離身時一起振動實現。聲音結果會像「ㄏㄜ‧」（huh）的聲音。

這就是步驟二中的「音波振動之池」所指的「泡泡」。

繼續維持在日常呼吸的節奏中。

氣息離體時構成的不再是「ㄈ‧」（fff）的無聲氣音，而是小小的「ㄏㄜ‧」（huh）聲音。

- 一旦「ㄏㄜ‧」音隨著氣息一起釋放後，橫隔膜中心放鬆，氣息便會自然交替。

讓音波之池和「ㄏㄜˉ」聲音泡泡的兩個圖像與此探索融合。

輕柔釋放「ㄏㄜˉ」聲之振動後，讓它隨風而去。（這聲音長短與微小的「ㄈˉ」之嘆放不相上下。）

氣息會自動地回沉入體。

不要用聽的——用視覺想像，或可能的話，體感這聲音。（你最終會真的感受到橫隔膜中心的實在振動。現在感覺不到沒關係，請持續想像這視覺意象，有形的具體感知必將到來。）

這觸碰到橫膈中心的聲音，是你思維想法被體現的結果。你並非「製造」聲音，而是某想法／慾望之因造成了發聲之果。

這就是聲音的觸動（The Touch of Sound）。

- 讓「ㄏㄜˉ」（huh）的發聲慾望再次湧現，讓它再次透過聲音的觸動而實現。放鬆，氣息會自己回沉入體。
- 以你日常自然的呼吸韻律反覆練習。

發出的聲音微小，氣息交替也微小。

- 現在，維持自然的呼吸韻律，讓音波振動彈出雙重釋放：「ㄏㄜˉ-ㄏㄜˉ」（huh-huh）。這是音波振動池的中心冒出來的雙泡泡。你能誘發泡泡的冒出，但你不能製造泡泡。

聲音的觸動位於橫隔膜中心。

- ㄏㄜˉ-ㄏㄜˉ（huh-huh）。
- 等待氣息自己想要交換的慾望，你接著臣服於那股慾望。
- 氣息進入：Δ（Δ表示新氣息的交替）。

維持聲音的觸碰練習的步驟順序：

- ㄏㄜˉ-ㄏㄜˉ（huh-huh）。
- 身體內部放鬆。
- 氣息進入。Δ
- 聲音的觸動。
- ㄏㄜˉ-ㄏㄜˉ（huh-huh）。
- 身體內部放鬆。
- 氣息進入。Δ

- 聲音的觸動。
- ㄏㄜˋ‧-ㄏㄜˋ‧（huh-huh）。
- ㄏㄜˋ‧-ㄏㄜˋ‧△ㄏㄜˋ‧-ㄏㄜˋ‧△ㄏㄜˋ‧-ㄏㄜˋ‧△

現在把音調加入這聲音的碰觸練習，從中音C開始，每次降半音再回升到中音C，最後回到說話的聲調再次釋放「ㄏㄜˋ‧-ㄏㄜˋ‧」。

- 重複練習「ㄏㄜˋ‧-ㄏㄜˋ‧」音調升冪的同時，脊椎節節下掉成倒掛姿態，接著再重建脊椎回站姿，配以降冪音程釋放「ㄏㄜˋ‧-ㄏㄜˋ‧」。

整個步驟三中，注意探索自身身體中央對聲音的體感知覺。過程中，你呼吸的體感應儘量接近之前無聲的自然呼吸感受。不要試圖「製造」聲音，而是讓聲音成為「觸碰」意象的副產品，像你無法在燈泡裡面「製造」亮光一樣：你按下開關或插上插頭，光自然出現。這是準確的譬喻——讓聲音自己發生。你練的是「因」，讓「果」自然跟隨。

是時候讓自己休息一下了。下個呼吸、聲音、圖像起源之探索階段，

你將俯臥於地，進入長段的意象練習旅程。需時約二、三十分鐘，可能的話，先將導引錄下供練習播放，而不是邊做邊讀。若能另有人從旁幫你讀出指引最好。

步驟四

　　重力與呼吸：有些身體姿勢相當有助於體驗呼吸、聲音和慾望衝動之連結。相對於你創造和維持的身體姿態意象來說，體位本身並不重要。你即將體驗的姿態要感謝來自重力作用的效應。

　　我會請你把玩兩種相反的意象：第一個是地心引力，一種存在於地球中心的活躍磁力。當你躺在地上時，重力會欣然吸走你的緊繃張力，而你站起時，重力則會開心地跟你拉力抗衡的遊戲。重力不斷在生命的遊戲中挑戰著我們。第二個是較想像性的。想像空中有位偉大的操偶師，在你身上的每個關節和骨頭上都牽了繩子，並正頑皮地與重力持續地較量著。

　　這種想像練習是設計用來誘導出身心間最具經濟效益的關係。肌肉好似完全不存在般，透過讓自身骨骼對想像力做出反應，你訓練著精神心念高於物質的力量。

　　這漫長、緩慢、深靜沉思的過程是刻意設計的。

　　不要急。

　　勿以結果為目標。

　　懶散一點，讓自己「浪費時間」[12]。

- 仰臥於地，背朝下，兩腿輕鬆放直。
- 眼睛閉上，好讓你對自身內裡的地理風景熟悉加深。
- 兩臂向外開展，與肩同高，自然與軀幹成九十度。
- 讓地心引力進入畫面。讓身體每個部分都甘心臣服地心的拉力。允許自身所有的緊繃力氣都被飢渴的重力吸走。
- 看見身上骨骼從肌肉禁錮中釋放，交給地板。

　　現在，偉大的操偶師浮現空中。

---

[12] 譯註：費登奎斯的《動中醒覺》引言。

- 想像他在你的右膝上接了一條線。讓他把線往上拉，你的右膝因此上浮，你的腳跟也被沿地拖著，直到你的腳掌平貼於地為止。

肌肉不要出力，集中在骨頭的意象上。

發現你右腰因此下沉，更貼近地。

- 現在，想像操偶師在你的左膝也接了線。他把線往天上拉，你的左膝上浮，左腳跟也被沿地拖著，直到腳掌平貼於地。

發現你兩側腰部均更下沉，離地更近。

- 現在，操偶師拉著右膝的線向上，你的右膝和大腿骨飛到肚子的上方。
- 看見大腿骨頂的半圓狀圓滑地在你髖臼裡輕鬆搖移。
- 現在，操偶師上拉你左膝的線，你的左膝和大腿骨飛到肚子的上方。
- 看見兩邊大腿骨頂的半圓都在你髖臼裡輕鬆晃動平衡著。
- 接著，操偶師用線將你的雙膝蓋都搖往右邊再放開操控的線，你的膝蓋因此落地，左膝放在右膝上，舒服地靠近你的胸膛。
- 這時，讓頭往左邊地板放鬆下掉。

你的軀幹正在經驗的是斜向對角的延展姿態（diagonal stretch）。

- 讓你的兩腿、臀部完全放鬆給重力，頭及左肩胛骨則全然交給左邊的地板。什麼事都不要「做」。讓地心引力帶你的軀體成對角斜向之姿，盡情延展。
- 呼吸，讓身上任何緊繃或疼痛的區域被嘆息釋放掉。
- 盡可能在你能承受的範圍內待在這個姿態裡，好讓重力作用消除緊繃並開展軀體。

看見自己的右髖臼。

- 想像你的肺一路長到你的髖臼位置。讓髖臼意象的尺寸變大，使你想像的肺部使用空間變大。
- 把深沉的嘆息釋放的想望餵養進髖臼中。慾望實現時，看見這深長氣息（無聲）沿著那從右髖臼連到左肩臼寬闊的斜向通道，透過你真實的嘴巴和想像的左肩出口嘆放出去。
- 氣息嘆放時，看見橫膈膜水平地穿過胸腔釋放。

帶回操偶師的意象。

- 他把連著你左膝的線向上拉飛到肚子上，腳離地。當你的背回貼地上時，你的右膝不得不被拉上，隨之浮在你的肚子上方，兩腳均懸空。
- 雙膝和雙腿會片刻浮在軀幹上方，之後線就會拉著它們往左邊倒，操偶師放掉偶線，你的雙膝因此重重地落到左方的地上，舒服地靠近胸膛。你的頭往右方落下放鬆。

在左髖臼內重複之前想像的練習，一個長長的斜向通道從此空間沿著軀幹內部連到右肩出口。

- 嘆息釋放——沒有聲音——從你的左髖臼沿著軀幹的斜向通道釋出。

帶回操偶師的意象。

- 他將連著你右膝的線向上拉，飛到肚子上，腳懸空。當你的背回貼地上時，你的左膝不得不被隨之上拉浮在你的肚子上方，兩腳均懸空。
- 雙膝和雙腿會片刻浮在軀幹上方，接著兩條線都被放掉，你的雙

腳直直掉回地板。

現在的你背貼著地，兩膝上浮，兩腳掌平貼於地。

看見兩邊髖臼以及髖臼之間那涵蓋整個骨盆腔的空間。

- 現在，往內餵養一個嘆息釋放的強大慾望，大到能使氣息填滿骨盆帶及髖臼內的龐大空間。

當這龐大的嘆放氣息逸出時，它會自骨盆腔通過你寬且長的軀幹，飛出你的肩胛帶和嘴巴。你的橫隔膜放鬆上彈回肋架內。

聲音的加入

帶著每個圖像的謹慎重建，在下一個探索中重複以上斜向延展練習的各個階段。

步驟五

回到雙膝在右、頭在左的對角斜向延展之姿，讓意念下探至右髖臼內的空間。想像聲音的振動早就存在這空間裡了。你可以想像音波振動如水一般聚集在你的髖臼石池中。

- 現在，把一個深且長的愉悅嘆息釋放慾望往下餵養進那髖臼的石池中，衝動的電流甦活了音波振動。讓音波振動成為一條解脫之河，沿著寬廣的斜向河道，從你的右髖臼源起流出，穿過左肩和嘴巴離身。
- ㄏㄜˇ-ㄜˇ～（Hu-u-u-uh）。
- 重複向內餵養兩、三個新的慾望衝動，每次釋放時都看見聲音振動像條生動寬大的解脫之河，順暢地穿過你軀幹內沒有石塊或水壩阻擋、完全開展的斜向河道。
- ㄏㄜˇ-ㄜˇ～（Hu-u-u-uh）。
- 雙腿上浮，倒往另一邊的地板，成為相反的斜向延展之姿。重複以上視覺化的步驟，看見帶著解脫感受及音波振動的河水，從你左髖臼岩池中流出，穿過軀幹河道，釋放到你前方的空氣裡。
- ㄏㄜˇ-ㄜˇ～（Hu-u-u-uh）。

- 現在，兩膝上浮飛回到你的肚子上方，接著放鬆兩腳，腳掌貼地。

想像有個龐大的音波水庫已然存在你兩髖臼之間的骨盆帶裡。

- 往內餵養一個嘆息釋放的強大慾望，大到能抓著氣息下衝填滿整個骨盆區。讓這嘆放慾望進入聲音水庫中，帶著解脫感受的音波振動河洩出，流經整個軀體，衝出你前方的空氣之中。

- ㄏㄜ‧ーㄜ‧～（Hu-u-u-uh）。

- 現在，誘發一個想打哈欠的超強慾望，這慾望從身體中央湧現，帶著身體從中央伸展到手和腳趾。

- 打出有聲音的哈欠，看見聲音振動蔓延下至你的雙腿，從兩臂往外震盪，穿過頭部向上竄出，直到你全身內部似乎都滿溢著聲音的振動。

步驟六

緩慢地側身，再繼續轉身，重量放在兩手與膝上，腳趾扣地，尾椎向

上提起，頭仍放鬆垂掛（像瑜伽的下犬式）；接著體重平衡到兩腳之上，兩手能因此放鬆回到倒掛姿態。慢慢地，脊椎節節向上建立回站姿，你的頭是最後回站的骨頭。

甩動放鬆全身，像要把皮膚和血肉甩離骨頭一般，或像狗把水從身上甩開一樣。

• 把聲音振動甩出全身。

遊走。檢視自己的身體和心理狀態。注意到那些新鮮、有趣或全新事物的細節。把它們大聲說出來。用聲音具體描述關於自己聲音及練習過程中讓你印象深刻的新鮮、有趣或全新的任何事物細節。

此時，你或許很難阻止肌肉幫忙出聲。可能無論你怎麼嘗試視覺化下降聲音的來源，聲音似乎仍集中於喉嚨裡。繼續練習，你將越來越放鬆，也應能發現自己的腹部越能臣服重力鬆開，而你所看見的意象畫面及身體深處發出的聲音都將變得更為清晰。

步驟七

再次躺回地上。

• 帶著聲音一起嘆息釋放。釋放時，用手搖動你鬆鬆的肚子，聲音
  也因此被搖晃。

• ㄏㄜ‧～ㄜ‧～ㄜ‧～（盡可能讓這聲音嘆放長一點）。

想像你正按摩著肚子裡面的聲音，如此可以讓你越來越熟悉此處音波振動的感覺，而不是待在喉嚨中或嘴裡。

接著，重新引發那中央的、敏感的聲音之觸動，在橫隔膜圓頂的正中央發出：

• ㄏㄜ‧-ㄏㄜ‧Δ（Huh-huh）

  ㄏㄜ‧-ㄏㄜ‧Δ

帶著同樣靈敏的感受與身體中央連結的聲音之清楚畫面：

• 從一數到五。

  說出自己的名字。

  描述你現在的感受。

讀出一首詩。

做的同時，覺察聲音在身體中心的所有體感。

好似整個軀幹內從骨盆底到肩胛帶都能呼吸和振動。你選擇讓思維衝動與情緒收發中心之太陽神經叢產生經濟且敏感的接觸連結。

步驟八

翻身起來，重量放到雙膝和手掌上，腳趾扣地，尾椎上飛，讓身體形成倒三角姿（下犬式）。重量轉移到兩腳，成倒掛姿態。緩慢地上建脊椎回齊整站姿，再重複步驟六站起後的練習。

- 發射出有聲音的嘆息釋放。

ㄏㄜ‧～ㄜ‧～Δ

- 手放在腹部，搖晃裡面的聲音。

ㄏㄜ‧～ㄜ‧～Δ

接著：

- ㄏㄜ‧Δㄏㄜ‧Δㄏㄜ‧Δ
- 每一個新的氣息（Δ）都是一個中心的小小嘆息釋放。
- 加入音調，重複以上步驟。音降冪時，脊椎節節下落；升冪音，帶著脊椎節節回建成站姿。
- ㄏㄜ‧-ㄏㄜ‧Δㄏㄜ‧-ㄏㄜ‧Δㄏㄜ‧-ㄏㄜ‧Δ

聲音應逐漸變得更輕鬆、簡單、自由、深層──更加愉悅。

記得，這練習著重在聲音的源頭探索上，所以你若覺得有點太深、太往身體裡去、太自溺，不用擔心，這是應該的。就音高而言，這階段你所感受到的聲音之深度，是呼吸肌和喉肌放鬆的結果。因為開始的步驟與消除緊繃張力有關，你餵入的是非常低沉的能量。放鬆的聲帶會製造出低頻的振動和低音。

培養出你對放鬆狀態的熟悉感是極度關鍵的。若你能在對聲音尚未有什麼需求時練習這放鬆狀態，並變得容易達成，你便有機會在需求增加時，在必要的緊張力氣和沒必要的緊繃張力之間維持平衡。

這是前往「用最少力氣達成最大效益」之路。如果你不能在探索深

沉、輕鬆、低能量聲音之時掌握放鬆的技巧，那想在唱高音C和表演高情感張力的獨白或演講時不過度緊張，就是天方夜譚了。

在這階段，我特別強調將你的注意力往體內集中。這是訓練你能就聲音層面從因果出發去工作。意思是餵養（提供）聲音之源，建立溝通的需求，並積累內在能量，如此，說話發聲就是一種釋放。

發展一種盡責發聲的樂器，但這些聲音卻沒有非出聲不可的理由，是沒什麼優點的。我得指出這種內在能量和內在連結也是鏡頭表演能否真實的關鍵。

這裡提供我的學生做完前述地板練習後的一些觀察反饋：

「我想像的空中操偶師的意象越清楚，我就能越不用到肌肉。」

「我開始感受到自己的呼吸能下探到很深的地方。我的身體內部變得很巨大。」

「我不時地能感覺到聲音從我的髖臼或骨盆區湧出，這樣強大的能量有震驚到我。其實滿恐怖的，它不太像是我的聲音。」

「我感受到自己骨頭中和蔓延到地板上的振動。」

「站起後，我仍然能感到聲音振動從身體深處竄上來。」

「我的聲音似乎更存在我的身體裡而不是平常常感覺的喉嚨中了。」

清楚表述之後，你應該將自己覺得新鮮的、有意思的、全新的（無論有多瑣碎）的觀察感受，記錄在聲音工作的日記之中。或許，重新做一次薑餅人的畫畫練習——「我想要聲音如何毫不受阻地活在自己的身體裡」的版本。

現在，你可以把注意力放在問題上了。把它們寫下來或畫出來都好。

🔊 作者的話

　　希望這對你來說是一段既漫長又放鬆的篇章練習。在回到平常生活的時候，可以開始注意自己呼吸的狀態。注意哪些時候你好像屏住了呼吸，記錄自己何時停止了呼吸。是恐懼的時刻嗎？還是無聊時？無法下決定的時候？覺得自己渺小之時？（當然，你其實還是呼吸著，只是僅僅發生於鎖骨之下的極弱呼吸。）

　　一旦你開始注意自己這些沒在呼吸的時候，你就獲得了能在本來無意識地自我保護而屏住呼吸的時刻開始有意識地呼吸的機會。我敢保證當你的呼吸能在身體深處交換更新時，釋放到你血液與大腦中的氧氣將增強你的全身機能。

　　我也有些這種日常觀察的個人經驗，或許你能參考看看。我常在讓我感到威脅性的人面前（智識上或社交上都有），覺得自己很蠢，一句話都說不出來。這同時我可能發現自己不太有呼吸，腹肌緊繃，連屁股也縮緊。當我放鬆自己的臀部後，我立刻變得比較聰明，找到了一些能聊的話題。

　　臀部肌肉與交織在骨盆底的深層呼吸肌群相連，當這些肌肉都放鬆之後，更多的氧氣進入血液循環中。我猜是因為更具生命力的血液起了化學效應，因為我不再像個笨蛋了。你不妨也試試！

※實踐練習※

　　重複脊椎、呼吸，以及聲音的觸動練習，持續一週。

第四天

釋放音波振動的自由
雙唇、頭部、身體──音聲河流

■預計所需時數：一個半小時

‧‧‧‧‧‧‧‧‧‧‧‧●‧●‧●‧●‧●‧●‧●‧●‧●‧●‧●‧●‧●‧●‧●‧●‧●‧‧‧‧‧‧‧‧‧

　　確立了聲音振動源自於體內中下處的有效意象之後，如何增強並鼓勵這些音波振動的長成將是下一步探索的重點。之後許多練習將以三個要點為基本前提：

　　(1)音波振動會被緊繃的張力（tension）謀殺。

　　(2)音波振動在放鬆（relaxation）的環境下加乘壯大。

　　(3)音波振動熱愛注意力（attention）。

　　針對(1)，我們會分隔各部位並逐一消除那些抓住和悶住音波振動的肌肉緊繃（tension）。緊繃張力解除後，我們將有意識的鼓勵(2)所需之放鬆環境。至於(3)呢，我們必須具有覺察音波振動於何時何處出現的能力，一旦發現了，便盛大歡迎它們的出現，溺愛並滋養其成長。

　　音波振動的天性是，一逮到機會就加乘倍增：聲音的再造或聲音的迴盪（re-sound / resound）。振動會在各式音板（或可稱之為共鳴表面）上迴盪，產生更多迴響。第一個會工作到的音板，便是在你關上雙唇之時所形成的表面：音波振動從身體中央發出，將在此聚集更增再造。

　　每個新練習都應建基在前次練習之上，持續積累。進入全新的音波振動之旅前，先溫習學過的各種暖身：音波之池、對角線式的斜向延展、嘆息釋放，以及從身體深處釋放出圖像與聲音的意象。

　　若站著，聲音像噴泉般向上湧出。若躺著，聲音像河流般流洩體外。

而若是頭在下方的倒掛姿態，聲音則像瀑布般傾瀉而出。

釋放音波振動的自由：雙唇

步驟一

- 全然覺察自己骨頭架構的支撐力以及放鬆的肌肉，從骨盆底嘆息釋放出音波振動，同時用兩手輕搖腹部。
- ㄏㄜ‧～ㄜ‧～～（Hu-u-u-u-u-uh）。△
- 重新創造想嘆息釋放的慾望衝動，深長嘆放下一個「ㄏㄜ‧～ㄜ‧～～」時，兩手從腹部上滑到胸膛，彷彿是你把聲音引流到胸腔內。
- ㄏㄜ‧～ㄜ‧～～。△
- 手回到腹部上，再次創造想嘆放的慾望衝動，深長嘆放「ㄏㄜ‧～ㄜ‧～」時，手自腹部上滑到胸膛，再持續上引至臉龐。兩手和聲音一碰到臉龐時，兩唇輕合。

讓兩手喚醒對自己聲音的觸感之覺察，這應是具體的物理性感知。看見並感覺聲音從身體深處湧現抵達臉上，你應該能在手與臉皮之間清楚地感受到音波振動產生的振顫。不要失去了與骨盆底的聲音振動起點之連結。

- 重複以上步驟。
- 當下一個深長的聲音嘆放抵達到唇與手上時，兩唇分開，兩手同時引領著音波向前，聲音溢入臉前方的空間內，持續發散。
- △（新氣息自然交替）

你會發現，兩唇在聲音經過時合上，會自然造成「ㄇ‧～～～」（mmmmm）的音[13]。

---

[13] 譯註：mmmmm，此處雖翻譯成「ㄇ‧～～～」，但實際練習時勿發全音，僅兩唇相碰時聲音自然構成的子音。「ㄇ」是最接近英文「m」的標記，而輕聲音的標記是避免讀者發出聲韻，供讀者參考。

原初的聲音碰觸於兩唇間迴盪增生，構成「ㄇ‧～～～」音振動讓聲音茁壯增強。

現在這長而深的音波振動嘆放形成「ㄏㄜ‧～ㄜ‧～ㄇ‧～～ㄜ‧～」[14]（hu-u-mm-uh）。

- 讓兩手成為指引音波振動意識的幫手，多重複幾次以上練習。
- 接下來重複相同練習，但不再依賴雙手。對音波振動震顫的覺察及其外向動能感變成無形的雙手。

噴泉般垂直上衝的音波振動抵達你的雙唇後，水平向前逃出體外。

- 再次確立聲音之流源自骨盆底，向上釋放的同時用兩手晃搖腹部。
- ㄏㄜ‧～ㄜ‧～～ Δ
- 現在，想著「我」這個字──私人化、個人化它對你的意義。讓此想法成為你的慾望衝動，直直下入氣息與聲音的源頭，並讓接下來充滿音波振動的嘆放成為一個長且廣的自我表達：我是誰。以手，將長長的「我」（I）從腹部到胸腔再透過你放鬆的口被釋放出去。
- 我～～（I-I-I-I）Δ
- 往內餵養一個想深深嘆放充滿「我」的想法衝動，但這次手一碰到胸腔時，新字眼立即湧現：是（am）。
- 是～～～（Am）Δ

彷彿你將對自我的認知從骨盆底深處崛起，結合了聲音擴散至心肺，讓當下狀態的清楚意識進入聲音中，同時被釋放。

- 重複以上，雙手一感受到音波振動抵達臉與唇時，手向前將自然形成的「Me」（我）這個聲響釋放離開你的身體。

---

[14] 譯註：ㄏㄜ‧～ㄜ‧～ㄇ‧～～ㄜ‧～：hu-u-mmm-uh。ㄏㄜ‧＝huh，是唇舌放鬆時，聲音通過嘴腔構成的音。ㄜ＝u，是聲音延長而持續出現的自然母音。ㄇ＝mm，是兩唇相碰後，聲音在唇間自然產生的鳴聲。ㄇ‧～ㄜ‧＝mm-uh，是聲音不斷，但兩唇從閉合變放鬆打開，聲音變回自然母音ㄜ‧。

- 我～～～（Me）Δ

- 於是，在一個長長嘆息釋放中，手與「我」在腹部湧現，手向上引流「是」到胸腔，而「我」字在最後聲音嘆進空氣之時，被帶離你的身體。（或可以選擇說英文：I～Am～Me）

　　如此練習使你與你的聲音之間產生了清楚獨特的私人連結。在接下來許多不成字句而有些抽象的聲音練習中，可以開始找尋各種方式創造並再創造對你獨具意義的連結，你才能開始透過聲音去釋放自己，而非僅是某種冰冷的樂器發出的聲響。

　　在你積累練習經驗，使其成為正規的可反覆練習前，請持續讓雙手做引流的幫手。

　　可以的話，以鋼琴確認各個音高。

- 建立你與聲音在身體中央初始點的連結後，釋出雙音波泡泡：
　　ㄏㄜ‧-ㄏㄜ‧（huh huh）。

- 接著，找到與甫發出之聲的近似音高後，於此音高上發聲。

- ㄏㄜ‧-ㄏㄜ‧Δ

　　現在，維持相同音高，音波被長長嘆放，但釋放後兩唇輕閉，讓聲音在唇上迴盪。

- 註記唇上感受到的震動。

- 在兩唇合上形成鳴聲「ㄇ～～」（mmmm）時，用雙手按摩臉部。

- Δ
- 再次創造想嘆放的慾望衝動，但這次鳴聲在唇上成形後張開兩唇，持續嘆放你的聲音。

- ㄏㄜˇ－ㄏㄜˇ．～ㄇ．～～ㄜˇ．（Huh-hummmm-u-u-uh）Δ
- 停。
- 身體內部放鬆，讓氣息自然交替。Δ
- 再次創造並餵養相同的慾望衝動與想法。

- （回說話聲調，說出）ㄏㄜˇ－ㄏㄜˇ．～ㄇmm．～～ㄜˇ．。
- 雙唇合上時，一隻手指放在上頭感覺音波的震動；當兩唇張開聲音逃出時，手指帶著聲音向前逸出。

　　練習時試著按照純粹的物理步驟走，讓聲音的形成僅為副產品。別試圖搞懂最後產生的聲音應該是什麼，那只會變成重複一個已知的老舊聲，而不是真的發現連串新的體感。發出的「聲音」相對來說並不重要，其意象畫面和感覺才是重點。

　　現在，讓音高降冪（每次只降半音）。

- 在音高上嘆放「ㄏㄜˇ－ㄏㄜˇ．～～」，想像音波振動從身體中央一路上衝，透過嘴巴洩出。
- 音波振動出現後輕閉雙唇。
- 感覺雙唇震動，似乎聲音在此聚集增強。
- 雙唇分離，在雙唇這共鳴板上增強變多的聲音於此時自然地向外

　　噴洩。

- 身體內部放鬆，讓氣息下沉入身體中央。

- △

多在不同音高上重複練習，每次下降半音，直到你仍覺得舒服的低音範圍，接著音高往上回升，直到最初的簡單中度音高上為止。

作者的話

　　說與唱的根本區別在於，唱歌時我們會維持音高而成調，說話時則會在音高出現之時立即放開。在本書的練習中，我們透過音高去有機地擴展自身音域，以增加聲音的多樣性並鼓勵其靈活度的增加。想像你只不過是在音高上嘆息釋放罷了。

　　你在身體音波振動出現時閉唇而產生的聲響，通常稱為鳴聲（此後將以原文hum標註，見譯註15）。但請記得，即便你已經知道將發出什麼聲音，仍需保持對身體的覺察，持續觀察練習。

　　而若我之後抄捷徑請你「嘆放hum」時，請避免習慣的機械性反應而

---

15 譯註：鳴聲的「鳴」，尾音因「ㄥ」，後舌會上揚碰觸軟腭，這與英文「hum」口內舌頭放鬆自然形成的「m」有很大的差別，這是英翻中難以避免的細節差異。若讀者有能力，建議直接以「hum」、「humming」自我導引，避免中文造成與英文練習的不同效果。

發出你熟悉的哼鳴聲。音波振動會自身體中央向上經過口腔洩出：此時輕
閉雙唇，音波振動聚集唇上這個聚增能量的共鳴音板。讓此些聚集在唇上
的音波振動像草莓和奶油一樣被品嘗著——美味極了！

　　嘴唇因習慣或不當使用，幾乎總是存有些緊繃張力。既然在探索增加
聲音振動強度的基本要點提到了「緊繃的張力扼殺音波振動」，下一步探
索嘴唇能否因為它的更放鬆而增加更多傳遞聲音的反響能量之能力。

步驟二

　　讓空氣快速而大量地吹過兩片嘴唇，促使它們上下飛顫。有時稱之為
「唇顫」（lip trill，聲樂術語通常稱為「彈唇」或唇顫音）。

　　這在字面上挺難解釋的，不過馬匹會很輕鬆的玩這種唇顫，嬰兒也
是。小孩們在玩時會發出這種聲音伴裝成卡車或摩托車。唇顫不是非做不
可的嚴肅練習，不過它能放鬆並刺激整個嘴唇區域，喚醒沉睡的音波振
動；亦能在口腔的最前方幫助聲音增加能量；而且其實唇顫很好玩。所以
唇顫的運作，無論有無出聲都滿值得你我練習的。仍然存疑嗎？沒關係，
以下有些不同的介紹方法與描述或許能說服你：

- 兩指放在兩嘴角邊，外拉嘴唇像做鬼臉似的拉寬，突然放手的同
  時透過兩唇外吹空氣，使其上下震動。
- 將食指橫放於前齒前方及兩唇間，像是在模仿刷牙動作。讓雙唇
  完全放鬆，懶靠在手指上。接著嘆放鳴聲，使音波振動流過口
  腔。
- 想像音波振動是牙膏，手指是牙刷。手指上下刷牙，嘴唇十分放
  鬆。如回溯幼童狀態般，讓聲音在你的指頭、雙唇以及齒間玩
  耍。
- 保持嘴唇的放鬆，手指拿開，隨著音流吹過嘴唇時成唇顫。最後
  出現鬆鬆的有聲子音「ㄅ（B）[16]」會或飛濺或顫動地如模仿引擎

---

[16] 譯註：不要發出注音的韻母或空韻而變成ㄅㄜ，僅嘴形是發ㄅ時的相靠再相分
　　離，與英文b發音會較近似。

聲般懶懶地振動出聲。讓它非常鬆散地自然發生，產生的振動在臉上盡情開散傳遞。震波甚至可能讓你的臉覺得癢癢的。照鏡子練習以確保唇角的放鬆而非向內縮緊。

步驟三

- 這次，音波振動在音高上被吹過嘴唇成唇顫（從簡單的中音開始）；在同個呼吸中結合：音聲嘆放時，嘴唇輕閉成hum鳴聲，接著打開雙唇讓音波振動逃離身外（ㄇ‧ㄜ‧～），一氣呵成。以下為此練習之物理性步驟，以及應覺察的生理體驗過程。
- 放鬆地唇顫以增加音波振動，讓聲音在兩唇輕碰時聚集，然後音波振動在雙唇分離時飛奔體外。
- 過程中，需不停向內餵養想深長嘆放的衝動，才能維持練習。
- 接著，放鬆內裡，讓氣息自然下沉與舊的氣息交換。
- 重複配以音高的降幕與升幕（符號 ≋，代表「音波振動吹經嘴唇而唇顫」），持續練習。

- ≋ ㄇmm～～ㄜ‧（Mmmmu-u-uh）

慢慢來。無須讓新氣息急著進來。在你對探索過程中出現的音波振動更熟稔後，連串動作將自行找到步調與節奏。

步驟四

- 重複步驟一，並觀察這次練習的體驗有何改變。譬如你可能發現嘴腔的最前區自然地出現更多音波振動。鳴聲嘆放時動動嘴唇，

像是在音波振動逃離體外前，你仔細品嘗一番它的滋味。

記得：音波振動因為注意力的集中而能茁壯增長。

- 成為音波振動的鑑賞大師：

  品嘗它。

  讓它在你臉上盡情擴展。

  奢侈地享受它。

  陶醉其中。

- 兩唇相碰的同時，將意識真的帶到唇上 —— 想像兩唇是兩片吐司，你用這兩片吐司夾出最喜歡的三明治：花生醬加果醬、莫札瑞拉起司、蜂蜜或鮪魚三明治等。嘆放hum時，集中注意力在你愛的三明治餡料味道上。

現在，聲音因延長持續貫穿著三個階段（聲音的碰觸、音波振動聚集唇上，最後再從唇上逃出體外），你對氣息的需求自然變高變多。說實在的，你已開始用較長的句子表達了。這些早期練習中的簡陋句子「ㄏㄜ‧-ㄏㄜ‧～ㄇ‧mm～～ㄜ‧」或「ㄇ‧mm～ㄜ‧」可視為三個字的短句。藉由強烈的溝通慾望，較快速的腦內想法／說話衝動能被訓練成為身體內與氣息／聲音結合的自發反應。所以無論想表達的句子多麼原始，你只需確保溝通慾望的延續，便能使氣息自動被延長。你永遠無須試圖維持呼吸，氣息會為了服務持續溝通的心情而延長。

切勿持續發聲到氣息用盡。讓每次慾望湧現去刺激呼吸（非懲罰式的），讓每組聲音的模式輕鬆且具節奏。氣息是用來服務思想慾望的，它們有著本質上的不同長度。每個新想法都有新的氣息：短小的想法伴隨較短的氣息，中型慾望有中型的氣息大小，而長長的氣息支持著長長的大型慾望衝動。有機的想法慾望釋放不太會去耗盡最後一絲氣息。學著怎麼把呼吸越憋越吐越長越久是沒有什麼實質意義的。這樣的練習反而會使呼吸肌群的自然彈性受損，肌群也因努力維持氣息而產生肌肉緊張。緊張造成收縮，收縮減少容量。每個人都擁有自然的呼吸容量和能力，當它擺脫慣性的緊張時，能全然服務個體情感上與想像力的需求大小——這是假設你工作聲音之原因是對透過聲音表達人類真理感興趣。

　　我會建議在你初期練習時，給自己的訊息用「讓hum鳴聲一起嘆息釋放」、「嘆放聲音至你的頭內」等句子。這是為了訓練每次聲音的起始都能與肌肉和情感釋放感結合，「話語的釋放」的支撐責任便能從肌肉力氣轉換到心理活動之上。

　　將「ㄏㄜˋ-ㄏㄜˋ-ㄇˋmmm～ㄜˋ」視為一個有起始、中途、結尾共三階段的基本心理調節過程句子。聲音的碰觸為初始「ㄏㄜˋ-ㄏㄜˋ」，閉唇之上音波振動的集聚為中「ㄇˋmmm」，唇開後音波振動的逃逸「ㄜˋ」是為終點。你的心念（mind）在運用覺察意識的過程中，應滿載於組成句子的每個「字」內，如此便能實踐想法與聲音結合的目標。在嘆放每句話時帶著「想解脫釋放的心情」，你便帶著自己進入了情感和心理層面的釋放。帶著解脫感的嘆放是很容易誘發的感受，若能承諾將此感受作為初始練習中不可或缺的重要元素，日後你便能更輕鬆地以簡單的方法綜合感知、想法、身體和聲音去處理文本。

◀)) 作者的話

　　我有解釋「在音高上嘆放聲音」、「讓聲音在音高上自然發生」和「讓聲音在音高上持續釋放」等相關句子的必要。這些句子的用意是避免你對「唱」這字有反射性的慣有反應。有些人對音高的即刻反應是「我不會唱歌」或「我是音癡」，另外有人會因受過唱歌的訓練，依據習慣發出一種跟平常講話不太一樣的聲音。「唱」字對現行的基本練習來說過於嚴肅豐富，很難輕鬆地執行。現階段而言，生理步驟上的唱與說除了在唱歌時音高會延續、而說話時一碰到音高便立即放掉的差別之外，並無二樣。自發地說話時於抑揚頓挫和起承轉合間會產生半音、二分音符、四分音符、八分音符、甚至十六分音符等音樂節奏，而唱歌慣習的全、二分、四分音符等則為事先設定且保持不變的。不過，說話聲調確實能從音樂與運用升降幂音階的練習中獲益，學到新且豐富的語氣及新聲調範圍的可能，而因此激發的生動說話語調不會是刻意計畫的發聲所能比擬的。直至現在，我一直強調喚醒身體的意識覺察，對物理性練聲過程中擁有多樣音域

及語調上能有極大助益。若你面對所有練習時僅僅是重複沿用自身說話聲調舊習的話，便很可能侷限自己待在慣用的音域和聲音語調行為模式之中，永遠無法擴展至未知領域。

釋放音波振動的自由：頭部

我們將在此階段鳴聲hum嘆放的同時增強音波振動，使其自由。而「有效的鳴聲」（effective hum）意指聲音能直接且無阻地從呼吸區域通行到雙唇間。意識覺察從較小的共鳴表面（唇）移轉至較大的音板（頭，甚至全身）時，我們需先確保舌頭沒有介入嘆放hum的過程。

◀)) 作者的話

鳴聲hum是聲音從體內離開時，嘴腔聲道被阻礙，只好經由鼻子離開而造成的聲響。但只給「嘴巴」關上這種指示使hum出現是不夠的，因為口道不僅可透過雙唇，亦可透過前舌上碰硬齶的前方（上排牙齦脊）、後舌上觸後硬齶，甚至整條舌頭蓋住整個嘴內的屋頂，或以上選項的排列組合，造成口內空間的關閉。

你的舌頭極有可能背著你過著叛逆的祕密生活，當你說「嘆放聲音時關上雙唇，好讓hum出現」，舌頭某些部分也會收到訊息而自作主張地在hum聲中加上「ㄋ」（nn）或「ㄥ」（ng）。

請用鏡子檢視：

將鳴聲嘆放至雙唇上，接著嘴唇打開，聲音向前釋放「aaa」音（像注音符號的ㄚ聲）。現在，後舌向上碰觸硬齶後方（可能也會碰到軟腭）構成「ng」（像發ㄥ音時舌頭位置，但不發韻母）——確實感覺到後舌與硬齶的碰觸——後舌往下，掉回原處，聲音變成「ㄚ～～」（aaah）。

現在，前舌往上碰觸上排牙齦脊（在上排牙齒的後面），構成「nnn」音（發ㄋ音時舌頭形成的位置，但不發韻母）——確實感覺到前舌與上牙齦脊的碰觸——舌頭掉回原處，聲音因此變成「ㄚ～～」（aaah）。

現在，我們玩個口腔意識的覺察遊戲。用鏡子檢視你給自己嘴巴的訊息是否真的被確實接收：

嘆放音高的同時（以下皆為同一音調）：

(1) 後舌上碰硬齶成「ㄥ」（ng），舌頭回彈打開釋放「ㄚ～～」。

(2) 前舌上碰上牙齦脊構成「ㄋ」（n），舌頭回彈打開釋放「ㄚ～～」。

(3) 兩唇輕碰成「ㄇ·」（mmm），兩唇分離釋出「ㄚ～～」。

(4) 兩唇輕碰成「ㄇ·」（mmm）後，加上後舌上碰硬齶「ㄥ」（ng），接著兩唇打開——後舌仍碰著硬齶維持「ㄥ」（ng）聲——最後，放開一切釋出「ㄚ～～」。

(5) 後舌上碰硬齶成「ㄥ」（ng）後，加入前舌上碰上牙齦脊成「ㄋ」（n）。再讓後舌掉回原處，但前舌保持與上牙齦脊的關閉。最後，從「ㄋ」（n）音開放釋出「ㄚ～～」。

(6) 兩唇輕碰成「ㄇ‧」（mmm），接著後舌上碰硬齶成「ㄥ」（ng）。兩唇保持閉合狀態，讓後舌和後硬齶多次開合，去觀察聲音的改變。

ㄇmm～

　　仔細註記當後舌上碰後硬齶時和掉回原位後，音波振動聚集之處或流動方向的差別。明顯可見當後舌上碰軟齶時，聲音較集於鼻腔，而舌頭下掉回位時，音流便會聚焦在兩唇之上。

　　這最後的經驗證明了：只有在兩唇相碰而口內空間仍開闊無阻的時候形成的鳴聲，才能稱作「有效的鳴聲」（effective hum）。當然，其他的哼鳴之聲並不違法，也沒犯錯，只是他種鳴聲較無法有效的將音波振動傳遞到嘴腔的最前方。能療癒並滋養增強聲音的鳴聲hum，方可謂為有效的鳴聲。

謹記：只有氣息自由了，音波振動才能自由地存在。（換言之，需確保每次都能創造和再創造嘆放的慾望，才能替每次的新聲音注入能量。）讓我們回到找尋能增強聲音振動之旅，探索整個頭頸部開始放鬆之際，將產生怎樣的影響。緊繃張力會經常或多或少地積累在後頸部、下顎與喉嚨中。音波振動在這些重要聲道部位緊繃的持續存在下，會被緊縮的肌肉困住。消除張力才得以釋放音波振動。因此，下方練習目的是放鬆喉頸肌肉群，可說是練習「擺脫你的頭」。生理層面的物理動作是轉動頭頸，畫個鬆鬆的大圓。但從心理層面而言，是讓你的自我從頭移轉到身體中央，控制中心才能下沉移至身體深處，而非掌管購物清單的理性大腦。

　　現在，我們將集中注意力在後頸上，並看見頭七節脊椎形成頸部的意象。頂部脊椎上入頭骨，差不多和鼻子、耳朵的水平高度相同。而身為頸部和身體之橋梁的那節脊椎，是與肩膀同水平高度，突出來叫做小牛骨（或稱牛背骨、牛背脊）的脊椎。這是非常顯見於西班牙鬥牛上的脊椎，有著強與弱意象的結合。小牛骨上有個神經叢，其神經網冠布上至頸部，外連於肩並下伸入肩胛骨之間。這些神經對腦中焦慮、恐懼和猜疑等訊息似乎特別敏感，一接收到這些情緒便會使喚附近肌肉用力或變硬的自我保護模式，因而顯現的駝肩、短而僵硬的脖子和堅硬下顎等等的保護姿態會回應給大腦堅定的、好戰的、負責的、甚至有自信等回傳訊息。〔我個人認為，這是英文中肩膀「shoulder」很巧地包含了英文「should」（應該）意涵之因。肩膀「肩負」了所有我們認為「應該做的」──我們的責任、目標，以及野心。〕

　　從頭骨底部下接頸部直到肩頭兩極形成的三角地帶充滿緊繃張力的話，大腦內的訊息是很難自由地透過骨髓神經傳遞到身體其他部分的。要擁有自由而充滿表現力的聲音，我們的慾望衝動必須能在太陽神經叢／橫膈肌區與大腦之間毫無阻礙地來回流動。

　　對演員來說，肩頸的緊繃張力可說是某種百慕達三角洲──充滿創造力的慾望船隻會在此無影無蹤地沉沒。被緊繃張力殲滅的慾望衝動永遠無法靠上創意體現的岸頭。

　　以上的譬喻希望能刺激出你下一個練習動機和興趣的增加，接招吧！

步驟五

- 輕鬆地兩腳適中打開站好，脊椎延長，腹部肌肉放鬆。讓全頸往前下掉，臣服地心引力。
- 感覺整個頭的重量掛在小牛骨上，被重重地下拉。
- 你看見七節頸椎，一節節地向右轉動頸椎帶著很重的頭轉至右肩，右耳位於右肩正上方。
- 記錄覺察左頸拉長延展的肌肉與肌腱，同時感到頭重重往右下沉，左肩重重往左地板掉。（照鏡子檢視自己是否面向正前方──臉面向正前方能帶給左頸部的肌肉和肌腱最大幅度的延展。）
- 脖子再次往前方落下，頭隨之垂下，然後讓頸帶著頭轉至左肩上方。
- 記錄覺察因此被延展的右頸肌肉與肌腱，右肩向右地板重重下掉，頭則相反地往左沉，而頸部間的肌肉在兩者間被拉伸著。
- 現在，保持右頸很長的感受意象，讓頸椎節節上浮回正，直到齊整直立之姿，頭則平衡於脊椎的最上端。
- 脖子快速向前掉後，轉頸帶頭到右肩正上方。感覺到肌肉的延展後，維持左頸非常長的感受圖像，頸椎節節上浮回至齊整狀態，頭再度平衡於脊椎的最上端。
- 看見頸部兩側都被拉展變長的意象。
- 保持上脊部的延展，不要垮掉。
- 緩慢地，維持頸部兩側的延長感，讓頸椎往上後方拉展延長（頸部不要垮掉下壓）。
- 下顎放鬆，嘴巴自然打開。看見整個喉嚨內部因此被開展，全部的前頸變得非常長。
- 現在，往其中一個肩膀的方向轉動你長長的頸部。接著，快速地向前下掉的同時，觀察你後頸的長度，並接續著頸部下掉所產生的動能，持續轉向到另一個肩膀的上方。

- 持續觀察感受頸部兩側，前側及後側在兩肩之間與往前後方掉落轉動時的伸縮關係。讓你非常長的脖子藉由動能作用力自然地畫個大圓，然後換邊轉。

轉動的是頸部，頭自然會隨頸而動。

- 鬆鬆地從右至左轉動脖子（和頭）到左肩上，然後換邊轉，從左至右到右肩上。感覺脖子在肩上方時，反向的肌肉肌腱伸展感。脖子向後轉動時，讓嘴巴與喉嚨下沉開展。頸回肩上方時再次感覺側頸拉展，向前下掉時感受頭實在的重量。

記得，頸部為主動，頭為被動。

如果你想的是轉「頭」，很容易因此扭轉頸椎變得可能只動到頸椎的頭三、四節而已。每次頸部的轉動均應自小牛骨啟動（小牛骨位於頸椎最底端，體脊最上端）。你可以透過觀察臉與肩的關係去檢視，是否整條頸椎都儘量地參與到練習。若頭是啟動者，轉到兩肩上方時通常臉不是面向肩膀就是地上。另一個可供檢視的要點是，頸部轉至側邊時，耳垂應位於肩膀正上方。

- 很慢很重地從右至左轉動頸部（和頭），頭頸會自然畫出鬆鬆的大圓，重複幾次。
- 換邊，從左至右，重複幾次。

- 稍微加快速度，讓地心引力與反作用力的動能慢慢接管動作。

記得這轉頸（和頭）的練習是爲了放鬆後頸的肌肉群，進而釋放口內、舌、顎、喉上的緊繃張力，使之開展。此處放鬆是爲了讓這些聲音通行渠道有無阻的自由。

步驟六

頭向前下掉。

- 注意力集中至頸後方，讓頸椎節節向上建立，重回與整條脊椎齊整之姿，最後頭輕鬆的在脊椎最上端平衡。

意識沉回呼吸中心，讓鳴聲hum在同個音高上從呼吸中心嘆息釋放至你的雙唇之上。

- ㄇ．～～（mmmmmmmmmmmmmmmmmm）（釋放解脫的心情一直在）。
- 雙唇一感受到音波振動，馬上依步驟五的探索內容，讓頭頸向前下掉後，自然轉頸畫出鬆鬆的大圓。
- 提醒自己即使在脖子轉圈放鬆時，閉唇後之口內空間仍然保持開闊。
- 嘆息將盡，輕鬆的頸轉也跟著結束，身體中央放鬆，讓氣息自然交替下沉回呼吸中心。
- Δ
- 再一次嘆放hum至雙唇上，並看見音波振動迴盪蔓延進整個頭顱。
- 頭頸向前下掉並持續向另一肩轉去。放鬆，讓新氣息再度下沉入體。
- Δ
- （在音高上）再度嘆放鳴聲hum。換邊轉。
- Δ

每次嘆放無須太長。每個氣息的生命長度不是爲了推空身體內部而存在的。

- 讓每個新的頸頭轉都有新音高隨之釋放。先升冪音三、四次，再

降冪往下三或四個音。

即便在頭轉到後方時，兩唇仍因hum的構成持續閉著，你的喉道[17]與下顎均需在雙唇後方保持開闊。你的嘴唇具有足夠的延展性能持續遮蓋整個出口，這效果有點像你在眾目睽睽下打出來的禮貌哈欠——兩唇雖然互碰著，但喉道後方仍然不客氣地打著大大的哈欠。

步驟七

- 頸椎向上回建，直到與其餘脊椎齊整為止。
- 在音高上嘆放鳴聲進入頭裡，同時以手去感受聲音如何在頭內各個不同部分震盪迴響。
- 碰觸你的雙唇、雙頰、前額、頭頂、後頸、脖子，以及胸膛。
- 花點時間，用你的手指和意識全面探索頭顱內不同地方的振動感受。不要因為你在某些地方感受到特別強烈的音波振動而產生偏愛。在你體感著豐富強烈的振動之際，也試著更了解感受那些較輕、較弱的音波振動質感。

接下來，在這些已透過觸感探索的所有部位中，注入更多意識覺察：
- 再一次於嘆放鳴聲之際，轉動頸和頭。把鳴聲嘆放出去。
- ㄇ・（mmmmmmmmmmmm）～～
- 提醒自己保持喉道的開展暢通。
- 讓意識取代你的手，記錄你雙唇上、臉後、頭顱內、喉道及胸膛內的音波振動感受。
- Δ
- 換邊，在新的音高上嘆放鳴聲，轉動頭頸。觀察音波振動的明顯去處是否會根據頭前後下掉的位置不同而有所改變。
- 想像音波振動像水球中的水一樣，水球（頭）轉動，水也跟著球轉。

---

[17] 譯註：throat，這裡的喉道指的是唇後嘴腔裡的空間，一路連到喉嚨裡的廣泛意指。與醫學上的larynx（喉）不太一樣。我有時會直接說口內空間，以避免混淆。

- △
- 重複練習幾次，交替轉動方向。

步驟八

- 感覺你的頭正輕柔地平衡於頸椎最頂端，以齊整站姿重複步驟三「ㄏㄜ‧-ㄏㄜ‧ㄇ‧mm～ㄜ‧」的練習。打開身體意識，感覺之前在顱內充滿的音波振動正倒入你說話的聲音中。
好好的沉溺享受這種聲音，並開始了解：這是我的聲音！
- 看見並感受音波振動從頭的四面八方洩出的意象。

　　持續提醒自己，你並不只是做聲音訓練，而是爲了能釋放你天生說話的自然原初之聲。再下一步則願你能透過自己的聲音釋放你自己。即使我能在生理層面上提供你如何達成此些目標的線索，但心理上只有你自己能體會這些目標對你而言的意義爲何。每個練習之後，你對剛剛學到的「技巧」上的感知應仍相當明顯，從中找個簡單而私人的（對你有意義的，就算私人）體驗，大聲說出來，感受練習前後是否有所差異。

　　透過聲音的觸動，帶著想解脫的心情嘆息釋放「ㄏㄜ‧-ㄏㄜ‧」。

- 先沉溺在「ㄇ‧～」（mmmmm）的音波振動中。音波振動再於嘆放「ㄜ‧」時逃離體內。

- 讓氣息自然交替，接著：
- 帶著與嘆放「ㄏㄜˋ-ㄏㄜˋㄇˋmm～ㄜˋ」時的相同身體感知，說出（嘆放出）「喔！這感覺真好」。
- 或者你可以嘆息釋放出「我真想知道自己剛剛在幹麼」，或是「我好餓，我要吃晚餐」，或是任何能好好表達你現下感受的句子。
- 放鬆，甩甩身體，動一動，上下跳跳，不要再練了。

　　為了能從唇上釋放音波振動的自由，你練習了嘴唇的放鬆。為了可從頭頸內釋放音波振動的自由，你放鬆了頭頸。這樣的過程其實你也已檢測了唇、頸、頭區域不再存有謀殺音波振動的緊繃張力。

釋放音波振動的自由：身體

　　步驟九會帶你放鬆全身，讓更多音波振動從更大的區域自由地釋放出去。這些練習從唇至頭至身，有邏輯地帶著由輕小變強大的意識循序漸進。音波振動會因為你給它們更多注意力而更加乘壯大。特定的緊繃張力被抓出消滅後，釋放音波振動時能增強基本音聲的條件就變得更好了。

步驟九

- 輕鬆站成齊整之姿，脊椎延長，頭正飄浮在頸椎最頂端。
- 腹部肌肉放鬆，讓自然呼吸韻律接管一切。選個舒服的中音，在這音高上將大而放鬆的hum鳴聲嘆放到你的雙唇之上。
- 嘆放hum的同時，讓頭頸重重向前垂下，這重量立即讓脊椎隨之節節下掉，最後形成倒掛之姿（upside down）。
- 整個上半身倒掛在尾椎上。讓氣息自由交替。
- Δ
- 待在倒掛姿態的你繼續自然地呼吸。
確保脖子放鬆，膝蓋微彎，所以你整個人處於舒服的平衡狀態。
- 倒掛時，嘆放出新的hum並注意觀察音波振動在這姿態內的行為表現。

- △
- 維持倒掛姿態，再次嘆放hum並輕柔地甩動鬆開身體。

音波振動在身體哪裡最有力、最有感？

- 讓氣息再度自由交替。
- △
- 嘆放一個新的hum（不同音高），同時脊椎節節向上建立回到站
  姿。

觀察並記錄從倒掛姿態變回站姿的過程中，不停改變的音波振動在何
處顯現。

- △

倒掛時，音波振動體感主要出現在哪些地方？建立回站後，它們又跑
到何處呢？

不要花太多時間建立脊椎回站姿。若氣息無法輕鬆維持太久，讓新
的氣息進來交換。如果你回站速度較慢，則應至少讓氣息自由交換兩、三
次；如果速度快一點，單次氣息進出就足以提供你建立脊椎回站的能量
了。

也別倒掛太久，會沒必要的感到頭暈。放輕鬆，過程中各種感知的探
索才是目標。

- 在不同音高上（從舒服中音開始再慢慢降低）重複以上步驟
  （嘆放鳴聲時，脊椎節節下掉成倒掛之姿，然後再次建立脊椎回
  站）。
- 下一步：嘆放hum時，脊椎節節下掉成倒掛之姿。
- 讓輕鬆的氣息進入下沉。
- △
- 嘆息釋放一個新的hum。快速地上建回站。當到達最上節脊椎時，
  讓下顎掉落嘴巴張開，聲音自然逃脫出身。

ㄇmmmmmm-ㄜ‧～

想像一下，脊椎節節下掉的進程是一種放鬆全身的練習——你感覺到
音波透過全身釋放出去。當你再回站姿之際，看見這些自由而放鬆的音波

振動在你體內茁壯增強著，卻被雙唇困住，懇求著你讓它們自由。當雙唇打開時，你允准了體內所有被囚困著的聲音逃脫至空中。

- 再重複享受一次以上整個練習過程：嘆放hum的同時，脊椎節節下掉。倒掛，放鬆讓新的氣息自然進入；再次嘆放hum時，脊椎向上建立，站好之際透過張開的雙唇釋放出音波振動。

發展對音波振動的興趣及其出現時的體感，好像它們是自有生命體一樣，能被鼓勵放輕鬆一點或減少辛勞和緊張。

- 培養每個音波振動的獨特個性，讓你能更愉悅地與之交流往來——允許它們讓你變熱情或變冷靜；在你身上沒注意到的驚喜小地方搔癢；給它們上色；在練習時讓它們感受你的情感而釋放帶有感知的聲音，你就能開始訓練從這樣簡單的想像力連結音波振動的練習中，透過自己的聲音釋放自我情感。

我開始在這些比較技術性的音波振動練習裡引入「感受」（feeling）一詞，前提在於：這門聲音系統是藉由想像之力量，集結身體、心念、感覺、呼吸、聲音於一處，這是溝通過程中具經濟效益的一種省力方法。「感受」是此系統中不可或缺的一部分。

◀)) 作者的話：關於音波振動與其連結，以及內腹腔呼吸肌群

　　我認為，若你願意相信，音波振動就能透過骨頭傳遍全身。軟骨與骨頭是傳導音波振動的完美材料。若你能想像振動流洩全身骨骼，你的心智意念便會願意打開並感知與想像的連結，以後面對文本時便能自動轉換紙本內容成身體上、情感上和感知面上的文本體現。這些透過聲音體現的身心經驗，替演員的技藝奠定一種具生命力的活躍基礎。

　　現在，我會請你把之前的對角斜向延展練習和現在的鳴聲嘆放經驗結合在一起。

　　身體的非自主性呼吸機制，主要由三大肌肉動作行為組成：對角斜向的、肋間肌的，以及內腹腔的肌肉運動。內腹腔肌群於橫膈肌底部交織，對角式斜向往下延展連接下脊椎，再持續往下連結骨盆底肌。結構中部分

的內腹肌群是由肌腱／肌肉組成，稱作肌腳（crura）。為了方便，我們稱之為腳樣結構。身體內具有許多肌腳，如橫膈膜肌腳、大腦腳、海綿體腳，以及腦穹弓腳[18]等。在呼吸系統中，橫膈膜的兩大肌腳是一種連結至腰椎的肌腱性肌群。肌腳通常成對，此處可分為左右腳（想像這些肌腱束就像橫膈膜的腳們），主要功能是連結橫膈膜與脊椎。右腳來頭較大（起始區域較廣），因為肝位於身體右側，吸氣運動進行時，右肌腳會輔助肝的下降。

關於聲音如何運作的經驗智慧，令人深感興趣的是：橫膈膜的太陽神經叢（solar plexus）是重要神經樞紐，而內腹肌交織於較小但或許更強大的神經中心周圍——位於脊柱基底美好三角骨架內的「薦骨」（sacrum，或稱薦椎、骶骨）。

Solar意指「太陽的」，Sacrum意指「神聖之處」。

西方的經驗主義（empiricism）指出，人類情緒明顯地記錄於太陽神經叢內——這暗示了情緒之於人相當於太陽之於地球——情緒是賦予生命的力量。而自薦骨神經叢蔓延之性能量所帶來的創造力，亦是不可否認的經驗型事實。薦骨內包含著人類最深層、最本能的慾望衝動。因此，薦骨神經中樞實為本能、直覺，與創造力的自主實踐之處。性衝動及最深層的藝術性慾望衝動顯然均從薦骨神經中樞噴發，源源不絕。生產與繁衍無論以何種形式展現，都是創造之力。

連接薦骨的呼吸肌群從大腦傳遞到身體再到聲音中那本能的、直覺性的、具創造性的訊息——此部分的肌肉（包含肌腳）稱為內腹呼吸肌群。連接太陽神經叢的呼吸肌群，則將富有情感之訊息從大腦傳到身體再傳至聲音，此為橫膈呼吸肌群。而最直接且最廣大的呼吸肌群與肺部連接，提供可滿足更大本能上或情感上的慾望所需要的空間與力量，是為肋間肌群。以呼吸經驗本身而論，不同的呼吸肌群區域會根據溝通性質決定何區為主導者，並能根據刺激來源，有機地調整所需氣息量之大小。但一個連

---

18 譯註：crura cerebri，大腦腳。crura of corpora cavernosa，海綿體腳。crura forni-cis，腦穹弓腳。

結了慾望衝動的自由呼吸運動，應包含所有區域肌肉的共同運作。我這過於簡陋的功能剖析，根本無法形容呼吸過程的完整複雜性。但是，它或許能為你身體心智與聲音的地理環境提供部分的地圖和線索。

暫且不論外部肌肉到底能否在我們刻意或慣用的緊繃力氣下控制呼吸，此處練習期許的目標是能刺激並連結體內的非自主肌肉系統。

現在，我想帶你進入一種身心型態的聲音練習，特別用以恢復你與自身薦骨呼吸運動的連結，意即重新與你的自身生命本能連結。

地板練習：聲音與內腹腔呼吸肌群之連結

對於以下練習，我的學生不僅有著聲音的成果，也經驗到包含了純粹的愉悅及感官體驗的享受。起始目標是能將唇上對音波振動的觸覺體感，跟斜向延展練習中對髖臼和骨盆底的視覺意象這兩種經驗結合在一起。你的雙唇是通往外在世界的門戶，使你從內向變外向。你的心智意念在溝通過程中需能清楚意識到自己內裡的溝通慾望之源頭，以及聲音從內變外向時的抵達處，才能達成溝通的最大力量。

準備：

• 平躺於地，面朝上。

• 再次運用天上操偶師的意象，幫助你執行最具效益之對角斜向延展之姿：雙膝往右，頭往左下沉。

• 接著在右髖臼內，讓想嘆放一個既深長又充滿音波振動的慾望衝動被點燃，讓它自髖臼沿著又長又寬的河道流出左肩臼。音波振動一到達嘴巴——關上雙唇，感覺唇上與頭內的聲音震盪——接著，雙唇打開，音波振動逃逸出體外。

• ㄏㄜˑ-ㄏㄜˑㄇmmmmmm-ㄜˑ～～（Hu-u-u-hummmmmm-u-u-uh）

• Δ

- 讓想嘆放的慾望衝動與髖臼重新連結。
- 在不同音高上重複以上步驟（仍處於舒服的中音範圍）。
- 讓操偶師帶你到另一邊的斜向延展之姿。

重新創造這聲音旅程——音波河流從髖臼冒出，一路被嘆放到唇上後，洩出體外。

- ㄏㄜ‧-ㄏㄜ‧ㄇmmmmmm-ㄜ‧～～
- 在不同音高上重複練習。
- 雙膝上浮回中央（肚子之上，腳掌離地），再讓腳掌放鬆下掉貼地。
- 右膝上浮，飛到肚子上方。
- 十指交扣，雙手放在右膝上。
- 清楚看見大腿骨頂嵌入髖臼的空間。
- 向內往髖臼餵養一個嘆息釋放的慾望——無聲，純氣息——在嘆放之際，用手搖晃膝蓋連動你的大腿骨頂，彷彿你的腿骨頂把氣息搖出髖臼，氣息飛離體外前會經過嘴巴。

如果你真能讓手直接影響膝蓋和腿骨，氣息會被鬆鬆地顫動過整身再飛出體外。

手的運動是輕柔震搖的鬆動，而不是暴力甩晃。肩膀放鬆不用力。

這樣做，是使你的心智意念承諾能讓每次浮現的慾望衝動均為因果性質：衝動始於內腹呼吸肌肉組織的身體深處，經過你身長的通道向外釋放之時將不受任何滯礙。

- 右腳落下著地。
- 左膝上浮，飛到肚子上方。十指交扣，雙手置於左膝上，重複以上的嘆放、呼吸與振動之練習經驗。
- 左腳下掉，腳掌著地。
- 再次讓右膝上浮飛到肚子上方，交扣的雙手放在右膝上方。
- 往右髖臼內餵養一個想嘆放的慾望衝動，並在髖臼內找到那聲音振動。嘆放之際，用手連動大腿骨頂從髖臼搖出（或因震搖而產生出）音波振動，使音流沿著長長的軀幹內河道——抵達嘴

唇——向外洩出。

- ㄏㄜ‧-ㄏㄜ‧ㄇmmmmmm-ㄜ‧～～

這個練習把鳴聲hum從髖臼中搖至雙唇上，再經過雙唇流洩出去。

這是為了讓在過程中釋放的音波振動能藉由大腿骨抖動的影響被抖動、擺動、顫動或搖動離身；如此，便能確保髖臼和嘴唇間沒有任何可削減音波振動能量的障礙物。

- 右腳下掉著地，換邊重複以上與左膝、左大腿骨和左髖臼之練習。
- 反覆練習，換腳時也換音高（先降冪再升冪，接著再次向下降冪）。
- 最後，雙腳均放鬆，腳掌著地。

接著，把意識注入整個骨盆裡，看見清晰骨架結構。

- 雙腳掌貼地，膝蓋在上。骨盆上浮離地板約五公分遠。想像骨盆是個老式的花園鞦韆，懸掛於兩腿骨間的支撐桿上。輕柔地上下擺動骨盆。
- 讓骨盆鞦韆躺回地上。
- 讓嘆息釋放的慾望一路下探進骨盆底——慾望衝動在此與氣息結合後，轉換成聲音振動之處。
- ㄏㄜ‧～～
- 雙唇關上形成鳴聲，彷彿這鳴聲的嘆放抬起了骨盆鞦韆，離地約五公分左右。鞦韆輕柔地上下晃動，搖出音波振動，感覺你正推著孩子盪鞦韆一般的享受：
- ㄇmmmmmmm-ㄜ‧～～
- 骨盆鞦韆再躺回地上時，新的嘆放慾望立即隨著新的音高一起湧出骨盆，刺激鞦韆再次上浮，聲音再次從骨盆被柔晃到唇，後逸出體外。

多次重複以上練習，每次都餵養新的音高。

- 全身放鬆躺地。現在，清楚看見發聲的衝動慾望[19]（sound-impulse）貫入骨盆底，接著嘆出音波振動：
- ㄏㄜˋ‧-ㄏㄜˋ‧ㄇmmm-ㄜˋ‧～～
- 感受慾望湧現形成充滿振動的音流，清晰地抵達雙唇再流入空氣中。

緩慢地翻身，雙手與雙膝著地後開始尋找如何以最節省全身肌肉力氣的方法，回站至骨頭齊整之姿。頭是最後一個回整的頂點。

- 站立後，保持這自我及慾望源頭的體感（越往體內深層越好），重複聲音觸動及增強音波振動的練習：
- ㄏㄜˋ‧-ㄏㄜˋ‧ㄇmmm-ㄜˋ‧～～
- 在不同音高上重複體驗。
- 嘆放音波振動時，上下彈跳膝蓋。換成肩膀上下晃動，讓音波被搖至全身。
- 觀察整個聲音體驗的過程中是否發現什麼全新的、新鮮的或不同處。
- 具體述說分享這些體驗。
- 現在說說幾句台詞或文本字句。
- 在日記中寫下任何聲音裡新的體感經驗。
- 畫一張新的「我的聲音」的圖像。

※實踐練習※

綜合工作天一至四的所有練習，給自己一週時間反覆練習。
你可以利用下一章的暖聲中繼站之內容來複習。

---

[19] 譯註：sound-impulse，這是目前本書提到的所有概念綜合而成的簡單字詞。我們期許人聲是為服務體內各式慾望及訊息的傳遞而誕生，所以希望每次聲音的釋放都能包含某種情感釋放、訊息傳達或溝通目的。聲音若無這些內容物，不過只是人體樂器的一種聲響。所謂每個聲音嘆放都應私人化、個人化，就是這個意思。此處我只能簡陋的翻成「充滿聲音的慾望」、「發聲慾望衝動」，但願你每次看到sound-impulse時，能提點自己這衝動的內涵。

中繼站：階段性暖聲

　　這裡我將目前已探索過的所有練習整理結合成一個短的暖聲，算是工作天之間的中繼休息站。此種結合動作與聲音之工作模式是我極度建議的。規律且反覆的實踐練習，是重設自我的溝通渠道之必須。在中途，我也會隨時提醒你的意識或注意力需於何時集中在何處。

放鬆，脊柱、頭、氣息、聲音的觸動，鳴聲嘆放：健「聲」運動

背朝下仰臥於地。

- 從記憶中選個特別讓你感到平和、安寧與放鬆的地方：躺在海灘上或充滿陽光的綠色草地上、船上等。（請不要選擇床上。）想像此處能使你放掉四肢的緊張，肌肉也能愜意。意象中若能看見陽光或溫暖火焰，會更有幫助。

　　讓心眼或意識緩慢的自腳趾到頭頂掃射一遍，在這掃射骨架的旅程中解開所有可能抓住身體或肌肉部位的緊繃張力。若在過程中能清楚視覺化並提醒自己正處在心之所嚮的地方，這種特定的放鬆旅程或許能替你帶來相當享受的愉悅感。

- 盡可能讓這些感覺渲染貫穿以下種種練習。
- 注意力下沉至身體中央那自然放鬆的呼吸運動，輕、小且非自主的上下浮沉。兩唇微開，感覺每次外衝的氣息釋放逃至你嘴巴前方時形成小小的「ㄈ·」（fff）。耐心等待氣息根據自身需求的自主更換。意識持續貫注於自然的呼吸韻律之上，讓氣息在身體深處找到其自然的節奏。
- 將天空中的操偶師意象帶入意識中，操偶師上提你的雙膝飛到肚子上方，然後向右下掉變成舒服的右方對角斜向延展姿態。看見並感覺想嘆息釋放的衝動一路下探至右髖臼內，接著讓慾望實現而嘆放出無聲的純氣息。
- 讓下一個想嘆放氣息的衝動與釋放聲音自由的想望連結，從髖臼湧出，進入長而寬的軀體斜向河道，流經軀幹透過嘴巴逸出身

外。

- ㄏㄜˊ～～（Hu-u-u-u-uh）
- 換至左邊斜向延展之姿，重複以上步驟。
- 上浮雙腿，接著換至右邊的斜向延展姿態。讓一個充滿音波振動的深長嘆放自右髖臼出發，流經長而寬的河道直至左肩臼。音波振動一抵達雙唇立即相碰。感受唇和頭內的聲音震盪，再開唇讓音波振動逃出身體。
- ㄏㄜˊ-ㄏㄜˊ-ㄇmmmmm-ㄜˊ～（Hu-u-hummmm-u-u-hh）
- Δ（氣息自由更替）
- 再次讓新的嘆放慾望下探，與髖臼再度連結。
- 在不同的音高上（介於較低的音域範圍內）反覆練習。
- 讓操偶師帶你到另一邊的斜向／對角延展。
- 重新創造如上的聲音經驗：從髖臼出發的音波振動被嘆放至唇上，然後流洩離身。
- ㄏㄜˊ-ㄏㄜˊ-ㄇmmmmm-ㄜˊ～
- 在不同音高上重複體驗數次。
- 操偶師上提雙膝至中（浮到肚子上方，兩腳離地），接著兩腳落下，腳掌著地。
- 上浮右膝到肚子上方。
- 十指交扣的雙手放在右膝之上。
- 一個想嘆放的慾望衝動（無聲）餵入髖臼。滿足慾望而嘆放的同時，雙手搖晃膝蓋因而連動大腿骨頂搖出髖臼內的氣息，過口離身。
- 右腳下掉著地。
- 換左膝浮至肚子上方。十指交扣的雙手放置左膝上，重複這充滿聲音震盪的嘆放呼吸體驗。
- 左腳下掉著地。
- 再一次，讓右膝浮至肚子上方，十指交扣的雙手放右膝上。
- 向內餵養想嘆放的慾望衝動至髖臼，並在髖臼裡找到早已存在的

音波振動。在嘆放之際，雙手搖震出髖臼內的音波振動，一路流過軀幹內的長長渠道至唇上，最後音流洩出身外。

- 厂さ‧-厂さ‧-ㄇmmmmm-さ‧～

反覆練習上列步驟。

- 接著，重複右腳下掉著地，換左膝、左大腿骨及左髖臼的練習。
- 左右兩邊反覆輪流練習。
- 雙腳均放鬆，腳掌著地。
- 現在意識注入你整個骨盆結構那清楚的意象。
- 腳掌貼地，膝蓋在上，讓想嘆息釋放的慾望下沉到骨盆底，也是慾望轉換成音波振動之處。
- 厂さ‧-さ‧～
- 雙唇輕閉形成鳴聲hum，鳴聲能量上提了整個骨盆鞦韆（想像鳴聲是隱形的手推著鞦韆），離地約五公分遠。接著輕柔的上下搖動鞦韆，讓音波振動搖盪出去：
- ㄇmmmmmmmmmさ-さ‧～
- 結束後骨盆落回地面，新的氣息嘆放慾望跟著新的音高刺激又進入身體深處，聲音又再度被輕柔地從骨盆鞦韆搖盪到雙唇之上，再釋放離身。
- 重複多次，每次餵養新的音高刺激。骨盆放鬆落回地板。
- 現在，將意識從骨盆轉移到橫隔膜中央。覺察此中心上不停因自然呼吸節奏而造成小小的橫隔膜起伏運動。相較於躺地時橫隔膜之運作為水平式的左右運動（氣進時擴向骨盆，氣出時往嘴巴的方向回彈），此時腹腔外部則反映出上下的垂直式運動（氣進時肚皮上浮向天花板，氣出時肚皮重重下掉）。
- 現在，讓帶有「放出不成形的自然聲響」之想法衝動進入呼吸中樞，實現想望的外衝氣息因而轉成音波振動。
- 厂さ‧-厂さ‧
- Δ
- 重複以上步驟：在自然呼吸節奏之中，每次氣息衝出體外時都在

滿足「放出不成形的自然聲響」的想法慾望。

- ㄏㄜˇ·-ㄏㄜˇ·△ㄏㄜˇ·-ㄏㄜˇ·△ㄏㄜˇ·-ㄏㄜˇ·△

- 在「ㄏㄜˇ·-ㄏㄜˇ·」及「ㄈ·」（fff）無聲氣音間不停轉換釋放，看看你在加入聲響時是否仍能保持同樣純粹氣息釋放的體感。

確保「ㄏㄜˇ·-ㄏㄜˇ·」為純粹聲音，而「ㄈ·～」是純粹氣息。下面說法或許會有點幫助：想像聲音是黑色，氣息是白色，而混雜不乾脆的混濁半氣音則是灰色。釋放全白氣體之時會帶著全黑的聲音離開──這必須是個極度清楚的思維慾望才有機會達成。如果你的聲音「灰灰的」，你或許過於注重在放鬆本身，為放鬆而放鬆，而忘卻了放鬆的初衷：我要透過放鬆達成、實現、釋放什麼？

- 現在，讓降幕的一系列音高念頭持續進入：從舒服的中音區域開始，逐漸降低（可以的話，每次降半音或全音），鬆開肌肉，一路降音，甚至低到有點像含了一口水漱喉的那種低沉聲響。

低音譜號從中間C開始下降至A，然後回到C。（男聲低八度）　△＝氣息交換

在不下壓喉嚨的前提之下，看你能降到多低的音。越深層的聲響越能鼓勵更身體深層的內部放鬆；一旦你感覺任何需要用力的可能，可以再度回升音高。整個過程保持在自然呼吸狀態的節奏上。

再次以說話聲調嘆放出：

- ㄏㄜˇ·-ㄏㄜˇ·

- 慢慢的從地板起身，在最具效益省力的狀態下翻身，以手和膝為支點，上提骨盆成倒掛姿態，最後節節向上建立脊椎，維持越放鬆的感覺越好，讓頭是最後一個回齊整之姿的句點。

站好，兩腳有著剛剛好的開合度。

- 打打哈欠，全身伸伸懶腰。
- 輪番將手肘、手腕、整個手掌上提，最後整隻手臂向天花板延伸。
- 接著，兩手掌下掉，掛在手腕上；手腕和前臂下掉，掛在手肘上；上臂下掉，掛在肩膀兩旁；頭重重向前下掉；而你的脊柱頂端好似被肩膀重量拖累了，開始下沉；頭開始拖著脊椎，節節臣服地心引力，最後整個軀幹下掉，掛在尾椎上成了倒掛姿態（upside down）。
- 往你的下後背餵養想深層嘆息釋放的慾望衝動，接著讓橫隔膜在氣息釋放的瞬間，臣服地心引力往地板下掉。
- 開始往上一節節地建立你的脊椎，最後才讓頭浮至脊柱最頂端。
- 腹部肌肉放鬆。
- 膝蓋自由放鬆。
- 脊椎延長伸展。
- 輕鬆呼吸，順從身體的非自主性呼吸節奏。

誘發出氣息離體形成的「ㄈ‧」（fff）。

再誘發出聲音的觸動（touch of sound）：

- ㄏㄜ‧-ㄏㄜ‧
- Δ
- ㄏㄜ‧-ㄏㄜ‧-ㄇmmmmm-ㄜ‧
- 讓無聲的氣息飛過雙唇而唇顫以放鬆嘴唇。
- 動動全臉肌肉。
- 這次，讓聲響飛過雙唇，變為有聲的唇顫（lip trill）。
- ㄏ（hh）〰ㄇmmmmㄜ‧
- Δ
- 在音高上反覆釋出有聲唇顫，伴隨音高降冪。
- 現在，不多想而以說話的語調嘆放出：
- ㄏㄜ‧-ㄏㄜ‧ㄇmmmmm-ㄜ‧
- 用釋出音高時那清晰的同等意識體感，去釋放說話語調的聲響。

- 放鬆，讓新的氣息下探。
- Δ
- 再次用講的釋出：
- ㄏㄜˊ-ㄏㄜˊㄇmmmmm-ㄜˊ（有著對話般的抑揚頓挫）。
- Δ
- 像在問個問題一樣：
- ㄏㄜˊ-ㄏㄜˊㄇmmmmm-ㄜˊ
- Δ
- 就像有個朋友問：「你今天過得怎樣？」你想回應的念頭會誘發新的氣息衝動，氣息衝動下沉則會滿足充滿聲音的回應衝動。完全只藉著「ㄏㄜˊ-ㄏㄜˊㄇmmmmm-ㄜˊ」的音波釋放來回答。
- 再一次：
- ㄏㄜˊ-ㄏㄜˊㄇmmmmm-ㄜˊ
- Δ

　　注意力可能在你一想「說話」時就跑回自己臉上。記得：「問題」是慾望的來源。這充滿疑問訊息的慾望下沉至感覺／呼吸中心，然後問題／氣息／音波振動於此結合，慾望向上釋放流經整個軀幹、聲道、嘴巴，最後瀉出身外，問題被問出來。過程中在問題裡頭增加驚奇的、緊急的、質疑的、充滿娛樂性的質感（或情感），此種具體的情感內容能準確地帶你找到與身體中央的連結。

- 頭頸重重向前垂掉。轉動頭頸畫出大圓，放鬆頸部與喉部周圍肌肉。
- 換邊轉。放鬆。
- 在輕鬆的音高之上嘆放嗚聲hum，同時持續轉鬆頭頸。
- Δ
- 每個新的氣息衝動都配一個新的音高刺激，一個新的嗚聲嘆放，一個新的方向轉頸放鬆。同時進行，一同釋放。
- 重複約四、五次的嗚聲嘆放，每次音高不同，每次換邊轉動頭頸。

- 在不同音高上重複約四、五次的鳴聲嘆放，以檢視上面的備忘要點。
-

- 頸椎節節上建，頭能因此找到平衡點。

大聲描述出你現下感受如何，又觀察到什麼——即刻又直接，不要斟酌。將這些感受釋入你的聲音裡。

- 現在，再次從身體中央嘆放鳴聲的同時，讓頭向前落下。頭的重量帶著整條脊椎下沉，直至整個上半身完全落下放鬆成倒掛姿態。過程中鳴聲的釋放不止。

感覺到音波振動從你的頭頂掉出體外。

仔細註記聲音體感在何處發生、出現或流動。

雙膝放鬆保持彈性微彎，體重平均分散於腳跟與前腳掌，腹部肌肉放鬆。

- 讓氣息自動更替。

- Δ

這倒掛姿態應可讓你整個後背比身體前側更自由地反映身體的呼吸需求——請充分利用這種覺察意識。

- 嘆放一個新的鳴聲到唇上，同時再度向上節節建立起脊柱，回到齊整站姿。站穩的那一刻，雙唇打開讓聲音逃出體外。
- 放鬆身體內部，氣息自然交替。
- Δ

以稍微高些的音重複練習。

- 嘆放鳴聲的同時，脊椎節節下掉形成倒掛之姿。

倒掛後，讓新的氣息進入體內。

誘發一個新的鳴聲嘆放慾望。

- 嘆放鳴聲的同時，脊椎節節回建站姿。

直到站穩的那刻，嘴唇輕鬆分開，讓聲音自由。

讓各種物理性的身體狀態在過程中影響你的聲音。你可能會小心地想讓音線維穩不亂，但那其實是種變相的控制。身體的任何改變應會有機地影響聲音的改變。所以，讓音波振動受身體向下倒掛或其他動作影響而動搖流竄吧！

- 交替練習：鳴聲嘆放，同時轉鬆頭頸。不同音高上，鳴聲嘆放，同時脊柱下掉成倒掛。也可開始在練習中往稍高的音域探索看看。
- 站回齊整之姿時，同時放鬆嘴巴通道，聲音逃出體外：

上下搖晃膝蓋。

上下搖動肩膀。

上下跳。

釋放越來越多自由的能量。

再一次，帶著這敏銳覺察感受以說話音調釋出：

- ㄏㄜ˙-ㄏㄜ˙ㄇmmmmm-ㄜ˙

最後，根據以下幾個選項繼續練習的同時，念出一首詩，或說出某個準備好的演講內容，或從一個劇本中找些對話的台詞說說：

1. 躺地，成對角線式斜向延展之姿。

2. 躺著，做上下搖動骨盆之練習。

3. 感受自身與橫隔膜中心的連結：雙手放在外腹部上，感覺每次念頭釋放（實現）之際，肚皮瞬間往地下掉。

4. 將這與身體連結的清楚意象帶入齊整站姿的意識中。

5. 說（釋放）台詞時，上下動盪膝蓋。

6. 釋放台詞時，上下搖動肩膀。

7. 釋放台詞時，整個人上下跳動。

練習的目標是找到身體的自由度，才能讓你的想像力自由地馳騁釋放。若你願意給自己身體一個機會，它或能提供某些你大腦沒想到或根本沒意識到的新點子與靈感。

回到文本時，你應將所有興趣投注在台詞的內容以及這些話的意義上（而不是擔心著聽起來如何或想著該怎麼說才對）。並且，準備好讓自己根據說這些話的過程中的享受程度——這種相當主觀的評論標準，去評斷自身聲音的自由程度。

第二階段的四週聲音練習：
聲音渠道的疏通與自由——
何謂聲音「渠道」？

　　與自我人聲工作時，必須在釋放呼吸肌肉群（聲音的源頭）與釋放喉舌齶肌肉群（聲音流經的部分通道）的自由和放鬆練習間不停來回。

　　我們已在一定程度上學會了更全然地釋放氣息，從而提供了人聲釋放時的支持必須。然而，許多肌肉仍錯誤地認為在聲音傳遞流經體內時，它們必須出力幫忙。只要顎、舌、喉嚨肌肉繼續自以為地在幫助聲音傳遞而出力，你的氣息們就會繼續在工作時發懶。所以，第一步先意識到這種假意幫忙的發生才能著手消除障礙，最後再將工作交給本應負責的部門——這是相當關鍵卻有時挺難執行的第一步。與聲音源頭來自於主動的激發相比，聲音的渠道（通道）應是被動屬性。主、被動的兩種能量訊息必須同時送出：刺激源頭之際，也放鬆通道內部。只有當聲音源頭之動能（氣息）越趨穩定，聲音通道內的肌肉才會甘願放它們早該放的假，如此才能讓肌肉們發揮真實本職的份內工作。一般而論，下顎的真實功能為：(1)固定牙齒與咀嚼食物；(2)當某些強烈的情緒或強大的聲音內容需要釋出時，能開展擴大出口。舌頭的職責則是在說話時能清楚構成母子音。喉嚨則是由許多元素組建成的複雜體，我們會在持續與聲音工作的進展中對它越來越熟悉。那麼，就先從下顎開始吧！

第五天

聲音渠道的疏通與自由：
下顎覺察力的喚醒與放鬆
擺脫緊繃張力的枷鎖——牢獄的禁錮之門或自由之門

■ 預計工作時長：一小時
‧‧‧‧‧‧‧‧●‧●‧●‧●‧●‧●‧●‧●‧‧‧‧‧‧‧‧

今天第一步是將頭頸的基本圖像結構拆解開來。頭顱骨（skull）分成上下兩半，由一個樞紐連接成一體。既然兩個結構都有牙齒，而「頭」或「頭顱」這種字眼又略嫌籠統，我將稱它們為上顎（頭骨上半，內有上排牙齒）及下顎（下巴、下頜，內放下排牙齒）。

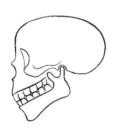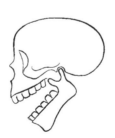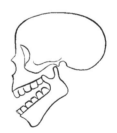

靜止狀態（中性）　　　良好開展狀　　　非良好開展狀

為了更幫助理解其構造，可以想像下顎是一副假鬍子掛在耳朵兩邊，也就是上顎下方的位置。而上下顎的真正連結處，是位在下顎後方的一個小骨頭，掛在上顎內一個像反馬蹄形的內縮凹槽中（稱為顎骨樞紐）。在這掛勾與溝槽機制（或樞紐機制）內，顎骨能執行許多動作。但就上下顎而言，下顎往後下方沉的位置是最具效益的狀態空間。然而，效益較低卻常見的開嘴狀態是下顎向前下方開。執行這種向前動作的下顎，會無法避

免地用肌肉前推顎骨，造成一種很沒彈性的通路。此種通道的反應能力太慢，無法因應需要時常變動之溝通要求。

自然的——不一定是你熟悉的——下顎放鬆開啟狀態的方向性是後方（朝後頸方向）。這是一種只要顎骨樞紐上的肌肉全然放鬆就能形成的下顎自然垂落之開展狀態。但下顎緊繃的張力造成了韌帶短縮，肌肉收緊情況十分常見，這會讓你張嘴時下顎肌代償性的「努力」，用力氣前推顎骨。「打開嘴巴需要下顎力氣」的認知，或是合唱團團長、歌唱老師或沮喪的導演因為聽不到演員而亂丟的粗糙指令「嘴巴張大一點」等說法，把你傳送給下顎的訊息搞得更複雜。種種訓誡引起你下意識地在開嘴時打開了「臉部前方空間」，但其實需被開展的主要空間是嘴內空間的後方，而非前區。而在費力地試圖開展嘴內前方時，代表著後方空間正被擠壓縮小。那就與我們初始的主要目標——給聲音在聲道內更多空間的自由——完全背道而馳。

肌肉群們在上下顎集結相連，複雜地相互交織並開展蔓延至全臉及後頸。肌肉們包含了或縱或橫或斜向或往內或往外等複雜動向。若想在這聲音渠道的最上端，獲取此處對聲音反應的最大效益的話，「下顎向後下落，而上顎越往後上提越好」的想法將會特別有幫助。在空間開展的支持面向討論上，上顎的上提動作能替下顎肌肉減少許多負擔，從而削減肌肉在過程中下壓舌頭與喉腔，變得更緊繃的危險。再者，此動作增加了上咽部的空間，提供聲音更多可能迴盪增強的管道。

　　若下顎骨的向後上提與向後下落運動比較極端激動，代表了對強烈情感如恐懼、憤怒、哀慟與喜悅等慾望衝動有了直覺反射動作。這在動物行為中很常見：獅子怒嚎、狗的攻擊，還有貓為了自我防衛而呲牙嘶嘶發響等。人類在有較強烈的情感需求時，也可見如尖叫嘶吼或嚎哭的類似行為表現。無論哪種特定情感內容（譬如人們在搖滾演唱會中歇斯底里地狂歡尖叫，或在戰鬥中經歷的異常恐懼和苦痛等），我們的臉部都會因這些情感而牽動肌肉結構的類似反應。

　　我們或許能從孩子身上看見因情感加劇而逐漸開展的臉龐，展露出內心情感細節的改變。但成長中，自我的防衛機制開始訓練臉部、喉嚨和下顎，去違背這些想要吐露情感的本能反應動作（遭遇到無法控制的暴力等情況除外）。

　　要開誠布公且精準地傳遞從自身深處感受到的細微情感幾乎是不可能的，因為肌肉群已學會在不揭露任何內心世界的偽裝之下運作。為了掩飾對恐懼的可怕感，上唇學會繃硬起來以示勇敢。為了掩飾被稱讚時的愉悅感，嘴角下沉佯裝不在乎而阻止了上揚微笑。為了讓大家留住你天塌下來都能掌握一切的印象，你面不改色，臉中間區塊固定不動，消彌了任何對外顯現焦慮或疑惑或天真無知等反應的情緒漣漪，因為這些漣漪可能使你在充滿敵意的世界中被看穿。你有過生氣氣到想殺死人的衝動嗎？有時面對自身或他人可能真的會憤怒到想殺人，因此感到害怕而在臉上烙印出似乎永不更動的假笑者大有人在。

　　顎骨樞紐是全身上下最強大又最普遍被使用的肌肉防禦系統之一。咬緊牙關肯定能有效地避免因喉嚨張太開而釋放出充滿恐懼的尖叫，所以，下顎肌的凸起代表勇敢和堅強。憤怒深深扎根在下顎肌群內。當電影中的鏡頭拉近至主角剛強的下顎時，你知道戰鬥將一觸即發而強者終將獲勝。但是若捕捉到下顎肌的抽動或顫動，你必定會推斷角色的內心有些矛盾情緒與自我掙扎，甚或覺得有些神經質。「他牙一咬，吞下了熊熊怒火。」「她咬著手帕使啜泣的懦弱強硬起來。」早期在有麻醉技術之前的手術時，醫生會在病患嘴內塞一塊木頭或一顆子彈（英文直譯「bite the bullet」[20]），某方面是為了避免手術時病人咬到舌頭，另一方面是避免病人因痛楚而尖叫。我們早已巧妙地（或其實是粗略的？）訓練下顎成鋼鐵大門以抵禦各式情緒的猛攻竄逃，而非康莊大道的通行門戶，讓被監禁的情感能躍向自由。

六、七歲以後，很少人有機會能每天因為喜悅或憤怒而大叫。幸運一點的或許每一、兩個星期能有機會開心到大笑嚎叫。能讓下顎肌群自然地開展和練習的機會很稀有，肌肉們也因鮮少延展拉伸而失去了彈性，緊縮了原有長度。

幸好，我們還會打哈欠。但即便是這麼具療癒性的行為也很容易為了避免冒犯他人而被削減其原有效能。你可能會在開始放鬆和延展下顎、舌頭及喉部後的過程中常打哈欠。就打吧！誘發、鼓勵哈欠的到來，來的時候讓它們越深長越好：哈欠能增加身體含氧量，促進循環，並且能提供聲音渠道內的肌肉群自發性的自然伸展機會，相較於規律地練習尖叫（同樣能伸展聲道肌群），哈欠顯得謹慎又禮貌多了。

當然，要能修整恢復下顎肌群對情感衝動的原有靈敏反應，需要比打哈欠更多的練習幫助。這是必須發生的重新訓練，因為下顎肌群在面對社會時造成情緒內縮削減的「幫助」，在劇場或舞台上簡直是阻礙情感流露的混亂「倒忙」。

第一步是學會如何放鬆下顎肌群，用覺察意識揪出藏在這隱晦肌群內的緊繃張力。

用力咬緊你的後臼齒。多做幾次咬緊放鬆的動作，同時手指感覺下顎咬肌在耳朵下方順著咬牙的動作而外凸或放鬆。

手指放在耳朵裡頭，然後打個哈欠，你會感覺到顎骨樞紐在耳朵裡及耳前方臉上有動作。從此以後，這就是你聽見「下顎放鬆」提醒時，意念

---

[20] 譯註：bite the bullet，咬子彈。硬著頭皮應付，咬緊牙關，堅強面對。此用法最早見於十八世紀（Francis Grose's A Classical Dictionary of the Vulgar Tongue, 1796），早期在戰場上沒有麻醉技術卻需醫治病人時，醫生會找個東西給病患咬著。但戰場上什麼都沒有，只好咬每個軍人身上都有的東西：子彈。所以，bite the bullet 說明雖百般不願，硬著頭皮也必須堅強面對。

說服下顎放鬆之地。

步驟一

- 為了喚醒與放鬆下顎的覺察意識，將你手掌底部（小指下方）凸起的骨頭放在臉兩側的顎骨樞紐上。手骨畫小圓圈按摩下顎肌肉。
- 手骨接著沿著顴骨向前重壓滑行，往下滑至下巴讓下顎順著手一起自然掉離上顎，手骨繼續沿著下顎骨邊緣向後滑飛離臉部，下顎自然被帶著輕微向後。下顎輕掛著，嘴巴鬆鬆地張開。
- 現在想像下顎完全沒有肌肉，你的手成為所有下顎動作的主控者。
- 將一隻手的掌背放在下顎的正下方，用手把顎骨往上提，直到你感覺後排牙齒互相輕觸。

讓整個下顎重重地鬆懶落下。（若你感覺前排牙齒在相碰，有可能是你的手帶顎骨上提時多了一個往前推的方向性。嘴巴自然咬合狀態中，下顎向前推到讓前齒互碰的情況是相當罕見的。）

注意，相碰的是後齒，不是嘴唇。

這時若把手拿開，你的下顎非往下落不可，因為先前已建立了下顎完全沒有肌肉支撐的前提。

- 手一拿開，顎骨就會下掉。
- 想像耳下方的後顎骨硬角上吊著小鉛球，帶著整個顎骨更下沉放鬆。
- 用手掌背上提顎骨，闔起兩顎。
- 手挪開，顎骨下落。手回來再度上提顎骨，回到關閉位置。

重複練習幾次。

你的心智意念應於過程中仔細觀察顎骨樞紐內的結果變化。因為不再需要主動壓下顎讓它呈現「下掉」之姿，樞紐機制內的韌帶與肌肉應能在下沉之時慢而輕柔地被顎骨自身重量延展拉開。若你放任下顎自行主動地做這個練習，你不但會使其肌肉彈性受損，也更增加其肌肉的控制慾和控制力。

這是顎骨不會脫出頭骨下方內縮凹槽顎樞的自然開展程度。

步驟二

- 頸椎延展，頭輕鬆浮在頸椎的最頂端。兩個大拇指放在下巴正下方，食指扣於下巴上，用兩手當支點於下巴兩側穩穩抓牢顎骨。再一次，讓你的雙手代替下顎肌肉群運作移動。
- 開始時，讓上下排牙齒輕靠彼此。
- 這整個練習過程中，真實下顎肌群應為完全不執行動作的被動狀態。
- 在下顎肌完全不動的狀況下，手提上顎遠離下顎，直到嘴巴張開為止。
- 用雙手上提下顎再度與上顎相遇，後排牙齒輕碰。
- 再次，下顎完全不動，上顎上提使其離開下顎，直至嘴巴張開。
- 再次用雙手上提下顎碰到上顎。這時候你的頭應該差不多抬高到最遠的位置了（眼睛幾乎可以直視天花板的狀態）。
- 雙手帶著下顎些微往下降。
- 你的頭還留在原地，你的嘴因此張開，你的下顎仍被雙手穩穩抓牢。
- 下顎原地不動，你的上顎回放到下顎上（up and over）[21]。

◀))問答題

過程中，上顎是透過哪些肌肉運作的？接續下個練習之前，再重複一次步驟二，看能不能從觀察運動過程中找到答案。其實此練習心理層面的訓練大於生理層面，因為這是在請你的心智意念重找訊息傳送的路線，並重新命名訊息之最終目的地。所以，你絕對不能僅是機械式地操作練習。

重做上下顎練習步驟後，或許你已發現移動上顎的肌肉位於後頸部。你也有可能在顴骨下方感知到些許肌肉運動。

---

[21] 譯註：up and over，指有點弧狀運動的上顎動作，而非純粹直直往下低頭的感覺。頭此時位置幾乎能讓眼睛直視天花板，你指導上顎的動線應以頸椎為中線：向上，向前，下靠回顎。

- 重複整個過程，明確地傳送訊息到目的地：先送至雙手（下顎），再送給後頸（上顎）。
訊息傳至雙手。
訊息傳至後頸。
以此類推。

後頸分擔了更多上顎（頭顱）運動和支撐的職責後，下顎肌肉群會更願意多放鬆。

步驟三

- 想像後頸拉長延展，使它能提供整個頭顱更強大的支持力。
- 雙手扣住下巴（拇指在下方，食指扣上方）以抓穩整個下顎骨，輕柔地像搖著鞦韆一樣帶著下顎往下後搖去，再搖回原處。同時意識到練習目的為：放鬆顎骨樞紐區域內，連接下顎與頭骨的肌肉群。

◀)) 備忘

我們無須浪費時間左右搖動顎骨，因為說話講演無須顎肌的左右運動。況且這動作既具強迫性又可能使下顎脫出關節，對放鬆沒什麼助益。此外，勿讓下顎肌肉自己執行此練習！這只會讓肌肉本身更有效率地控制和防禦你有機的溝通，完全悖離了練習目的。

現在是你讓自身呼吸和聲音源頭重新連結的時刻，一旦連結，或許就能說服你的下顎：基本人聲的成形與下顎無關，它無須幫忙。在介紹聲音形成之章節中的「巧克力餅乾」故事，就是因為熱心助人且適應力又強的下顎、舌頭及喉嚨肌肉介入了Pang與哭嚎的連結，把孩子從情感表達的危險之中拯救出來。在那情況下，你或許會稱讚它們做得好，但現在的你有選擇——是要永遠持續地被保護著，抑或選擇進入那複雜又有時極度混亂的情感領域內，並開始學習如何在這情感境界中找到方向與出口。在動盪

的情感大地中總藏有許多創造力的種子。

- 再一次將雙手扣下巴（拇指在下方，食指扣上方），抓穩整個下顎骨，輕柔地找到像盪老門廊鞦韆的動作帶著下顎往下後搖去，再搖回原處。慢慢地透過搖動讓下顎肌群更放鬆自由。

清楚覺察上下顎內部的空間。

- 清晰意識到你嘴內的屋頂屬於上顎的一部分，而舌頭則屬於下顎的一部分。
- 看清楚上下顎間空間的意象，嘆息釋放（無聲的）。氣息嘆放過此空間時，上下搖鬆下顎。

每次嘆放時都看見氣息飛過嘴腔內的屋頂才釋出體外。不要讓氣息被下顎的動作捲入而卡住。讓氣息飛過顎骨上方的空間。

聲音渠道上端的空間意象一旦明確，就讓嘆放慾望下探音波振動之源，誘引發聲。

- 音波河流嘆放過嘴腔內空間的同時，搖動放鬆下顎以證明聲音的基本形成不需要下顎肌肉的幫助。

視線直視前方，讓聲音水平地向前衝入你眼前的世界。

- 多次重複以上聲音嘆放同時搖鬆下顎的練習，接著在不同音高上嘆放反覆練習，每次嘆放音逐漸升羃。

雙手放鬆落下，下顎沒了支撐而重重下掉，接著嘆放：

- ㄏㄜ‧-ㄏㄜ‧～～
- ㄏㄜ‧-ㄏㄜ‧ㄇmmmmㄜ‧

你現在或許發現，嘴內聲音明顯變得更前面，振動也豐富多了，亦可更具體地感受到從呼吸中心至嘴內前區的聲音渠道之貫通，因為下顎不再在音波釋放的途中吞噬聲音了。

試試以倒掛之姿（upside down）重複練習：讓音波振動自尾骨湧出，像瀑布一樣嘆放進嘴內屋頂，同時雙手搖盪放鬆下顎。接著脊椎節節上建回站立姿態，持續嘆放音流過嘴內屋頂並同時搖鬆下顎。

當下顎因這練習而願意逐漸放棄想幫忙發聲的固執，你會發現自己與呼吸慾望中心的連結更明確。利用現下明確的體感，說段台詞或念首詩，

甚或唱首歌吧！這裡要滿足或傳達的是字句中含有的感覺和想法充滿之慾望衝動。

※實踐練習※

　　兩天。

第六天

聲音渠道的疏通與自由：打開舌頭意識的覺察力
延伸，鬆展，釋放 —— 敘事者

■ 預計工作時長：兩小時

● ●

　　接下來即將疏通釋放的聲音渠道區域是舌頭。我身為對人聲研究幾近狂熱份子的聲音老師，技術上來說最令我瘋狂著迷的主題就是舌頭。這份迷戀最終是徒勞的，因為只要說話者的情感能與真相結合，舌頭就會盡忠職守地做該做的份內之事——將這情感內包含的特定智慧與訊息透過舌頭而構音，具體轉化成清楚字句，完成傳達。

　　但是，舌頭能在前往理想目標之路途上，巧妙地構建幾近真誠之假象，加油添醋。我們必須先說服舌頭：自我編構的天花亂墜，永遠不會比已結合情感與氣息的聲音所訴說之故事來得動聽。聲音與氣息提供情感傳遞的服務，舌頭則應忠於情報之智理表達。我們體內的勞動分工到最後是沒有階級之分的——情感和智理，聲音與語言需於溝通交流中維持微妙平衡。但此處開頭的首要任務是：確保舌頭不會中途劫持那應該直入橫膈膜（呼吸中心）的慾望衝動。

　　整條舌頭均為血肉之軀。換言之，舌頭任一部位都能吸收削減或轉移每次衝向呼吸中樞／太陽神經叢的慾望衝動。尤其擅長這種干預詭計的部位，就是後舌[22]。

---

22 譯註：back of tongue，舌頭後方，張口後肉眼可見位於嘴腔後方，軟腭正下方，連結舌中與舌根。肉眼是看不見舌根的。

◀)) 作者的話

　　舌頭的緊繃張力造成顛覆聲音自由的作用力十分強大。其影響力之大，值得引用宏觀的神話來說明舌頭的行為。如果以希臘眾神與塵世俗子的關係對比人體內之心理意念與生理肉體，那諸神之家（奧林匹斯山）就會位於頭內，而凡人們則住在身體裡。有時頭腦中會像諸神家庭功能失調一樣思想混亂，而體內俗子的塵世花園偶爾也會雜草蔓延或繁花盛開。眾神們的個性或能力可以用於比喻人類行為的多方面向，但我認為把舌頭指派成赫爾米斯神（Hermes）──眾神之家和地球之間的使者，特別恰當。赫爾米斯是個眾所皆知的騙子，詭計多端，跟我們舌頭會的伎倆一樣。但偽裝在羅馬名字墨丘利（Mercury）後的他，是舌燦蓮花的雄辯者。赫爾米斯或墨丘利都不太可靠──墨丘利是商者之神，商人希望推銷成功好快速進帳，多少需要一些油嘴滑舌的能力。我理想中想僱用的人選，是同樣身為使者的鳶尾花女神愛里斯（Iris）。愛里斯同樣負責將訊息從天堂傳至人間，但其傳送訊息之媒介是彩虹：多彩而瞬逝，彩虹底下以滿載黃金的甕為基底──無論真假與否，至少這是我們從小就被告知的傳說。我想像黃金甕就像我們在脊柱最底端的薦骨區發掘出的真相，而多彩之虹代表了多彩的情感生命。若我們願承諾交付愛里斯所有職責，赫爾米斯及墨丘利便會成為完美的侍從，忠誠地為真相服務。在愛里斯的榮耀光芒之前，他們哪敢炫耀抖動自己的羽毛鞋呢？

　　在接下來的練習中，想像你的氣息與聲音就像愛里斯的彩虹帶著真誠的情感，而聽從指令的舌頭則會忠誠於真相之源，將此份情感訊息具體化且清晰地傳遞出去。

　　現在，開始觀察舌頭本身。舌根透過舌骨與喉部相連。如果你在以心智之眼的意象內觀舌頭時，同時用真的鏡子幫助觀察的話，你或許會發現，雖然相對來說你對舌尖算熟的，但口腔內後方直至喉嚨有一大塊你其實感覺很陌生的區域，而且那裡頭似乎有獨立生命體們不受控地過著自己的生活：嘴巴張開，在自然呼吸狀態下觀看舌頭向後延伸變厚之處約一、

兩分鐘，觀察舌頭是否在你沒給任何指令的狀態下有許多非自主動作？舌頭是否在中間隆起或凹下？它是很放鬆厚重地躺於下排牙齒後方，還是薄薄地向後內縮？厚厚的舌頭內有許多對心理狀態高度敏感的肌肉們。沒有人在緊張的時候會說「我很緊張，我的舌頭好緊，在嘴裡縮成一團了」，但卻常聽到「我緊張到胃（或肩膀或頭頸）好痛／肚子不舒服」。但其實任何緊張造成的緊繃，或是慣有的溝通困難阻礙，都會造成舌頭肌肉群的收縮反應，讓舌頭往後拉、壓平或拱起。

口腔喉道內會因這種收縮改變形狀，使自然的共鳴反應和隨之而來的聲音質感失真。再者，因舌頭與喉部相連的緊密關係，兩區域間的狀態會深受彼此影響：要嘛舌頭的緊繃張力蔓延到喉嚨裡而影響了聲帶的自由活動，不然就是從喉嚨延伸上來的緊繃張力模糊了舌頭構音的敏銳度。喉嚨張力也會增加橫膈膜的緊繃張力，反之亦然。當你因怯場而感到口乾舌燥，大部分是舌頭肌群的繃緊而造成唾液腺的停止運作。

爲了接下來的工作方便，我們可以視舌頭爲某種具代償性格的「熱心助人」之肌肉群之一。當你的呼吸沒有足夠的自由度去滿足溝通慾望之時，舌頭便會熱心扛下發聲責任。所以，若舌頭能聽勸在該休息時乖乖放鬆，呼吸或許能重啟自覺，進而發揮眞正職責。但謹記：能將所有人聲傳達的支撐力完整交付給呼吸機制的唯一力量，是表達的衝動和靈敏的情感捕捉能力。舌頭能支持發聲而不至於增加聲音的緊張。自胸腔瀉出的高音群高度依賴舌後肌的支持；某些頗具魅力的個性人聲，透過了舌肌群的逐漸發展而形成沙啞或嘶啞的雙音調。許多民族性歌唱形式，從保加利亞風格到韓式唱腔，均高度依賴舌頭肌肉的運用，而合唱時泛音與和聲之強化亦是如此。

但有機且最具經濟效益的聲音形成，其實與舌頭無關。人聲的全音域範圍亦無須舌肌的繃緊或幫助。情感若要能透過聲音自由地傳遞表達，舌頭必須放鬆。

赫爾米斯必須讓位給愛里斯。

學會完全伸展並有意識地放鬆舌頭，是你發展舌頭意識覺察與改變舌頭行爲的第一步。但你如果只有直直地吐出舌頭是無法充分伸展它的。因

為舌頭與口腔底部的連結方式很特別，舌從嘴裡伸出去時，其實只會連動到一小部分的肌肉。按照以下敘述逐步練習，能讓你延展放鬆整條舌頭直至舌根。

請將舌頭分成五大區塊：

1. 舌尖（在舌尖放鬆時會觸碰下排牙齒內側）。

2. 前舌或舌緣（舌頭沒有連著口腔底部的平整前緣部分）。

3. 舌中（在嘴內中央圓頂硬齶的正下方）。

4. 舌後或後舌（躺在硬齶下後方，也就是軟腭正下方的舌頭部分）。

5. 舌根（你只能透過心眼想像其意象。舌根透過舌骨與喉嚨連結）。

步驟一

• 伸展舌頭前，請讓舌尖碰觸下牙齒列內之牙齦脊，前舌放鬆微靠著下牙齒列內側。

• 意識集中於舌中，並讓舌中向嘴外拱起前捲，跑出嘴外像一個大浪般捲過下排牙齒，直到你感覺後舌被牽動帶離喉道，整條舌頭從尖端至舌根都被延展拉開。

• 接著，舌中放鬆回口腔地板上。過程中，舌尖維持著與下齒列的碰觸。

此練習的主動肌肉應是舌中肌群。當它們隆起前捲時會牽引舌頭後端，拉著後舌離開喉道向上。

• 反覆練習以上伸展與放鬆運動，並根據以下幾個提點觀察練習過程，必要時隨時調整：

舌尖若是過於重壓在下牙的齒列後，會變成不是前推下顎骨導致顎骨樞紐內產生緊繃張力，就是下壓顎骨造成喉部的緊繃。試著讓下顎向後下方放鬆落沉。可抬提上顎，使口腔上通道開展，創造更多讓舌頭自由活動的空間。

你應確保上唇與上齒列遠遠地抬離舌頭的同時，舌頭後方的咽喉亦

放鬆開展，如此便能在伸展舌頭之際創造更大的喉道空間。在你剛開始練習時，喉嚨會想關起來；要避免這情況發生的話，可以在練習時捏住鼻子檢查是否仍能呼吸。如果你在伸展舌頭時依然能透過嘴巴呼吸，喉道就開了。

　　一旦上下顎都充分開展了，讓舌中帶著整個舌頭向外伸展——維持上下顎的開合度，不要再關上。第一次舌頭延展之後，練習中唯一的動作應該只有舌頭，下顎一直保持開展。另外，練習時若輕輕微笑（笑肌上提），你或許會發現抬起上顎變得更容易些，舌頭運動也更自由。這有點像獅子嚎叫或貓打哈欠的狀態。上下牙均展露出來，顴骨笑肌上提，整個口腔喉道開展迎接嚎叫的來臨或是哈欠的到來。這種極端的動物性臉口開展[23]在人類社會中已被禮貌地文明化，也造成了現代人平均喉道展開程度大幅縮小的結果。下次看見貓打哈欠或獅子嚎叫時（照片或影片即可，不一定要現場啦），觀察牠們前伸的舌頭，有時甚至拉展於嘴外。此練習是特別設計來喚醒我們本有的動物性慾望衝動（想打哈欠或放鬆嚎叫），對此衝動的自然反應行為（大開口腔喉道，拉展舌頭與喉嚨肌群）將能開展並清空渠道，讓聲音通行無阻。

- 舌尖位置保持於下牙門齒內側，無論舌中是外捲向前延展或是鬆放回嘴內。練習時請照著鏡子，觀察自身的體感是否與物理事實相符——目前的你，尚不能採信自己現下的身體意識夠敏銳同步到能準確達成你給的指令。

　　每次練習中，舌頭放鬆平放回口腔的地板時，你應能平視過整個嘴巴直到咽喉內牆。但需確保舌頭是鬆鬆地輕放在口底，而非用力下拉製造放平的假象。

23　譯註：animal roar，動物性臉口開展。之後練習時若再看見這字眼，就可立即聯想獅子在咆叫（很多電影片頭都看得到）——牠的笑肌上提，上齒會露出，上下顎極度自由的開展著，你甚至可能看見整個口腔暴露出來。（貓打哈欠時甚至整條舌頭都會拉出來延展！）這種動物性開展最能鼓勵拉展擴張臉口內外的肌肉與筋膜。多做多益，但小心舌根不要因此下壓喉嚨反而阻礙了喉道。

步驟二

- 向內誘發一個打哈欠的深層慾望，實現慾望的同時讓舌中前捲外展，然後維持其伸展之姿。
- 舌中在嘴外持續向前拉展，同時讓氣息透過嘴巴持續進出大約三十秒左右。接著整條舌頭放鬆回嘴內原位。

觀察步驟中出現了什麼困難或障礙。

舌、唇、顎均有各種可能的緊繃張力出現模式，這裡很難完整條列出所有嘴裡可能發生的事情。只能說其中較常見的一種障礙是舌頭難以獨立於下顎，各司其職。你可能自以為在伸展舌頭，但其實是下顎在上下運動，聰明地攔阻了本來要傳給舌頭的訊息，不讓舌頭體會真實充分伸展的經驗。有時候上唇會在舌中捲出嘴外時下來碰舌，唇肌打亂了本應純粹的舌中肌肉運動。有時候整個臉部肌肉跟著舌頭練習一起展開，然後垮下，讓練習者誤以為舌頭很認真在工作。

這時唯有勤奮使用鏡子，才能確保每次訊息能直接送達舌頭，並能獨立舌頭運動，阻止其他好助者的幫忙。為了舌頭著想，你必須鼓勵它周遭的熱心夥伴在練習中按兵不動。

另一個常見的問題是伸展後的舌頭無法輕鬆平放回原位。如果舌頭本來有長期收縮緊繃的習慣，那麼不論是延展或向前外捲的動作，都會讓你感到它與本來習慣的舒適狀態是背道而馳的。這狀況會需要更多的時間和說服才能反轉那每次練習都想往後拉的肌肉習慣。

步驟三

- 向內餵養一個深層的哈欠嘆放慾望，使整個口腔喉道打開，從下內腹區域湧現的音波振動被深長嘆放「ㄏㄚ‧～ㄚ～」（haa-aah）通過聲道後釋出，在聲音釋放的同時伸展放鬆舌頭三次：
- ㄏㄚ‧－ㄧㄚ‧－ㄧㄚ‧－ㄧㄚ‧－ㄧㄚ‧～（Haah-yaah-yaah-yaah-yaah）

不要試圖「製造」對的聲音。跟著物理性的指示一步步來：餵養想

要嘆放「ㄏㄚ‧～ㄚ～」的慾望衝動，實現慾望之時，舌中捲出延展後放鬆，重複三次──在在證明聲音的基本形成無須舌頭的介入。

　　重複了幾次嘆放聲音時舌頭隨之伸展後再放鬆的練習之後，停下來休息一下。此時，感受你口腔和喉道的體感為何。有可能感覺嘴內空間變大了些，意識上感受並看見更多聲道內空間的擴張。利用現當下的體感意識，找到並觸碰聲音：

- ㄏㄜ‧-ㄏㄜ‧（Huh-huh）

　　接著向內餵養一個深層嘆放的慾望衝動，在慾望釋放之際，感覺音波振動倒入雙唇：

- ㄏㄜ‧-ㄏㄜ‧ㄇmmmmㄜ‧（Huh-hummmmuh）

　　觀察聲音流經整個聲音渠道時，是否出現任何新的不同的感知或印象，而音波振動本身是否帶給你任何不同的感受。

步驟四

- 舌頭放鬆地躺在口內地板上，舌尖輕碰下牙齒列內──這應是舌頭在放鬆狀態時的基本位置。更明確地說，放鬆的舌頭前端輕靠在下牙齦內側與下牙齒列之交界處。
- 現在，將注意力放在舌頭中段。舌中溫柔地反覆向前隆起和回放，像前一個練習的縮小版本。這次嘴巴的開展只需跟平常放鬆狀態一樣，不用太大。下顎保持放鬆，與上齒列的距離不超過1～2公分（半英寸左右）。前面的練習我們伸展了舌頭，現在即將開始舌頭的放鬆。
- 整個練習過程，舌頭都待在嘴內。用你的小指放在側邊兩齒列間，可以避免你在放鬆舌頭時嘴顎過於開展。但請不要咬手指！
- 將舌中向前弓起再回放，前捲後回原位等的動作，速度慢慢增加，直到你感覺舌頭輕柔地因反覆的前後動作，慢慢被搖動而鬆開整條舌頭。

　　記得，你是在放鬆舌頭，不是在鍛鍊肌肉，也不是在伸展。

- 搖鬆舌頭的同時，嘆息釋放無聲的純氣息。想像嘆放的氣息飛經

　　嘴內屋頂後釋出──不要讓它掉入正在運動的舌頭裡。

　　氣息的流洩和舌頭的運動各自獨立進行。

　　你的下個目標是運用對舌頭之覺察力，觀察在聲音加入練習後，舌頭是否能保持放鬆。練習內容為：從呼吸中心釋出聲音的同時搖鬆舌頭，藉此證明舌頭在基本聲音的製造過程中是毫無責任的。

步驟五

- 向深層的呼吸區域餵養一個嘆放的慾望衝動，接著釋放這充滿音波振動的慾望──在音高上嘆放長穩的「ㄏㄜ‧～ㄜ‧～」。
- 當嘆放的聲響流經嘴內屋頂時，搖動放鬆舌頭。
- 舌中的前後搖鬆是為了擺脫它身上的任何緊繃張力，並阻止它在發聲過程中幫忙的可能。
- 想像源源不絕的音流從你的身體中央上湧，經口腔渠道釋出，同時鬆搖舌頭──看見聲音之河流過舌頭上方──多次輕柔地前捲隆起後回放。
- 為確保下顎按兵不動，再次把小指頭放在側邊兩齒列間：嘆放音流過嘴內屋頂的同時鬆搖舌頭。若小指與兩齒列的距離維持不變，就證明了下顎並無參與練習。

　　當你能給出相當明確的生理訊息時，練習就會成功。試著不要被自己耳朵聽到的聲音結果分心。此階段，應探索透過清晰的心理意象及給予自己明確的生理指示時感受到的各種體感。若沒有舌頭的話，你的聲音便能完全自由地流過一個寬廣無阻的通道。想像若舌頭是種可卸除的裝置，可以在你每次健「聲」時把它拆下來放在桌上，享受那種發聲時無拘無束的自由感的話有多好。直到需進入構音成句的階段時才把它接回嘴裡。接下來練習的目標就應該是盡可能地擺脫舌頭的束縛，並觀察練習過程中聲音是否改變了；若有變動，則記錄下來其改變為何。

　　持續練習步驟五，並套用以下意識覺察的要點：

- 向感覺／呼吸中心餵養一深層的嘆放衝動，在音高上釋放這慾望衝動：

• ㄏㄜ · ～ㄜ · ～

ㄏㄜ · ～～

• 在滾滾音波流動之時，快而輕柔地前後鬆搖舌中。創造並再造新的嘆放慾望，在不停升高的新音高上持續釋放音流，在舒服而不硬推的狀態下讓音高一直上走。

於此同時，仔細注意(1)下顎保持放鬆；(2)每次腹部放鬆，讓氣息自然下沉入體內；(3)音越高，嘆放的氣息越飽滿；(4)聲音水平式的向前經口腔通道後釋出，不要讓音流掉進舌頭裡，然後被舌頭拉回喉嚨。

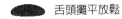 舌頭攤平放鬆

 舌頭前捲隆起

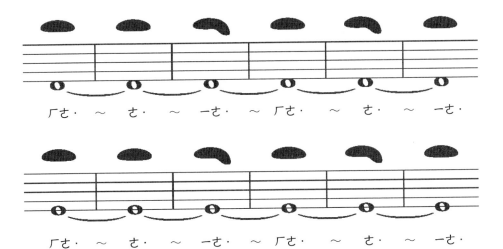

• 現在，拓展你的覺察意識至聲音本身，觀察在舌頭運動時，聲音樣態如何變化。嘆出的音波振動不再只是直接的「ㄏㄜ · ～ㄜ · ～」，而是舌頭的運動構成了不同的口腔內空間形狀，因此

形塑成不同的聲音構成。注意當舌頭前捲隆起時構成什麼音響，舌頭攤平放鬆後聲響又變爲何。你可能會發現舌頭前捲時，聲音聽起來像個鬆鬆的「ㄧ˙」（y），所以變成這樣：

- 厂ㄜ˙-ㄧㄜ˙-ㄧㄜ˙-ㄧㄜ˙-ㄧㄜ˙（Hu-yuh-yuh-yuh-yuh）
- 重複舌頭鬆搖練習，並清楚意識到隨意且輕鬆的身體動作輕鬆構成了「ㄧ˙」（y）的聲音結果。

身體意識是此處工作的重點，你可以藉著聽覺所觀察到的聲音結果更加擴展覺察力；但如果你只是重複說著「厂ㄜ˙-ㄧㄜ˙-ㄧㄜ˙」這句子，就會練習到完全違背初衷的結果——你把舌頭當作咬字工具使用，還順便鍛鍊一下它的肌力。這些練習本意是爲了移除舌頭在基本聲音形成過程的幫助（阻擾）。這是極爲關鍵的重點。

請更加注重在體驗嘆息釋放的眞實體感上，而非擔心聲音的結果。

步驟六

爲了重新設定慾望衝動之路徑，在重複步驟三的舌頭鬆搖與音高嘆放練習的同時，將以下意象融入練習中：

- 具體地感覺音波河流從呼吸中心湧出，流經口腔內舌頭（一個放鬆且不擋路的舌頭）之上的空間。

音流屬主動性質，積極地釋放能量。舌頭的鬆動則是被動性質。

- 想像橫膈膜的圓頂中心、嘴腔內的圓頂中心以及頭骨的圓頂中心有條通道（水經過則成渠道），使三個圓頂齊整相連。想像聲音河流自身體深處沿著此渠道經三個圓頂中心噴湧出體外，同時鬆搖舌頭。
- 在音高（升冪，逐漸升高）釋放中完整重複此步驟，同時脊椎節節下掉，放鬆上半身呈現倒掛姿態（upside down）。接著嘆出音波振動，讓聲音隨著地心引力像瀑布般流經三個圓頂後釋放落出體外。
- 跟著逐漸降低（降冪）的音高嘆放，緩慢地節節上建脊椎回站姿。

不要因爲音升高就用力緊推，運用舌頭放鬆的意識，開始探索新的高音領域。

步驟七

- 舌頭鬆放於口內底，舌尖輕靠下齒列內側。在橫膈膜中央找到聲音的觸碰後，嘆息釋放：厂さ‧-厂さ‧。
- ∆厂さ‧-厂さ‧ㄇmmmmさ‧（Huh-hummmuh）
- ∆〰〰ㄇmmmmさ‧（Mmmmuh）
- ∆
- 嘆放鳴聲，同時頸頭轉圈放鬆；換邊轉，重複約兩、三次。
- 嘆放鳴聲，同時脊椎節節下掉。∆（氣息交替），開始節節上建回站姿，同時嘆放聲音；在升冪（脊椎下掉）與降冪音高（脊椎上建）的過程中，重複兩、三次同樣的練習。
- 問題：
  跟上次練習相比，這次你有發現對音波振動之感受的任何改變嗎？現在嘴巴感覺如何？
  呼吸交替的方式有任何改變嗎？或你對呼吸的理解也因此改變了嗎？
  你現在感覺如何？又感受到了什麼？

下一步，我們將持續這身心重設的過程。雖然舌頭的運動方式不變，但思考過程會更精細，目標需更明確。下一個練習將建基於此前提之上：舌頭若自由，聲音的動能將更向前且不受阻地抵達嘴腔前區。明確的思維過程會強調在練習鬆動舌頭時特別將意識注入前舌，要求舌頭帶聲音向前滾入牙齒內。

步驟八

- 如步驟四之練習，舌中前捲弓起（舌尖放在下排牙齒內側）後，維持前捲之姿不動。
  注意口腔內舌面與上排牙齦脊之間有個非常狹窄的空間。
- 從呼吸中心嘆放音波振動，讓聲音流過那狹窄的通道。這時，聲音被狹窄通道重新塑形，自然地構成「厂ー‧」（heee）音。把玩一

下舌頭位置，直到你感覺聲音振動實實在在的頂碰著上排齒列。

- 現在，先嘆放無聲的「ㄏㄧˋ」氣音，目的是感受到氣息刷過舌面後飛入上齒。維持相同的體感，但讓氣息轉換成聲音振動。

- 舌頭攤平放鬆在嘴內地上。舌面與上排牙齦脊間的空間因此變大了。在空間不變的狀況下，嘆放時構成的聲音將只會是「ㄏㄜˋ」（huh）。

- 反覆把玩一下舌頭的兩種位置：舌中往前上弓起，前捲聲波成「ㄏㄧˋ-ㄏㄧˋ-ㄏㄧˋ」（hee-hee-hee），而舌頭放鬆躺著時，嘆放的音構成「ㄏㄜˋ-ㄏㄜˋ-ㄏㄜˋ」（huh-huh-huh）。

當你讓心智用清楚的意象帶領你從「ㄏㄧˋ-ㄏㄧˋ-ㄏㄧˋ」（舌中前捲弓起）轉換到「ㄏㄜˋ-ㄏㄜˋ-ㄏㄜˋ」（舌放鬆回原點）時，舌頭真的在「ㄏㄧˋ」時前送聲音入齒，並且在舌頭回放時音構轉為「ㄏㄜˋ」，音流持續向前釋出體外。

讓氣息自然在每次新的音聲嘆放間交替。不要失去與身體中央嘆息釋放根源的連結。

- 反覆練習以上，每次均搭配升冪或降冪之音高釋放。

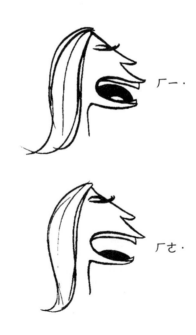

- 接著，嘆放出新音波振動的同時，在過程中讓「ㄏㄧ‧」和「ㄏㄜ‧」轉換三次。
- 餵養一個深長的嘆息釋放衝動，音波振動上湧流經弓起的舌中而成「ㄏㄧ‧」，舌頭回放後變為「ㄏㄜ‧」，一樣的過程再練習兩次。

以逐漸升冪之音高反覆練習

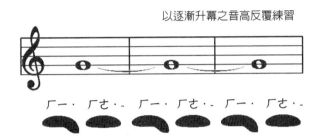

- 接著，重複以上步驟，但這次把所有連結的氣音ㄏ（h）拿掉：

以逐漸升冪之音高反覆練習

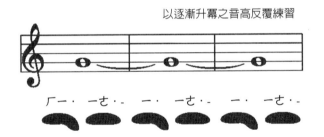

切記！創造並再創造新的嘆放衝動，以刺激新的氣息出現，與新的音高一同釋出。

這步驟和鬆動舌頭練習基本上相同。唯一的差別是在舌頭鬆動之時，心智有不同的運用。心念此時關注的是，舌向上抬離喉部時，聲波如何抵達前嘴腔。舌頭一旦全然放鬆，此種明確特定的思維過程將更容易體現。

我也開始在練習中鼓勵你去探索較高的音域。在建立了許多放鬆的意識覺察後，你現在可以放膽試探更強大的需求或目標，並於滿足慾望之際，運用敏銳的覺察意識消除過程中各種不必要的白費功夫。

　　觀察看看舌頭在音變高時跟釋放普通舒服低音時的行為有什麼不同？它的前捲隆起還能維持一貫的輕鬆姿態嗎？

　　它躺在下顎內的時候一樣柔軟嗎？一隻手指放在下巴後方軟軟地連接喉嚨的區域——在那兒，你應該感覺無論舌頭有沒有在動，都一直維持柔軟的狀態。在練習中的第二部分（舌頭放平回口內地板）是真的放鬆嗎？還是其實它在偷偷往後拉？

　　這些時刻不是仰賴你主觀意識的時候。你暫且還不能相信自我覺察的能力。照鏡子，觀察舌頭在處理較高或較低音時，會出現何種變化或行為。這個練習最終應會引領你的舌頭，無論是面對較高音或較強烈的情感或較強大的音量等不同聲音要求時，始終輕鬆自如。面對各種溝通需求時應以自由的氣息和共鳴做出反應。舌頭必須空出來處理繁複的構音工作。

　　當你帶著逐漸往上拓展音域的目標而持續反覆練習步驟八時，特別去觀察當自己的舌頭開始變硬、收拉、縮起或緊張時，對應的呼吸肌群有什麼動作？你將發現當舌頭緊張時，你的呼吸區域也會緊張收縮，或反而一片死寂毫無動作。

　　你舌頭的用力是替微弱、懶惰或毫無生命力的呼吸運動提供代償。為了在音變高時給予舌頭相同的自由度，你唯一的想法應該是從更深層的體內嘆息釋放更多，解脫更多。這會提供必要的氣息慾望動能。此外，若你能在每次聲音源起時實在地誘發出一種真實解脫的放鬆感，那你便能從每次面對強烈（溝通）需求時會有的慣性反應中被解放——這慣性反應通常是「我不行」或「如果我再努力點，如果我用力點，如果我狠下心去努力到有點受苦受難的地步就會成功」。你不用受苦受難，你不用硬做。真的，嘆息釋放就好（重點在「釋放」）。這樣的態度能夠啟動身心反應藍圖的建構，從而導向你自由人聲與自由情感相互依存的互惠。

舌頭的地板練習

　　請持續跟自己的舌頭玩放鬆和延展的練習。不過，你可能在先前的練習中因為太專注在舌頭上而失去與自身深層體內呼吸意識的連結。現在將藉由地板所提供的優勢更幫助你探索的過程。

步驟一

- 輕鬆躺在地上，慵懶地變成對角的斜向延展姿態。
- 讓你的心眼下探至較貼地的那個髖臼裡，在此處餵養一深長而充滿感覺想法的釋放衝動，氣息下沉進髖臼，實現慾望時聲波湧現，沿著軀幹內寬廣的斜向河道流出體外。
- 現在，玩玩這有點天馬行空的意象：想像你的舌根被種在這個髖臼裡，整條舌頭則住在長長的斜向河道中，直直連到嘴內。舌尖依舊輕靠下排牙齒內側，延展舌中向前捲伸進空氣中，然後放鬆回放嘴內。
- 下一步：再一次，從髖臼嘆放深長的音波河流至嘴內，音波之流外洩的同時，你拉展自己巨大的舌頭捲出體外，接著放鬆回原位。
- 變換音高，反覆釋放練習。
- 嘆放音流之際，拉展你的巨舌三次（舌中出嘴伸展後回放嘴內，是為一個循環）。
- 嘆放的基本音流會構成音：
- ㄏㄚ‧～～ㄚ‧～（Haa-aa-aah）

整個喉部聲道需像打哈欠般的開展，才能提供舌頭前捲出嘴的足夠空間——讓自己進入動物性臉口開展之姿（animal roar，見隨文註23）。

而流經這開展之姿的音流會形成：

- ㄏㄚ‧－ㄧㄚ‧－ㄧㄚ‧－ㄧㄚ（Haah-yaah-yaah-yaah）
- 換另一邊斜向延展姿態後，重複以上步驟。
- 依據你自身的需求，在升冪或降冪音高上多次反覆練習，直到你感覺身體越趨熟悉過程，讓練習成為真實的經驗。

步驟二

- 雙膝浮到肚子上方，讓其中一隻腳掌落下碰地。雙手交扣放在另一個膝上，接著用手溫柔地上下搖晃膝蓋。想像膝蓋的搖晃是震

央，大腿因而地震，地震蔓延到髖臼內。想像音波被嵌入髖臼的大腿骨頂帶來的地震顫開震離。

- 再度想像舌根種在髖臼內。在髖臼內的聲音泉源中浮現了一個深層的嘆放慾望，在慾望實現而嘆放音流時，手上下搖動大腿骨並同時鬆搖口中舌頭。

有點像是從你的髖臼內鬆搖整條舌頭似的。

- ㄏㄜ‧-ㄧㄜ‧-ㄧㄜ‧-ㄧㄜ‧～（Huh-yuh-yuh-yuh-yuh）
- 在升冪或降冪音高上反覆練習——記得：每個在音高上的新嘆放慾望都需要新氣息衝動的餵養才能實現。
- 腳掌放鬆著地的同時換另一膝蓋上浮。重複練習膝蓋 / 大腿骨 / 舌頭鬆搖練習。
- 放鬆，腳掌落地。

換腿，反覆在不同音高上交替練習。

- 接著，雙膝往其中一邊的地板下掉，連動軀幹與手臂，變成了半胚胎狀（semifetal）[24]姿態，或稱新月之姿（half-moon）：蜷曲的側躺，脊椎成C型拉展著，一隻手臂可以舒服地枕在頭下。

這幾乎就算是種睡姿了——請當自己就是個享受平和寧靜的嬰兒，肚子圓鼓鼓的。現在，我們玩個全新的意象，替本來的自然呼吸慾望中心搬家：氣息自由地進出位於肚臍後方的一個「藏寶袋」。

- 允許一個微小的聲音嘆放慾望進入肚臍後的呼吸袋，然後跟著氣息離開、釋放。
- ㄏㄜ‧（Huh）
- 現在，餵養一個中型的嘆息釋放衝動，氣息和輕鬆的「ㄏㄜ‧～～」音波一起嘆出時，重複前面步驟六的舌中鬆搖練習。
- ㄏㄜ‧-ㄧㄜ‧-ㄧㄜ‧-ㄧㄜ‧～（Hu-yuh-yuh-yuh-yuh-uuh）
- 緩慢而奢侈地伸懶腰，仍維持側躺。手腳開始向後拉展後彎（想

---

[24] 譯註：semifetal，半胚胎狀。想像嬰兒在媽媽肚子裡未成形的捲曲著，側躺在溫暖的子宮裡。這是個很有安全感的放鬆姿勢。

像本來脊椎的正C變成一百八十度的反C），兩手臂延展過頭，雙腿延長，從手到腳拉長成一個大大的反C──這叫做「蕉式延展」（banana stretch，最後拉展成像條彎彎的香蕉般）體位。

- 誘發一個帶著笑意的哈欠（更能鼓勵動物性的臉口開展），並讓嘆放衝動下衝到被拉開的肚子裡，然後接續著大大的舌頭延展放鬆。

- ㄏㄚ·～ㄧㄚ·-ㄧㄚ·-ㄧㄚ·-ㄧㄚ·～（Haah-aah-yaah-yaah-yaah-aaah）

- 即刻放鬆回彈成半胚胎式側躺姿，並立即讓你的兩膝擺盪身體，往另一邊地板翻去成半胚胎式側躺。

- 在半胚胎式姿態下重複鬆搖舌頭練習，接著伸懶腰成蕉式延展，在手和腳趾都盡情延伸至頂時，舌中捲前出口延展再放回原位。

- 放鬆回彈成半胚胎式側躺。

- 現在，雙膝向另一邊擺盪，軀幹隨著擺盪的動力繼續翻轉直到雙膝著地，屁股坐在腳跟上（或接近腳跟），前額碰地。

此為摺葉式（folded leaf）體位：傳統瑜伽練習其他名詞有孩童式或石式，但我喜歡對折的葉子這個意象。

在摺葉式姿態中，你必須深層內觀找到自然呼吸韻律。待在這姿態中大概一分鐘，直到你真的全然放鬆所有肌肉。地心引力將脊椎從尾骨至頭拉開成長長的弧線，兩片肩胛骨遠離彼此向兩邊下掉，你的肚子鬆鬆地掉到大腿上。

微小的氣息交換是你的生命力泉源，讓這氣息交換的場所深入到薦骨前方──那在薦骨和恥骨間的神祕存在。

在這接近薦骨的空間內，找到你聲音的觸動。

- ㄏㄜ·-ㄏㄜ·

- 在這摺葉姿態中重複舌頭鬆搖練習，想像音波振動沿著脊椎流過後頸與頭頂，穿過臉中間才掉到地上。

- ㄏㄜ·-ㄧㄜ·-ㄧㄜ·-ㄧㄜ·～（Hu-uu-yuh-yuh-yu-uu-uh）

- 新的嘆息慾望下探到薦骨之深谷，新的音高衝動湧出。

舌頭滾動聲波進你的上齒：

- ㄏ一‧～一ㄜ‧-一ㄜ‧-一ㄜ‧（Heeeee-yuh-yuh-yuh）

（舌中　（舌緣搖
前捲）　晃放鬆）

- 上提全身成四肢著地像嬰兒要開始爬行一樣，接著腳趾扣地，尾椎上飛入天，頭幾乎維持在原地。現在的你又回到熟悉的上半身倒掛，脊椎臣服地心引力之姿了。

維持聲音均自薦骨湧出的意象，看見音波流經脊椎、頭骨、嘴內屋頂後瀉出體外。

- 在逐漸降低的音高中緩慢地上建脊椎，同時鬆搖舌頭，舌頭前滾音波釋出：

- ㄏ一‧～一ㄜ‧-一ㄜ‧-一ㄜ‧

- 在你上建脊椎回站姿時，保持自我意識處於軀幹底部的深層體感。慢慢來，讓整個上建回站過程中，至少有五次嘆放音波同時鬆搖舌頭的時間。

不要因為站好了，自我意識就跑回腦子裡——維持自我感知仍住在充滿生命力的深層骨盆薦椎區域的圖像。

- 再次，找到聲音的觸碰：

ㄏㄜ‧-ㄏㄜ‧（Huh-huh）

- 遊走。說些文本、台詞。觀察自己是否有任何地方感覺不同。

◀)) 作者的話

在地板練習中，我不停地鼓勵你看見並感覺自己思維／情感的嘆息釋放衝動源頭總是從身體深處出現，又讓你把玩各種氣息源頭的意象——來自薦骨或肚臍後面，或是薦骨與恥骨間的區域。但我必須重申，這些意象背後的呼吸主要煽動者仍是橫膈膜。之所以會不停介紹各種身體深處的意象，是為了刺激內腹呼吸肌群與膈肌腳（crura）的運動。橫膈膜透過由肌肉及筋腱組成的膈肌腳連結了腰椎和薦骨。

薄薄地像菇狀或圓頂狀的橫膈膜，連結了脊柱內部肌肉並持續延伸至包括髖臼的骨盆底部，形成相連的廣大腹地。有些從事聲音工作的專業人士會稱之為「骨盆膈膜」（the pelvic diaphragm），但從薦骨中心四射的廣大神經叢是發展這些深層內腹腔呼吸肌群意識的重點。

早些時候我已談過太陽神經叢如同體內太陽，薦骨則為創造力來源。薦骨神經叢，就是創造力之家。這個家是對自我體驗最深遠強力之處。複雜情感通常會在流連於薦骨區域的意願高時被誘發。回看「薦骨」一詞的起源，大約於古羅馬時代被命名為「sacrum」。它的拉丁詞字根與英文「sacred」（神聖）相同。在前古典時期，薦骨這三角骨是獻祭眾神的祭品。印度教中，薦骨是「昆達里尼」（kundalini，或稱拙火、靈量）的所在地，而昆達里尼被視為最強大的生命體精神能量（亦可想見會不時出現的危險性）。他們視昆達里尼為一條蛇，其力量可以是超越力或破壞力。密宗傳統認為，人類行為中必須控制且謹慎地分開昆達里尼之性能量和靈性精神力，但性能量與精神能量共生於薦骨中。教會在歐洲中古世紀期間明確設下所謂的「安全警戒線」之前，以經驗層面來說，性（sex）與靈（soul）是無區別的。精神（spirit）一詞具雙關涵義，這也是為何幾世紀之後莎士比亞利用其雙重涵義達成了極佳文學效果：「精神上（spirit）羞恥的浪費（waste，亦有著『射出』的意涵），是行為的淫蕩（lust）[25]……。」在原

---

[25] 譯註：此為自譯，以方便文後接續的釋義。原文節錄自十四行詩，第129首。
Sonnet 129：Th'expense of spirit in a waste of shame, is lust / In action ...

文的某層面上意味著淫慾玷汙了靈魂，造成精神墮落。但就字面上看，它也意味著淫蕩就是精子射出在可恥的身（腰）上。我們若能使心智／身體呼吸訊息系統拓展到涵蓋薦骨與太陽神經叢，更能使自身更開放並接受自己在創造性和情感領域中各種直覺的、自發的、反射性的行為反應。

上列地板練習便是為了此種身心重新調節而設計的。以此目標為前提，持續練習並時時在過程中提醒自己練習的緣由，身體會慢慢司空見慣將其變成你「自然的」身心運作方式。

在你持續疏通開展聲音渠道的練習時，莫忘與自身的深層呼吸連結。目前的地板練習至少提供了一個附加效應，能使你體驗到聲音振動自骨盆到頭顱的身體骨架內蔓延——你，就是自我聲音的實質體現。這些豐富而具體的聲音振動需要的是寬闊無阻的通行道。下顎與舌頭練習有助於喉嚨通道保持暢通，但喉道中有另一重要份子，我們必須給予它最大自由才更能維持通道的開展——軟腭（soft palate）。軟腭有時會造成聲道的交通阻塞，甚或致命的交通事故。如果這部分連結喉部與嘴腔的通道被關閉，聲音振動亦隨之消弭。若軟腭半關著，則將抓著聲音不放使之變形。

※實踐練習※

舌頭和下顎均需規律而長期的練習才能放鬆。日常生活會不停積累其緊繃的張力。有鑑於此，你也應該日常地按摩並搖鬆下顎，拉展且鬆搖舌頭。這是畢生永續的練習方法。在往下一個新聲音渠道練習邁進之前，先耐心地探索這兩個工作天內容之練習，為期至少一週。

第七天

聲音渠道的疏通與自由：軟腭
開展與其柔軟彈性──空間

■ 預計工作時長：一小時以上

● ●

　　我已經帶領你以「否定之路」[26]爲核心概念，與你的下顎和舌頭工作：舌顎肌群毫不介入，讓呼吸肌群能好好的自由工作。緊繃張力的移除是爲了讓新事物能發生。下一步，我們將更正面而直接地靈活軟化某些聲音通道的部分肌肉群。事實上，「否定之路」的理念仍將貫穿整個章節，因爲此次練習目的是消除軟腭肌肉結構內的怠惰狀態，喚醒其原有非自主性質的靈敏反應，好讓久未使用的共鳴通道恢復功能，發揮潛力。

　　形成口腔上部的顎（the palate）：前方硬而骨感（上齒後的上牙齦脊），中間堅硬且呈圓頂狀（我常提到的口內屋頂），後方則柔軟而肉感（軟腭）。小舌（the uvula）從軟腭後面的中間垂下，吊在後舌上方，是個小小肉感的附屬物。有些人的小舌很長，而有些人的幾乎看不見。長的小舌可能會導致聲音嘶啞或喉音很重；有時小舌會削減高音域區的清晰使用度。這些情況都能在規律並有意識的軟腭練習中，使小舌變短，聲音渠道更顯暢通。

　　在小舌的兩側是純粹肉感的軟腭。爲了工作之便，我們可視軟腭爲從喉至口的一個門廊，或通往共鳴腔體中上部分的重要活動門板。

---

[26] 譯註：via negativa，源於拉丁文，有「無為而治」之感。我不主動做任何事，而是讓事情發生在我身上。更多詳述，請參考此書改編版《人聲探索旅程手冊》。

　　沒有規律且長時的聲音相關練習，軟腭容易變得懶惰或僵硬。如果它懶懶的，會像厚重的窗簾一樣垂下在口腔後部，吸收並消減音波振動。這樣的情況讓聲音難以在經過口腔時清晰不受阻。有些振動會停滯在門口（也就是喉口交接處），有些則會被重導進入鼻子。說話會出現鼻音，幾乎都是因為懶惰、死氣沉沉的軟腭引起的。若軟腭僵硬，聲音就會較單調。軟腭的功能之一是在對應音調變化時，其肌肉張力會細微改變，幾近隱形地隨著音調升高而上提或因音調降低而下沉。自由的說話聲中，音調自然會隨思維變化而不斷變更，因此，要想達成準確而精細的溝通，軟腭擁有在非自主性層面上的反應能力之自由度是關鍵。軟腭肌的僵硬或懶惰會阻礙此種反應機制。軟腭在說話時的運動相當精細微妙，但對「釋出高音」想法的向上提升反應卻很易見。嘴腔需張大，照鏡子才能深入看見軟腭。現在，想著要唱一個高音──不需要實現，想就好──你應該立即能見軟腭非自主性地反應了這唱高音之想法而上提。若你真的唱出來，搞不好它的反應還沒這麼敏捷呢！即使慣有的肌肉用力反應可能已烙印在你發聲的習慣上，慾望念頭和非自主性軟腭的反應仍可能維持本初的良好關係。

　　我會不停重申此些運動在神經系統內非自主性層面上自發性的事實。今天練習目的是恢復與活化此些非自主性機制的連結。但是你若因為觀察到軟腭會反應高音想法而上提，結果你從此在唱高音時就自顧自地上提軟腭，那就完全與初衷──找到並釋放自然的自由聲音──背道而馳了。雖然意志（顯意識的心智）無法提供足夠精微的肌肉運動操作，以完整傳達自由人聲中的複雜表達力，但是透過意志去練習，能增強與調節肌肉，對非自主性需求有更敏捷之反應。首先，我們視軟腭為喉部接嘴腔之入口處，做些練習。等到肌肉放鬆活化了，音波振動會更容易蔓延進入臉與頭部共鳴腔，讓軟腭終於能名符第二個綽號「活板門」[27]之實。

---

[27] 譯註：Trapdoor，又稱活動天窗、墜門、地板門等，取決於其位置。歐美國家中的房子通常有個活動的門連結到閣樓或天花板內的儲藏空間。這種活動板門通常有個活動門插鎖，一拉開會有梯子下掉，人便可以爬梯進房。通常隱入四周環境裡，不太顯眼。

步驟一

　　拿個手電筒（直接光源）照入張大的嘴內，照鏡子先找到軟腭的位置。

　　鏡子放下，放鬆嘴巴但不關閉。非常溫柔地，像悄悄話似地無聲嘆出「ㄎㄚ‧～」（kaah，像把音韻拿掉的「啊」聲，專注在構音空間上）。

- 當「ㄎ‧」（k）成型之時，特別以身體覺察力與心念緩慢而細微的觀察此音構成的物理動作步驟：

(1) 釋放「ㄎㄚ‧～」（kaah）的念頭出現在腦海裡。

(2) 氣息進入身體。

(3) 後舌上抬碰觸硬軟腭交接處。

(4) 氣息暫時被擋住，困在軟腭下與舌後。

(5) 氣息在兩表面（軟腭、後舌）分離彈開時產生活潑能量迸出體外。

　　接下來的練習都視「ㄎ‧」音是透過後舌與軟腭本身形成的——比平常「ㄎ‧」的發音位置更深入口腔內裡一些。

　　接續在「ㄎ‧」音之後，想的是更明確的「ㄚ‧～」（aaah），而非「ㄜ‧」或「ㄠ‧」，軟腭與舌才分得夠開，氣息不會被捲在小舌上而淹沒，也不至於往下刮喉嚨。

- 再一次，嘆出一個清楚明確的「ㄎㄚ‧～」無聲氣音，專注在後舌與軟腭的碰觸上。

- 然後在氣息飛入體內之時，向內嘆入氣音「ㄎㄚ‧～」。

(1) 氣息進入前再讓後舌上提，碰觸硬軟腭交接處。

(2) 氣息暫時被困在軟腭之前。

(3) 當兩表面快速分離彈開之時，氣息飛入形成氣音「ㄎㄚ‧～」。

- 氣息飛出時，再度正常地嘆出氣音「ㄎㄚ‧～」，接著氣進時，嘆入「ㄎㄚ‧～」。

- 自然呼吸節奏的氣息進出體內之時，嘆進嘆出氣音「ㄎㄚ‧～」。

氣息進入身體時，「ㄎ˙」（k）會在後舌和軟腭前被很想衝進來的氣噴彈離彼此而形成；氣息離開身體時，「ㄎ˙」在舌後和軟腭下被很想衝出體外的氣噴開彈離彼此而成。

持續於氣息進出時嘆入嘆出氣音「ㄎㄚ˙～」，並關注氣息進出的不同溫度：氣進時，涼爽；氣息離體時，溫暖。

記錄嘴內哪些地方被涼爽的空氣吹拂到。

確認舌前部是否保持放鬆，舌尖輕碰下齒列內側。

一手放在呼吸區域，感受身體中心對活潑生動的聲道運動產生的活潑反應。

現在，仔細觀察在嘆入氣音「ㄎㄚ˙～」時，涼爽氣體衝入而打到快速上提的軟腭表面之體感。

- 開始鼓勵在軟腭區內給涼爽氣體更多空間的可能。
- 同樣地，氣息離體同時嘆出溫暖的氣音「ㄎㄚ˙～」，軟腭內空間也應給的一樣多。

你正透過練習軟腭對感官刺激之回應來增加其彈性，也同時在訓練自身思維與通常非意識控制之深奧肌群相連接──這任務僅能藉由敏銳的意識覺察力才有機會達成。

- 現在照鏡子打個誇張的哈欠，並檢視軟腭在實現打哈欠慾望時的反應動作。它會自發地上提並伸展，遠比你意識上能給予的直接指令來得更大、更廣。但若能將意識集中在這些因哈欠而連動開展的肌肉群，你便能利用此種覺察所獲得的體感進一步增強自覺性軟腭練習。

打哈欠非常令人享受，甚至很容易因太享受而迷失在隨之而來的許多感知中。但你若能專注於哈欠過程中的明確細節（甚至可以稍微調整哈欠的運動），就可添增更多哈欠帶來的助益。

◀)) 作者的話：關於哈欠（yawn）

你的哈欠方向是「垂直式」的還是「水平式」的？

許多人喜歡「垂直式」的哈欠運動，其伸展方向大部分是向下的——臉往下拉，顎骨亦下壓。若你能開始在打哈欠時注入更多意識，鼓勵水平式的肌肉開闊，便可重設哈欠運動過程，變得全方位開展，八方延伸你的肌群。這能發展出大而刻意的軟腭，喉嚨與臉部的伸展。打哈欠時應該暴露出上下排牙齒，軟腭上提並往兩旁開展，並且理應看得見內裡的咽喉後壁。

此探索過程中若能成功誘引幾次實實在在的哈欠，你便帶領了自己進入一種健康良好、可持續工作的身心狀態。你發現自己的眼睛流淚，鼻子流水，呼吸工具被刺激活化，完美地連結且清楚意識到非自主性質的身心體驗過程。

步驟二

- 看鏡子，重複步驟一。當你開始給飛入體內的涼爽氣息更多軟腭空間時，利用對哈欠肌肉的意識，讓接下來氣進而形成的「ㄎㄚ‧～」音能誘發跟打哈欠時一樣的口臉開展度。（水平向的開展哈欠，注意力集中在軟腭的上提而不是讓舌頭下壓，如此可以避免想吐的感覺。）
- 以哈欠時口臉空間延展的清楚意識上提軟腭，釋出氣音「ㄎㄚ‧～」。
- 持續嘆進嘆出氣息，每次形成的氣音「ㄎㄚ‧～」都能最大程度地讓軟腭上提與延展。
- 重複兩、三次，休息，吞吞口水滋潤可能有點乾涸的喉嚨。

確保你在練習中能獨立軟腭與後舌區域出來，因為那蠢蠢欲動的下顎可能很想參與盛事。有需要的話，可以用手固定下顎，防止它介入練習。確保每次飛入的氣息都能下衝至橫膈膜以下——不要讓胸腔上部取代那本應深層的呼吸運動。

你的喉嚨會隨著練習而逐漸習慣內衝的冷空氣，慢慢地不再被乾燥感或一開始可能引發咳嗽等困擾。別因涼空氣進入喉嚨的陌生或不適感而延宕或拒絕練習。這是個安全的練習，而且在抗拒的過程中，你可能反而更讓自己拒絕張開喉道的慣性得寸進尺。的確，喉嚨是個脆弱部位，但它很可能被過度保護的本能所阻礙而反遭損傷。

你可能發現這種開展跟之前提到的動物性嚎叫開展程度相同。不同之處是，此開展的意識顯見於口腔後方的內裡肌群上。

帶著以下細節體察並重複以上練習：

1. 動作應該活潑而非死板的執行，哈欠延展肌群應該充滿彈性。不要停在哈欠姿態上，自然一點。

2. 氣息應該自由，聲音應該輕盈而通透。

3. 小心不要拖拉氣息進來。氣息飛入的感覺應像是它前往目的地時（橫膈膜）行經了寬廣的喉道，而不是沿路像指甲刮黑板般的刮傷喉壁。

4. 練習過程中逐漸增加速度，所以質感是跳動的、快速的、輕盈而彈性的，並能同時良好的拉伸延展軟腭。

先行閱讀以下步驟，實際練習時便能快速跟隨指令。請使用鏡子。

步驟三

- 帶著熟悉的微笑哈欠延展之感，讓涼爽空氣飛進體內前形成氣音「ㄎㄚ‧～」。想像氣息一路下探至呼吸中心。

- 從骨盆底部釋出溫暖的音流，流經口腔構成「ㄏㄞ‧」（hi）音——母音像「ㄞ」，而非「ㄧ」（high，不是hit）。讓聲音振動上衝進展開的軟腭，流過口內屋頂和上齒後才衝出體外。一旦聲音釋出，舌中立即前捲出嘴，放鬆回嘴內，重複三次。最後形成的聲音結果應是「ㄏㄞ‧-ㄧㄚ‧-ㄧㄚ‧-ㄧㄚ‧」（hi-yi-yi-yi）。保持舌尖輕靠下排牙齒後方。

此練習讓聲音感受到比往常更寬廣的聲音渠道空間。更大的空間應能刺激更強大的源頭釋放，更有機會能嘗到更自由解放感覺的甜頭。與此同時，舌頭延展練習的疊加，可以避免自身無意識地重回舊時在面對較大慾

望衝動時可能慣性阻擾的反應。

- 再重複一次步驟三，用鏡子檢視你的軟腭在練習中釋放整個「句子」時，是否仍維持開展並上提的樣態。意即就算你的舌中前捲出嘴了，你應仍能直視口腔深處喉壁。

整個練習中必須一直誘發打哈欠的衝動。但是你無須真的實現這哈欠，因為你其實在氣進之時就已完成打哈欠的動作了。反而是在嘆息釋放之時要持續保持這種哈欠意識，你的軟腭才能維持上提且開展的狀態。

- 在逐漸升幂的音高上重複練習，每次氣息內衝下沉形成氣音「ㄎㄚ‧～」，然後音波振動嘆放過廣大的嘴內空間，同時延展舌中，放鬆舌頭三次。

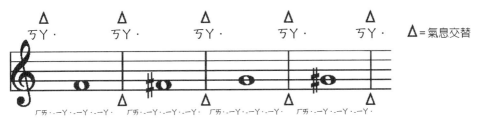

ㄎㄚ‧～（kaa）＝氣息飛入，軟腭上提
嗨（high）＝「ㄏㄞ‧」，音流從身體中央湧出
ㄧ‧‧ㄚ‧～（yi-a）＝舌中前捲拱起出嘴後再放鬆而自然構成的字音

- ㄏㄞ‧-ㄧㄚ‧-ㄧㄚ‧-ㄧㄚ‧（hi-yi-yi-yi）
- 感受氣息與音波振動在開展的軟腭圓頂與口內圓頂流通蔓延的體感。
- 伴隨每次新的氣息／慾念的出現，你看見聲音自骨盆底湧出，藉由橫膈膜的柔軟與韌性彈出，流經肋骨架後上衝出身。
- 放鬆一切。

步驟四

你已於相當技術的層面上放鬆並替聲道肌肉群暖了身，現在我想請你觀察這些聲道肌肉群會如何對想像性的刺激做出反應。

先閱讀一遍，接著閉上眼睛，像電影般用你的身心想像工具重新播放各個場景。不要預設結局。若能找到他人替你逐步念出場景意象會最為理想。

- 故事的背景是：你已經在鄉間漫遊了一整個下午，現在正要回家，繼續享受靜謐的獨處時光。你心滿意足無所求。你走到了離家很近的一個小湖邊。
- 第一景：你站在湖邊，往腳邊看去，你的腳幾乎要碰到慵懶地微盪的潮汐起落。
- 第二景：你緩慢而愉悅地開始沿著腳邊向前看去，視線往湖面慢慢地向前一路延伸——你看到鴨子們和浮萍——突然，看到一條魚躍出湖面。接續看見湖中有個小島。
- 第三景：悠閒的你，視線越過湖中小島，繼續往湖的對面看去。
- 第四景：你看見對岸有個人站在湖邊。
- 第五景：你既驚喜又興奮的發現那個人是你要好的朋友，於是呼喚對方的慾望充斥全身，喊出：「嗨ㄏㄞ～～～！」（Hi—i-i-i）
- 像第一次發生般重複上方情境，但這次要慢速播放，並且在最後呼喊時，用純氣息呼喊出（無聲的，whisper）：「ㄏㄞ～～」。

你會發現你看見摯友時，那呼喚對方的慾望衝動不僅讓你充飽氣息，軟腭也在大量氣息內衝時興奮上提。聲音之源與聲音渠道同時對慾望衝動反應，替人聲設備做好表達傳遞之準備。

- 這次，以正常速度重複以上故事情節。這是訓練自己能在不預設結果的狀態下重新創造情境。讓結果自然發生，而非你主動做造結局。

🔊 作者的話

　　以上，毫無疑問的是作為良好表演的永久基礎：創造並能每次都像首次發生般地重新創造相同情境，還能設好循序漸進的路徑，步步引領自己到達那出乎意料的時刻 —— 每次都能有機地真實重現。如此，在你持續練習較「技術」的聲音層面之際，幫助重設自己的身心工作方式 —— 確保每個當下時刻發生的事件之因果關係，總是按順序地根據慾念－感受－執行的過程。身體的內部運作深受持續湧出的說話慾望影響，而你唯一的工作便是釋放那股慾望。溝通是慾望與自由結合的副產品。

　　而費力的溝通卻太常見。你努力地想觸碰到另一方，渴望自己能被聽見。你的頭、甚至全身都用力向前推，肩頭緊繃，腹肌用力……。但是，如果你能確保在溝通開始前能先行餵養慾望（原因），那麼同樣的溝通內容（結果）可以變成完全不同的釋放體驗。

　　將剛剛你站在湖邊呼喊朋友的景象，轉換成你站在台上同時也意識到觀眾的存在。你會希望他們不只能聽見及理解你說了什麼，還能更深體會你說話的原因。這渴望被真實聽懂的心情會在中央神經系統聚集能量，轉換成交流的力量，湧至觀眾身上。

　　你不是在想「投射」聲音，你也不一定需要所謂的「音量」，你只是全然地存在舞台的當下，同時也在觀眾席中與觀眾共存。在自身全然自由的前提之下，溝通已然發生。

步驟五

　　現在，帶著對嘴內後方空間增強的覺察力，在無須刻意打開軟腭的狀況下，回到舌中放鬆的練習（先舌中微上隆起，音波振動嘆放過嘴內屋頂和舌面後，舌放鬆回原位。共重複三次）：

- ㄏㄧ‧‧ㄧㄜ‧‧ㄧㄜ‧‧ㄧㄜ‧（Heeee-yuh-yuh-yuh）

舌中往前拱起，
舌緣搖晃放鬆

- 觀察身上不同處是否體感到任何新的音波振動。

當釋放的音逐漸升高，注意軟腭是否下意識地對更高音做出反應而上揚，提供了新的聲音路徑。

- 較高的音域有變得比較容易嗎？

步驟六

- 讓後舌與軟腭相碰，這時你會發現自己必須透過鼻子呼吸。讓氣息轉換成聲，構成「ng」的音[28]。你此時的想法雖然是「嘆放有效的鳴聲」，但因為舌顎的位置不同，嘆出的音將是「ng」，而非「ㄇmmmm」。

- 持續嘆放聲音，慢慢地進入哈欠延展：上提軟腭及放下舌後。此時，聲音會開展構成「ㄚ‧～～」（aaaah）。

- 重複三次上述的軟腭開合：

- ng～ㄚ‧-ng～ㄚ‧-ng～ㄚ‧～（Ngaah-ngaah-ngaah）

- 嘴巴現在處於動物性開展之姿。下顎開展後就別再動了，讓接續的運動都發生在嘴腔內部後方。

- 在嘆放「ㄚ‧～～」音時，你應該還是能夠直視喉部後壁。

- 在升冪音高上反覆練習以上步驟。

現在用說話的音調釋放：

- ngㄚ‧～（Ngaa-i）

- 然後加上三次舌中延展（出嘴延伸）：

---

[28] 譯註：ㄥ發完之際，口內會形成的聲響，或在發英文字「sing」的最後嘴型，聲音會在後舌與軟腭上振動成「ng」。接下來的練習只要看見「ng」，便是此意。

- ng〜- ㄧㄚ˙-ㄧㄚ˙ㄧㄚ˙〜（Ngaaa-i-yi-yi-yi）
（「ㄧ」是延展舌中時構成的音。英文發音為/I/）

步驟七

- 嘆放鳴聲的同時鬆轉頭頸，並將意識放在軟腭與後舌上。鬆轉頭頸時，舌腭之間的距離也應不停隨之轉換。當頭向後下掉，空間變大；頭向前下掉，空間變小。但請記得，嘆放（有效的）鳴聲時，舌與軟腭永遠不會互相碰觸。
- 嘆放鳴聲，同時脊椎節節下掉成倒掛之姿，觀察音波振動是否在質量上（大小）或位置上（蔓延到身體各處）有所差異。接著，脊柱節節上建同時嘆放鳴聲，齊整回站姿的同時，兩唇分開，聲音釋出。
- 用說話的音調釋出「ㄏ˙ㄜ˙-ㄏ˙ㄜ˙ㄇmmmmmㄜ˙」（huh-hum-mmmmuh）。

你應該能在口腔／喉腔內，感知到比以往更多的自然空間，或許也能感受到音波振動由此出現。整體來說，你應能感覺到音波振動因為空間加大而增加許多。好好利用透過此練習獲得的任何層面上更自由的感受。

你回到舌頭與鳴聲嘆放練習時，讓軟腭根據練習自由地調整它的運動。切勿刻意維持軟腭的上提，這樣會聽起來虛假、臭屁又浮誇。

我建議接下來的軟腭練習可以躺在地上，成對角斜向延展之姿，使髖臼空間與寬廣的喉道相連結。蕉式延展（banana stretch）也很適合用來練習軟腭伸展。有創意地運用各式地板練習，結合各式聲音渠道訓練，促發彼此的相輔相成吧！

※實踐練習※

開始從呼吸至聲音的觸碰、鳴聲嘆放與地板延展等一系列的練習，並帶著明確的意識覺察去訓練下顎的放鬆、舌頭的放鬆與延展，以及軟腭練習。持續複習至少兩週。

第八天

脊椎與聲音渠道
連結——根源，旅程，抵達

■ 預計工作時長：一小時以上

‧‧‧‧‧‧‧‧‧‧‧‧‧‧‧‧‧‧‧‧‧‧‧‧‧‧‧‧‧‧‧‧‧‧‧‧‧

　　在踏上聲音渠道疏通的最後旅程之前，我想再次探索脊椎。現在你已花了許多時間去意象化各個解剖層面上的聲音結構，而能深入接觸相當深奧的區域如髖臼、軟腭，後舌等區的能力也越加敏銳。接下來，你能部署這些被強化的想創能力，發展與自身脊椎更精微良好的關係。更精微良好的關係意指身體與大腦間的雙向交流路程能更加活躍和清晰。人類身體之訊息傳遞系統是沿著脊柱雙向交流的。大腦智能其實是依靠著身體提供的電能量所產出的。

　　藉由詳細解析觀察呼吸和聲音與脊椎的連結，你能更鼓勵內腹腔呼吸肌群（尤指下脊椎和骨盆底交織連結的肌群）的本能反應運動，同時訓練大腦思維指令的明確性。我將請你獨立每節脊骨出來，個別給予指令意象，促成其運動。脊柱最低三、四節與最頂端因結構關係會互相連動。若你的大腦能獨立指示個別脊節的單獨運作，那麼很可能在面對文本時，你會具有獨立出各個字詞並釋放每個字詞內所含的明確想法或獨特情感之能力。

步驟一

- 身體（如要爬行般的）四肢著地。先讓你的脊柱與地面平行，掌心貼地放在肩膀正下方。手肘伸直但不繃緊，手指向前。頭部放鬆懸垂。

- 心眼（意念）下沉直至尾椎（或稱尾骨，the coccyx），尾椎深入臀內。臀部放鬆，大腿後側放鬆。
- 讓尾骨緩慢細膩的上指向天花板，再往下回指地板。

這是個小而內化的動作。當然，尾椎與薦骨連接，而薦骨又爲骨盆的一部分，故尾椎運動自然將連動骨盆，但注意力集中在尾椎主動性上。

- 現在，極慢地讓尾椎指向天空，並注意尾椎持續向上時，連動了薦骨與首節腰椎，但其方向反而向下，掉往地板。清楚看見每節脊骨的獨立運動，一路沿著腰部和肩胛骨之間，節節向地沉下。

到達小牛骨時，你會看見它無法避免地被牽動向上。頸椎骨們亦然，節節往上指。把你的頭骨當作最後一節脊椎，隨著節節上指的頸椎，頭骨將放於脊柱最頂端。頭持續上提，好像頭想跟尾椎碰頭。

你的脊椎現在呈現是一種彎弓狀態（arched down）[29]。

- 此刻，意識立即回到尾椎。非常明確而慢速地移動尾椎往地板下指。注意它下指的運動如何影響你的薦骨與其銜接之腰椎，開始朝天花板上提。清楚看見個別脊椎的運動意象，一節連動一節接力朝天。

意識跟隨脊柱運動到達牛背骨時，看見頸椎們接續無可避免地節節下指地板，而最後一節脊椎（你的頭骨），必須臣服地心引力而下掉。

- 腹部肌肉完全放鬆。

你的整條脊椎呈現上拱狀（像個正C型，中段脊柱高於頭尾骨），你的肚子像母老虎的肚子一樣鬆垂著。

- 心眼意識再立即回送至尾椎。非常明確而緩慢地尾椎朝天上指。讓心念意識移動脊骨，沿著脊椎路徑節節運動，直到你的頭上揚，整個脊椎再度到達上彎弓之姿（arch，頭尾骨最高，兩骨欲相碰似地向上延伸，視線能見天空）。
- 你的腹部肌肉是完全放鬆的。

---

[29] 譯註：arched，倒C般的頭骨和尾椎上揚，眼睛可斜視或直視天花板。與背拱起（rounded）、頭尾懸垂的正C脊椎位置相反，這時眼睛可能直視自己的胸膛或地板。

- 心眼意識立即送回尾椎裡，脊骨開始緩慢地運動，直至整條脊椎轉變成相反姿態（上彎弓轉換成下拱背）。
- 坐回自己腳跟上，休息。

若你僅是「執行」上彎弓脊椎和拱背脊的動作，你便成功的毀了這個練習。這就好像你急忙地說出「生存還是死亡這就是一個問題」擠在一起的台詞。你可以先試試在你快速上彎弓脊椎時，把這句話當成一個擠成一團的想法說出來。或者，嘗試想像含有「生存」的這個念頭從你的尾椎出發，經過腰部沿著脊骨旅行的是「還是死亡」。而「這，就是」出現在肩胛骨間，最後在你的頭顱上揚開展時，「問題」同時飛出。

- 重複練習。從尾椎開始，稍微加速讓個別脊骨的想法通過整條脊椎，一個脊骨都不能跳過。無論脊椎運動是圓拱脊狀（round）還是上彎弓脊姿態（arch），起始的慾望均需持續傳送到尾椎。
- 腹部肌肉完全放鬆。
- 現在，試試轉換對呼吸的想法。想像尾骨是啟動氣息的動能，是否能讓尾骨告訴你，它喜歡在上揚還是下沉時讓氣息進入。
- 接著加快意識能量從尾骨沿著脊柱到頭骨的流動速度，所以某一完整的脊椎運動方向能讓氣息衝入體內，反之則使氣息釋出。看看你的脊柱能否對你透露它在運動時對氣息進出方式的喜好。

找到自己脊椎喜歡的呼吸方法，不要讓你的肚子掌控呼吸運動。

你可能觀察到「脊椎成上彎弓狀時，氣進；而脊背變圓拱狀時，氣出」這種相對容易的呼吸方式。

抑或你或許發現自己在「脊椎上彎弓時，氣出；圓拱脊背時，氣進」反而比較舒服。

- 為了本著客觀研究的精神，請你腹部朝下躺著，頭側躺一邊，兩手攤放在身體兩側。
- 向內餵養深層的嘆放慾望，無聲地讓純粹氣息掉出你的體外。觀察你的腰部在氣息嘆出時的方向性：於此同時記錄你的尾椎運動方向。

希望在這姿態上，你應能明顯地體會到在氣進之時，尾骨微妙而明確

地朝地面下移，而腰部則是明顯地朝天上浮。氣離之時，兩者方向相反。

這個姿態能讓你體驗到呼吸過程中，下脊參與呼吸的自然有機運動。

也開始意識到當氣息進入時，你的肚子會往地下沉，腰部則上提開展，因此替橫膈膜增加了更大的運動空間。

- 回到四肢著地的姿勢，將剛剛觀察到的意識行為加入練習。尾椎下指，腹部也下掉，脊椎拱起上升，氣息進入：尾骨上揚則脊椎反彎弓向下，氣息釋放出身。

◀)) 作者的話

　　我和學生對於此脊椎練習總有著許多討論。任何學過現代舞的人都曾學過在拱起脊背的同時需收縮腹部肌肉。似乎脊背拱起的時候要讓肚子放鬆下掉是不可能的事。但為了呼吸及情感之自由，我們需能讓腹肌群與背肌群分離。你必須具備能獨立於腹肌之外的脊柱運動能力。脊柱和腹部若像連體雙胞胎一樣連著不放，你的橫膈肌就無法自由運動。學老虎肚子垂下的形象；想像彌勒佛大大的鬆肚。你不會因此突然變胖的！

　　那些很認真練仰臥起坐和伏地挺身的人，腹肌與脊柱的關係亦因此悖離自然狀態。仰臥起坐和伏地挺身於呼吸而言是沒有助益的。重新訓練此區域的最佳方法就是反覆探索呼吸，利用腹部朝下的躺姿，觀察這個區域對深層的氣息嘆放反應，接著立即回到四肢著地姿態，應用並練習剛剛的觀察。不要試圖協調動作或強行像學舞那樣的硬練。

步驟二

- 練習上述脊椎運動 —— 尾骨永遠是啟始點 —— 餵養的想法過程為：「尾椎下沉，肚子下掉，氣息飛入。」接著，「尾椎上揚，脊椎節節彎弓下沉，氣息沿著脊柱飛出，離身時形成『ㄈ‧fff』氣音。」
- 每個運動都是因心思快速流經每節脊骨而體現。

- 坐到腳跟上稍事休息。

下一步，你將聲音加入這些脊椎運動中。先閱讀過以下指示，再按照步驟練習：

- 尾椎會下沉，脊柱拱起，氣息會飛入體內，尾椎上揚瞬間產生聲音的觸動：
- ㄏㄜˋ‐ㄏㄜˋ
- 一旦腰脊開始下沉動作，兩唇關起成鳴聲（hum）：
- ㄇmmmm
- 脊椎節骨成彎弓（arch）的同時，讓鳴聲隨著脊柱的運動一起往上跑。
- 當你把頭骨（最後一節脊骨）放在脊椎頂端，嘴巴打開之際，音波振動逃出體外：
- ㄜˋ～～～
- 尾椎下沉，肚子下掉，氣息飛入，脊柱拱起變圓背。
- ㄏㄜˋ‐ㄏㄜˋ（出現在尾骨上揚之際）。
- ㄇmmmm（鳴聲沿著整條脊椎蔓延）。
- ㄜˋ～～（頭骨往上提遠離下顎，聲音逃出）。
- 在升冪音高上反覆練習。
- 坐回腳跟上。
- 再次練習時，加入以下好玩的意象：你的脊椎是玩具火車的軌道，鳴聲是一列火車。在尾椎裡，你啟動引擎「ㄏㄜˋ‐ㄏㄜˋ～」，一旦你的唇關上形成鳴聲，玩具火車便輕快的沿著軌道前行——不能跳過軌道上任何結構——在軌道盡頭，上顎打開，玩具火車向前飛出，飛往遠方神祕的藍色峽谷。
- 無須留戀或刻意拉長聲音，火車一飛出身體就離開了，讓它去吧！立即回到尾椎車站裡，準備下一個鳴聲火車（hum train）[30]的

---

30 譯註：hum train，這裡直譯鳴聲火車。可以想像聲音火車上裝載的就是hum，鳴聲。氣息是讓火車快飛的動能。讓包著鳴聲的火車沿著脊椎軌道輕快前行，最後釋放。

旅程。

- 運用以上意象重複練習。好好享受這過程。如果你能在鳴聲火車飛向藍色峽谷時愉悅的微笑更好，如此便能上提笑肌並打開你的軟腭。

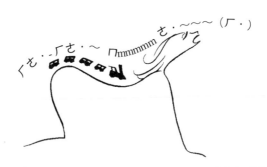

- 在音波振動釋放時讓頭骨上提遠離下顎，舌中伸展捲出三次，以證明你並無依賴舌頭去製造聲響。

你可以想像鳴聲火車飛向遠方時，你用著自己的舌頭向火車揮手告別。

步驟三：蹲姿練習

腳趾扣地，體重左右移動下沉至蹲姿——兩腿打開點，好讓整個腳底可以平放地上。

- 兩手相握，兩肘放在膝蓋（或靠近大腿處）內側，向外推開膝蓋。這是為了能更打開跨距，放鬆髖臼。
- 讓頭掉到握著的手上。
- 感覺你的尾椎重重向地板下沉，餵養深層嘆放的慾望至髖臼，氣息下探，再沿著整條脊椎從髖臼裡釋出嘆放的慾望。
- 讓下探的氣息找到聲音振動，音波振盪出身。
- 現在，溫柔地讓其中一條腿向旁邊伸展。按摩一下大腿肌肉，以鼓勵你的腿能更放鬆延伸。

- 想像你的嘴巴在腳上，而軟腭被這些嘆進嘆出的氣音「ㄎㄚ‧～」
  （kaah）伸展著。

這意象是你在開展自我的實質聲音通道時，好玩地把自己的腳當作嘴巴。而腿呢，則像條長長的喉嚨。

- 現在，把你延伸的那隻腳當支點，骨盆微微上提帶著身體游移到腳支點上。於是，另一條腿因你體位的改變而延展伸長了。
- 重複嘆進嘆出的氣音「ㄎㄚ‧～」，伸展軟腭。
- 嘆進的氣息形成「ㄎㄚ‧～」，同時移動身體換腿延展，接著嘆放出：
- ㄏㄞ‧－ㄧㄚ‧－ㄧㄚ‧－ㄧㄚ‧～（Hi-yi-yi-yi）
- 嘆出聲響時，想像聲音從一隻腳（嘴巴）沿著兩條腿（喉嚨）跑到另一隻腳上。

回到中央的蹲姿，再度將聲音沿著脊椎嘆息釋放出去──好似你的嘴巴長在後頸上。

- 尾椎朝天浮起變倒掛之姿，再輕柔地節節上建脊椎回到齊整站姿。
- 甩甩腿。
- 甩腿同時把聲音沿著腿甩出去。
- 講一段台詞或演講，念一首詩──你現在能藉由四肢著地之姿、

蹲姿或甩腿時把話語甩出，讓字句透過身體運動被釋放出來。最後當你回到站姿時，仍然維持與自己下半身的清楚意識之連結。

※實踐練習※

　　每日反覆練習。

第九天

喉部意識
開通的喉道 —— 深廣的裂谷

■ 預計工作時長：一小時以上
• •

　　截至目前為止，我們覺察並練習了許多聲音傳遞經過的渠道組成部分，包括了下顎、舌頭及軟腭。就本質而言，喉嚨其實是聲道的主要部分。在與軟腭工作時，我們也已開始與喉嚨一起工作。打哈欠時，你伸展的不只是軟腭，也連動了大部分的咽部肌群。一般來說，我應稱之為「咽」（pharynx）。但因這專有名詞並不常見，我將以「喉嚨」或「喉道」一詞，表示聲道內的軟腭後方自鼻高處起始下至鎖骨的空間。喉道包括喉部（larynx）及其周圍上下空間，它是音波振動的主要共鳴腔體。喉道後壁布滿肌肉組織，該肌肉組織應對著音調的變化而調整其運動，這些運動會改變喉道空間和調節腔體，以提供適合對應此音調的共振反饋。關於喉道之共鳴，下一章節將更全面地探討。這裡我們先使喉道成為自由開展的聲音渠道，喚醒其覺察意識並疏通開展。

　　此處主要的工作位置是喉嚨通道連接口腔的轉彎處。如果軟腭懶散且舌頭緊張，這個彎道很容易阻塞。

　　此彎道的後方和下方，由於工作目的，我們應視其為一個順暢無阻的通道，直直連接著橫膈膜與骨盆底。能越忽略所謂的「喉嚨」越好。

　　此時的唯一工作是去除彎道中可能發生的交通

堵塞，激發寬敞空間的體感，並在渠道疏通順暢時，探索與呼吸中心更直接且更自由的連結。

步驟一

- 延伸前頸，讓你的頭盡可能往上且後傾，但不至垮壓於肩上，舒服不勉強的拉展。觀察聲道空間因為此姿態而造成的改變。

這是一條直圓柱般的通道。氣息或聲音均能不受阻礙地自骨盆底部上湧到天空。沒有轉彎，沒有角落，沒有交通阻塞。

- 在這姿態中，嘆放出無聲氣音「ㄏㄚ‧～～」（haaaa）。
- 接著，後頸向上建立，帶頭顱回正到脊椎最上端。
- 頭已回正，保持你對那圓柱空間的體感，從呼吸中心嘆息釋放出無聲氣音「ㄏㄜ‧～～」（hu-u-u-uh）。

在頭後傾延展之時，你的喉嚨幾乎無法用肌肉去支撐聲音的形成，氣息因此非成為聲音動能不可。你能藉由此姿態，提供與自身最深層呼吸區連結的強烈體感。頭回正後，維持相同體感，再釋放純氣息「ㄏㄜ‧」

時，能清楚看見與呼吸區的連結意象，並意識到即使彎道仍然存在，卻不影響喉道的流暢性。

步驟二

- 同上，頭後傾，延展頸部前方。現在，讓舌頭及下顎歸屬於身體的前部分，軟腭和頭骨則屬於身體的後部分。想像前後部分之間有個寬大的裂谷。在這裂谷的最底層，有一池溫暖的音波振動水湖。
- 音波振動像地熱噴泉一樣，從音波之池沿著裂谷噴出「ㄏㄚ‧～ㄚ‧～～」（haa-aa-aa-aaah）。

過程中，喉嚨完全無須介入。你應能感覺嘆放聲音的慾望衝動很有力地從身體底部深層的能量中心躍出體外。

- 頭回正，但持續延展頸椎，頭顱漂浮在脊椎最上方。下顎鬆鬆懸垂著。裂谷形狀改變了，但並未閉合。從身體深處未改變的溫暖音池釋放音波振動，「ㄏㄜ‧～ㄜ‧～～」（hu-uh-uh-uh）。

在持續放鬆喉嚨並消弭原來聲音製造的支撐能力（習慣）時，你應能發現你與自身呼吸中心的連結感越顯明朗清楚。

這些呼吸區域們成了能量中心。

- 重複此步驟的前部分，但這次注意力放在身體深層的聲音起始點，以及天花板上的一個期望聲音能抵達之點。從中央音波／能量之池嘆放「ㄏㄚ‧～ㄚ‧～～」（haa-aa-aa-aaah），並看見一條滾滾不斷的音流往上湧竄，流經身體，流過裂谷，噴過空中，直達它預設的目的地。
- 帶你的頸椎回正，頭跟著回放——不要讓通道因此被關閉——找你正前方的一個點（可能的話，最好是個對象），從身體的深層溫暖中央處釋放音波振動到設定的點上（或對象身上）。
- 頭後傾，頸部延展。想像一個有色彩的音池。要是你無法立即想到任何顏色的話，試試藍色吧。釋放一條長長的藍色音流「ㄏㄚ‧～ㄚ‧～～」，讓這些藍色的音波振動把天花板漆成藍

色，或讓藍色的聲音加融進天空之藍彩。

- 頸椎與頭回齊整之姿。釋放你的色彩音波（或許新身體姿態造就了新顏色），讓它替前方的牆壁或對象上色：「ㄏㄜ˙～ㄜ˙～～」。
- 合併新增的元素，重複練習任何（或全部）關於舌頭、軟腭、hum鳴聲的練習：

  (1) 增強與呼吸／能量源頭之聯繫。

  (2) 喉道放鬆疏通的覺察。

  (3) 聲音振動之顏色（如果顏色能提供不同的刺激）。

色彩的運用，能從基本上幫助提供聲音額外的生命力。思維與想像力會更積極地參與，聲音亦因此有了更獨特的內涵，不再僅是為了自己而存在。如果你能開始以這種方法運用想像力，你或許會發現不同的顏色能引發體內不同的感受。多練習實驗看看，自我探索究竟什麼色彩能提升你的平靜感，哪種顏色又較有刺激性。但是請確保這些色彩均能從你的身體中央顯像，與太陽神經叢及薦骨神經叢的感受慾望結合。若顏色是從理性的大腦發散製造出來的，你可能會迷失在腦子中凌亂發想的塗鴉裡頭。

※實踐練習※

將這些新的覺察意識納入每日練習中。

第二部分
共鳴階梯

六至八週的聲音發展與強化階段

第十天

發展與強化：胸腔、口腔、齒腔共鳴
尋找共鳴之旅——紫，藍，黃

■預計工作時長：一小時以上

何謂共鳴階梯？

　　理論上，現在的你至少已能於呼吸過程中釋放氣息的自由，而聲音源起處也隨之自由；並能透過放鬆下顎、舌頭、喉道以及消弭其張力後，聲道獲得疏通與自由。但在實踐時，你可能只模糊地意識到自身聲樂設備的某些組成，很偶爾且偶然地感受到與它們的連結。是的，理論上而言，在能夠全然地釋放聲音自由之前，你都無法安全地發展自己的聲音；但現實中，等待如此完美的過程發生是不切實際的。因此在你持續走著開發聲音之旅的同時，將齊步發掘更多聲音自由度之釋放。

　　下個工作階段建基於你已具有獨立自身的各個腔體，且能在此些腔體內增強聲音振動之能力的假設上。這些練習在物理事實上具有轉移作用，它們以特定的方式運用心智，從而增強聲帶肌肉群，使聲帶作用更具效益。一旦身心意識到自身具有三到四個八度音程的說話語調，以及該範圍內共鳴質量的無窮盡變化時，呼吸肌群組織與聲帶將會更精妙、更有力地反應你所餵養的慾望衝動或指令。

　　我們將會視共鳴系統為某種階梯。共鳴腔是體內連續的骨感孔穴腔體，從底部大而寬廣的空間，像個梯子般向上延展時逐漸變小、變窄直至頂部。共鳴腔體具有多種形狀尺寸，內建於骨架中。我會盡其所能地運用清晰的連串圖像、想像力、情感、類比法、抽象法或事實舉證等，讓你的

非自主神經系統與體內高度精密的聲響機制之協調的複雜度變得較易懂、有形且明顯。

聲音的每個部分，在共鳴階梯上均有自己的共鳴踏階。而階梯本體為從胸腔至口腔、齒腔、竇腔、鼻腔、頭腔的身體位置。接下來的練習中，你會引領自己的聲音在共鳴階梯內上下移動，直到每個部分被喚醒成可用、熟悉且安全的區域。較弱的踏階會被加強，階梯上的間隙亦可具體地被填補。你能清楚地指出自身的三到四個八度音程範圍，並在規律的練習和通行中，生理上逐漸感到熟悉而更易運用。

我們會從兩個大型的共鳴腔體開始工作：胸腔與口腔。但在跟聲音工作此些腔體之前，需先練習身體準備工作。

步驟一

- 前頸延長，頭向後上傾斜，如同之前的放鬆喉部練習姿態。看見放鬆後的寬廣聲道一路延伸至胸腔內。想像通道進入肋骨架後開展成一個巨大的空心洞穴。
- 注意力清晰地集中於後頸，並確保下顎肌不介入的放鬆著。重新上建並延長七節頸椎之時，腹部肌群放鬆，直到頭上浮於脊椎的最頂端。觀察身體內部的通道因為此姿態不關閉地改變了形狀。
- 讓頭重重下掉懸掛，嘴巴不閉。再次發現通道因此改變了形狀，雖然變狹小了些，仍不關閉。
- 帶著七節頸椎重新上建與其餘脊椎齊整，頭浮在脊椎之頂。頭放正時，下顎肌群放鬆，下顎下沉打開。此時，兩排齒列間的空間比頭懸垂前吊時寬了些。
- 前頸延長，頭向後上傾斜，遠離下顎，因此一個寬闊的通道——裂谷再次出現，從喉道一路展開下至胸腔。

此處主要是練習讓所有頭移動之責轉移到七節頸椎（後頸）身上。頸椎從前頸延長轉換為後頸延長之過程的行為副產品是：聲音通道的形狀自動地因為頭與頸關係位置的轉換而改變。

此種自發反應取決於頸骨樞紐是否全然自由的程度。你可能暫時還是

需要很有意識地在頸部回正與向後延展前頸之時讓下顎沉落，因爲這個區域（jaw hinge）可能還有些許的緊繃張力存在。

- 反覆練習步驟一，直到你感覺已與後頸有強烈的連結感，且能在不使用腹部肌群的狀態下自由地轉換這三個姿態。手放在肚子上確保呼吸在頭頸向後延展──齊整回正──與向前下掉延長之時，能以自然輕鬆的節奏持續進出身體。記得，在頸部向後延展時，體內大裂谷會打開，而這大開的通道無論在其他身體姿態下如何改變形狀都永遠不會關閉。

步驟二

- 頭頸後傾延長，與喉道放鬆練習步驟二內容相同，找到裂谷深底的溫暖音波振動水池，慵懶地嘆放出能溫暖胸腔的音波振動「ㄏㄚ‧～～」（haa-aa-aaah）。

讓聲音低沉、放鬆、溫暖。請確保這是完全的音波振動，非混雜氣息的模糊地帶。

手放在胸腔上，註記聲音的振動在整個胸腔蔓延的體感。

- 重複三次如此聲響，長而緩慢：
- ㄏㄚ‧～-ㄏㄚ‧～-ㄏㄚ‧～（Ha-a-a-ah─ha-a-a-ah─ha-a-a-ah）
- △
- 重複如此聲響五次，長而緩慢：
- ㄏㄚ‧～-ㄏㄚ‧～-ㄏㄚ‧～-ㄏㄚ‧～-ㄏㄚ‧～
- △
- 重複如此聲響五次，稍微加快並更像一般對話的輕鬆感：
- ㄏㄚ‧～-ㄏㄚ‧～-ㄏㄚ‧～-ㄏㄚ‧～-ㄏㄚ‧～
- △
- 後頸回正，頭浮於頂部：意識到通道形狀改變卻不關閉，並讓聲音流過此渠道後進入口腔形成「ㄏㄜ‧～～」（hu-uh-uh）。
- 音高微升，你將因此發現湧出的聲音會喚起強烈振動的體感，直衝嘴內的屋頂上。反覆嘆放此些聲音，直到你發現並感受到骨感

的口腔內共振的共鳴反饋：

- ㄏㄜ‧～ㄏㄜ‧～ㄏㄜ‧～～
- Δ
- ㄏㄜ‧～ㄏㄜ‧～ㄏㄜ‧～ㄏㄜ‧～ㄏㄜ‧～
- Δ
- ㄏㄜ‧～ㄏㄜ‧～ㄏㄜ‧～
- Δ
- 再一次讓頸椎後傾，延展前頸。這次彷彿是把口共鳴腔盒子摘掉，讓自己只剩下半部的喉道和胸腔空間。
- 再次嘆放「ㄏㄚ‧～」之際，找到能在胸腔內滾盪的更低沉聲響。讓自己耽溺並沉迷在這樣的聲音中。在你完全不用力加壓喉嚨或肌肉的狀況下，讓聲音越漸低沉越好。
- 用拳捶打自己的胸腔，讓被捶打搖晃的聲響喚起更多音波振動。
- 再次帶著頸部回正，頭部上浮之際，想像你把口共鳴盒子放回嘴裡。
- 找到在口腔共鳴盒子內的骨壁上能喚醒最佳共振反饋的聲音及音調。
- 開始在口腔共鳴（頸部齊整，臉向前）與胸腔共鳴（頸頭後傾）間來回反覆嘆放音波振動：
- ㄏㄜ‧-ㄏㄜ‧‧ㄏㄜ‧ㄏㄜ‧-ㄏㄜ‧
- Δ
- 頸頭後傾：
- ㄏㄚ‧-ㄏㄚ‧-ㄏㄚ‧-ㄏㄚ‧-ㄏㄚ‧
- Δ
- 頸部回正，臉向前：
- ㄏㄜ‧-ㄏㄜ‧-ㄏㄜ‧-ㄏㄜ‧-ㄏㄜ‧
- Δ
- 頸頭後傾：
- ㄏㄚ‧-ㄏㄚ‧-ㄏㄚ‧-ㄏㄚ‧-ㄏㄚ‧

- Δ

觀察聲音因每個共鳴腔體而改變的音高與全然不同的共振質量。
- 從胸腔到口腔嘆放聲音後，頸部向前下垂懸吊。
- 現在，你的聲音通道變得狹窄，聲音通過這狹長通道後直直下掉抵達前齒，這樣的聲道空間構成了「ㄏㄧ・～～」（heeeeee）的聲音。
- 察覺前齒音波振動的體感，並找到能喚醒前齒最清晰的共振反饋之音高（比口腔音調稍微高了些）。
- 現在，讓頭從向前下懸吊、到上浮脊頂（齊整）、到後傾（前頸延長）這三個位置之間移動。整個過程僅由後頸部執行任務。讓共鳴通道盡可能地根據頭顱與顎骨的關係變動而自發地被改變形狀。同時釋放著從體內深處湧出的音波振動，這些音流會根據改變的通道形狀集中浮現於前齒、口腔與胸腔。
- ㄏㄧ・-ㄏㄧ・-ㄏㄧ・（hee-hee-hee）前齒共振：頸向前懸垂。
- ㄏㄜ・-ㄏㄜ・-ㄏㄜ・（huh-huh-huh）口腔共振：頸部回正，臉朝前。
- ㄏㄚ・-ㄏㄚ・-ㄏㄚ・（haah-haah-haah）胸腔共振：頸後傾，延長前頸。
- ㄏㄚ・-ㄏㄚ・-ㄏㄚ・低音域：胸腔共振。
- ㄏㄜ・-ㄏㄜ・-ㄏㄜ・中音域：口腔共振。
- ㄏㄧ・-ㄏㄧ・-ㄏㄧ・稍高音調：前齒共振。
- ㄏㄧ・-ㄏㄧ・-ㄏㄧ・前齒共振：頸向前懸垂。
- ㄏㄜ・-ㄏㄜ・-ㄏㄜ・口腔共振：頸部回正，臉朝前。
- ㄏㄚ・-ㄏㄚ・-ㄏㄚ・胸腔共振：頸後傾，延長前頸。

在這練習中，一種是人為地在不同共鳴腔裡主動「放」聲音，另一種是向內餵養某因果條件的訊息或慾望，使聲音在不同腔體中自然地共鳴，兩者之間具有細微卻十分明顯的差距。剛開始，你的確會需要餵養清楚的「ㄏㄚ・」、「ㄏㄜ・」、「ㄏㄧ・」的思維訊息，同時調整從低到高音的聲音改變。但是，你還是嘗試看看帶著「順其自然，使其發生／聲」

（let-it-happen）的概念探索這練習吧！儘管因仍殘存的緊繃張力削減了成效，練習未必能立竿見影；但是核心理念的貫徹——聲音是因「讓（let）允（allow）」而生的，不是主動「製造（make）」——仍應實踐在練習過程中。

步驟三

為了追求「順其自然，使其發生／聲」的體驗，以純粹氣息的嘆放（無聲似悄悄話般的氣音，whisper）重複以上完整的共鳴腔之意識覺察練習。「聲音」意指音波振動或音浪釋放，而「無聲氣音」（whisper）是純粹氣息的嘆放。

- 頭頸後仰，看見氣息從骨盆底上衝進胸腔，溫柔地暖起整個胸腔。
- 頸部帶頭回齊整之姿，此時意識注入嘴的共鳴腔，感受溫暖氣息刷過口腔內屋頂，自然構成「ㄏㄜ・～ㄜ・～」（hu-u-uh）的純粹氣音嘆放。
- 頭向前垂落。氣息從骨盆底嘆放至前齒，構成氣音「ㄏㄧ・～ㄧ・～」（hee-ee-eeh）。
- 重複以上：意識隨共鳴空間自前齒、至嘴腔、到胸腔的轉換。

當你嘆放whisper氣音時，仔細聆聽根據頭頸位置而自然改變的母音與音調高低。

首先，觀察當你頭頸後仰、喉道開張（在你不主動改變聲道形狀，並無多餘肌肉動作時）之際，唯一能構成的音會是「ㄏㄚ・～」。通道形狀構成母音，母音是此聲道形狀的副產品。頸部回直，頭回放脊頂，下顎亦擺鬆至中位；若你的舌頭是放鬆的（你不主動改變聲道形狀，也無多餘肌肉動作時），此時唯一能構成的音是「ㄏㄜ・～」。這位置有時滿難清楚體驗的，因潛伏在後舌內的緊繃張力會祕密地扭曲通道原形。當你的頭放鬆向前垂掛時，通道因此變窄；若舌頭能放鬆且不堵塞聲音出口的話（在不改變聲道形狀或增加多餘肌肉動作時），此時唯一會構成的音會是「ㄏㄧ・～」。

以對此三種聲音通道狀況增強的意識，再次從身體深處嘆放一長長的無聲氣息whisper，同時連貫轉換三種共鳴位置。你應會聽到whisper嘆放自然構成「ㄏㄚ‧／ㄏㄜ‧／ㄏㄧ‧」的氣音因通道形狀的改變，自動被形塑成不同字音的結果。

若這時你還未能獲得令自己滿意的成果，無須流連於此停滯不前。以上描述的狀態，完全取決於自己是否能全然地釋放自由的氣息，加上完全自由的下顎、舌頭以及喉道。

而對「順其自然，使其發生／聲」概念之第二個觀察結果是，在此練習中的音高（音調）也會自發地隨著通道結構與形狀的改變而有所變化。較大的空間相對於較小空間，產生之共鳴振動頻率較低。到最後，你唯一的工作其實只是不停地提供慾望衝動的源頭那穩定的音波振動能量。當頭頸在這三種共鳴腔體位置變換之時，這些音波振動頻率會自動地因空間由大變小而從低變高。

不過，此概念僅是種精化的總結，但目前為止暫時足以應用於喚醒聲音的腔體意識。以這概念盡可能地在三大主要共鳴腔體內，體驗音波振動在不同的腔體表面共鳴時能感受到的不同質感。

步驟四

你可能在練習時因為注意力轉移而忽略了呼吸中樞。因此，我們將在重複練習的程序中，注入新的意象以提供呼吸中心有效的刺激。

- 頭頸後仰放鬆，喉道開展。
- 這次，想像喉嚨是個老式的煙囪，沿路下擴至胸腔。胸腔煙囪持續往下擴大延伸連接骨盆底上燒得光熱的壁爐。這老派的大壁爐中有熊熊柴火。想像你坐在爐火旁有扶手的舒適椅上，感覺十足放鬆溫暖。讓火的溫暖和心滿意足的確幸透過深沉而溫暖的聲音「ㄏㄚ‧～～」（haa-a-ah），向上衝進胸腔煙囪內。
- 保持與深沉爐火的連結。頭頸回正，臉朝前。煙囪因此改變內部形狀，但未關閉。爐火的溫暖往上揚起，烘熱嘴內屋頂的同時自然構成「ㄏㄜ‧～～」（hu-u-uh）的聲音嘆放。

- 頭頸向前垂掛。保持體內深沉爐火之感。讓爐火的溫暖與滾滾音流上湧至你的前齒，自然構成「ㄏㄧ・～～」（heee）音。此姿態下的「火熱感」及能量感會更集中、更敏銳。
- 頭回正，「ㄏㄜ・-ㄏㄜ・-ㄏㄜ・」（熱點聚集在口內屋頂）。
- 頭後仰，放鬆下沉回到爐火邊；嘆放暖氣蔓延整個軀幹，「ㄏㄚ・-ㄏㄚ・-ㄏㄚ・」。

步驟五

帶入新的意象，重複以上練習。這次想像你的呼吸區域儲存著色彩豐富的顏料；或許，橫膈膜中有許多具按壓鈕的顏料噴罐。

- 頭後仰延長，胸腔共鳴，在天花板上噴塗出巨大的紫色色塊：
  ㄏㄚ・-ㄏㄚ・-ㄏㄚ・～
- 頭回正，臉朝前，口腔共鳴，在正對的牆壁上噴塗上寶藍色的大圓塊「ㄏㄜ・」，接著噴上三大圓點：「ㄏㄜ・-ㄏㄜ・-ㄏㄜ・」。
- 頭前垂下掉，齒腔共鳴。對著地板從身體中央噴畫出一細細的亮黃線：「ㄏㄧ・～」（heeeee）。
- 次序顛倒，從黃色（地上，齒腔）至藍色（牆壁，口腔）到紫色（天花板，胸腔）的噴洩。

確保色彩都是從身體中央噴出。真實看見顏料噴灑的去處。覺察共鳴腔體的意識不過就是你玩這意象遊戲時產生的副產品罷了。

其他可供把玩嘗試的意象：

- 聲音自地下往上竄，傳經胸腔產生更大迴盪，然後聲音轉換成蜂蜜在嘴內屋頂內塗上一層甜美滋潤的口腔共鳴，接著蜂蜜變成潔淨清爽的牙膏刷上前齒產生共鳴。
- 軀幹內部像是個礦井，一個金礦，在礦井底部滿布著豐富而金光閃閃的黃金，全屬於你。
  欣喜若狂的愉悅在你的胸腔內迴盪著：「ㄏㄚ・-ㄏㄚ・-ㄏㄚ・」。

現在，你返回到嘴內屋頂安全珍藏的閃亮寶藏：「ㄏㄜ‧-ㄏㄜ‧-ㄏㄜ‧」。

再往下重回你金礦的底層，再度驕傲的炫富：「ㄏㄚ‧-ㄏㄚ‧-ㄏㄚ‧」。

當頸頭回正、面朝前，重回到口腔共鳴意識中，你用剛剛獲得的金子買了俄羅斯法貝熱彩蛋[31]，這彩蛋跟你口腔的橢圓蛋狀一樣，閃爍的翡翠與珠寶點綴，隨著「ㄏㄜ‧-ㄏㄜ‧-ㄏㄜ‧」的釋放一同閃閃發光。頭頸前掉垂掛，你變成了牙齒間有著鋒利彎刀的海盜，想偷奪法貝熱彩蛋。他奸詐的笑聲表達了邪惡的企圖：「ㄏㄧ‧-ㄏㄧ‧-ㄏㄧ‧-ㄏㄧ‧～」。

在這裡花大量的時間來反覆練習此些基礎共鳴步驟與方法是相當值得的。先逐漸熟悉練習的概念及其總體，便能接續在此基礎概念上，發揮自己的想像力以多樣化練習內容。在不同共鳴腔體中的不同意象刺激，可能會讓你感受到不同的能量力度或情緒，包含顏色細節的想像則更甚，而音高的變化亦帶出明顯不同的本質能量。一旦你能開始領會能量、想像、共鳴反應之間的互聯關係，便代表著你那有機而深層的身體意識已然提升。

踏上情緒、心情、色彩與共鳴的探索之旅，你將能豐富自我的聲音色盤，拓展且活化表達情意的能力範圍。

步驟六

當你對從胸腔共鳴至口腔和齒腔共鳴的跳躍切換完全熟悉後，可以開始透過升冪（逐漸上行）或降冪（逐漸下行）的音高嘆放，用聲音填滿每一階共鳴的階梯。

- 共鳴階梯的意象如下：聲音們從胸腔一階階地走上喉道，跨過軟

---

31 譯註：Faberge egg，法貝熱或費伯奇彩蛋。俄羅斯著名金匠、珠寶首飾匠人Karl Gustavovich Faberge受託當時沙皇亞利山大三世製造復活節彩蛋，當作送給王妃的驚喜禮物。精緻華麗，諸多珠寶裝飾；蛋可分開，裡面通常有不同的驚喜，例如金雞母或花卉等，十分珍貴稀少。

腭階後，走入嘴內屋頂，躍過上牙齦脊，抵達前齒。頸頭在過程中伴隨意象的變化而後仰、回正或前掉垂掛。

- 現在延續以上步驟，反向下走共鳴階梯。
- 讓相等音程的聲音上下行走，而每個音程間距都找到適合自己的共鳴階踏。聲音應同說話語調般釋放，而非歌唱式的唱音。

獨立出各個腔體的共鳴練習能拓展平常蟄伏沉睡的聲音範圍。在日常自然說話狀態下，此種特定反應是很少見的，只有鎖定在某種情緒狀態中或極端緊張的情況下才會發生。通常我們會從多個腔體內發出綜合共鳴的聲音振動，並且會根據自身當下的感受與思維不斷改變聲音中高低音頻的比例。

步驟七

此步驟目的是你因有想呼喊（或召喚）的衝動，而釋放了聲音去融合各腔體共鳴。

在你實現呼喚的慾望之際，注意音波振動從胸腔、口腔及前齒腔聚集綜合。也能把這樣的聲音看作如彩虹一般的綜合顏色。

讓呼喚的慾望源起於呼吸中樞。

目標則是釋放自己，讓你自由。

聲音是一長而輕鬆、非強迫性的「嘿ㄏㄟ‧」（hey）。

- 全然放鬆下顎、舌頭、喉道，從太陽神經叢（橫膈膜）能量中心湧出的呼喊「ㄏㄟ‧～ㄟ‧～ㄟ‧～」（he-e-e-e-ey），聲音釋放的同時也讓你自由了。

聲音從身體深處釋放時，沿路從所有可用的共鳴腔體表面聚集更多音波振動：胸腔、喉道、軟腭、嘴內屋脊、齒腔，再噴出體外的更遠處。

- 下個新的深長呼喚嘆放，讓嘆出的聲音成為彩虹，替遠方的牆面漆上七彩顏色。

※實踐練習※

一週。

第十一天

釋放體內聲音的自由
呼喚，三和音——彩虹之音

■ 預計工作時長：一小時以上
• •

之前的練習主要聚集於喚醒並培養身體意識覺察力之上，此能力會使內心發出的慾望衝動沿著特定路徑，刺激新區域的身體反應，並拋棄舊有對慾望之慣性回應。一開始，在你專心訓練此種特定意識覺察力的同時，身心或許難以感到「自由」或釋放，但這就是此聲音訓練體系的總體目標——在釋放自我天生的原音之際，自己亦隨聲自由。下一階段的聲音訓練提供了些相當簡易的通則，讓你在身體釋放聲音時著重於其包含的內容物（what），而非它如何被釋放（how）的問題。你只需謹記，唯一必須有機地創造並再創造的意象為：聲音從身體深處湧出散發。

步驟一

心裡設想一簡單場景。譬如你正站在繁忙的街頭，發現自己認識的某人站在對街，你想要引起對方的注意力。或者，你向窗外的花園望去，驚喜地發現某個你認識的人跨過花園站在彼方。
- 讓心眼下沉，意識放入太陽神經叢區。
- 從上述兩種場景中擇一，觀察自身對設定的意象情狀之反應。你對著朋友呼喊出聲「嘿！」（hey）——覺察從胸腔、口腔與齒腔的共鳴綜合集結的聲音振動。

跟隨依序浮現的清楚步驟去思索、感受並想像當下。例如：

- 你望向窗外看天氣如何。
- 此時看見你的朋友（一個你喜歡或信任的對象）。
- 一看見對方，你迫不及待想叫喚對方的慾望需求湧上。
- 此份想望刺激氣息興奮地下探太陽神經叢／骨盆區域。
- 在呼喚之際，你實現／釋放了這份慾望。
- 接著，你放鬆、呼吸並等待對方反應。

場景中——你首先受外界刺激，接著對應溝通的慾望需求而作出反應——是你身體有行動的原因。因此，你沒有必要為了呼喊的動作本身去推擠或繃緊肌肉。

- 練習讓想呼喊的慾望向下深入餵進感覺／想像中心；聲音帶著慾望從中心透過通暢的聲音通道釋放，沿途聚集胸腔、口腔、齒腔內增加的共鳴振動，增強了音波的振動與能量。

步驟二

移除你呼喊某人的假設，但體內留著同樣的釋放自由感。

- 輕鬆地自呼吸中樞嘆放出深長的「ㄏㄟ‧～～」。原動力源自於骨盆底，並與橫膈膜輕鬆回彈入肋骨架時所產生的動能結合，音流上衝。看見音波振動像彩虹多彩斑斕。或許此時讓天神使者、彩虹女神愛里斯（Iris）的意象更激發你的靈感及反應。

以下共有七種方式能讓你在呼喚或說話時釋放身體的緊張：

1. 當嘆放「ㄏㄟ‧～～」聲音的同時，輕柔地上下彈動肩胛骨，讓彩虹般的聲音向外噴洩時被自在地搖出上半身。

2. 接著，上下彈跳膝蓋並嘆放「ㄏㄟ‧～～」，全身因此跟著鬆鬆地上下搖動。搖動時，找到輕鬆的平衡感，膝蓋放鬆微彎，充滿彈性。手臂放鬆，肩膀放鬆，腹部肌肉放鬆，頭放鬆，下顎放鬆，持續深長的聲音被彈搖出時，仔細觀察聲音的顏色如何運行或因而改變。

3. 想像自己的腳底下裝有彈簧，其餘身體像關節鬆散的布偶。從體內深處釋放「ㄏㄟ‧～～」的同時，腳下彈簧帶著你整個人在空間內彈跳，身體到處亂拍亂彈，聲音及其顏色也相當不受控的四處飛出。完全不

控制聲音或有所保留，使其全然地受身體的擺動而甩出。別讓音波振動或聲音色彩卡在身上任何部位。

4. 維穩站立。從骨盆／橫膈膜中心呼喊出「ㄏㄟ‧～～」，同時緩慢使脊椎節節下沉放鬆，直至整個上半身鬆掛成倒掛之姿，而聲音「ㄏㄟ‧～～」因重力作用從鬆垂之頭頂掉出，氣息自在交替，再次呼喊釋出「ㄏㄟ‧～～」，同時節節脊骨緩慢上建回站姿。新的氣息隨著身體需求而更新。最後回齊整站姿時，你決定像拋棄自己身體般的再度下掉倒掛，同時嘆放一深長而令人愉悅的「ㄏㄟ‧～～」。呼喊出聲時，左右搖擺上半身。若感覺聲音有些強迫感或變得機械呆板，可再度引入色彩的意象，給予新靈感與刺激。

5. 背躺地仰臥。心眼（意識）的內視鏡探查整個身體內部以放鬆所有緊繃的張力。接著自身體中央喊放出「ㄏㄟ‧～～」，聲音打到天花板。注意你的喉道與下顎是否放鬆。

6. 翻身俯躺，手枕在額頭下好讓臉能直朝地板。反覆幾次氣息下探身體深處後嘆放。仔細觀察當氣息進入時，脊椎因此向腳的方向延展伸長；氣息飛出體外時，脊椎縮短彈回原形。你的腰部隨著氣進而上浮，氣出而往地板下掉。帶著此覺察意識，在這俯臥姿態下嘆放「ㄏㄟ‧～～」聲。

7. 鬆懶的翻身回仰臥，背朝下；開始來回翻轉（仰臥變俯臥又變仰臥等），同時身體深處嘆放出輕鬆、開闊且放鬆的：

- ㄏㄟ‧～～
- ㄏㄜ‧～～

讓全身鬆散慵懶。確保下顎、頸部或喉道均無緊繃的張力。別試圖讓聲音有所保留或抑制。每次你身體重重的壓在腹部上或是背上時，聲音應該也同時被地心引力撞出體外。找個方法在戶外練習，如從草坡上滾下來，釋放心情也釋放聲音。

◀))作者的話

　　許多聲音的練習，你都能以俯臥臉朝下的姿勢嘗試。此姿態能立即揭露出任何不必要的頭頸運動，是後頸或下顎緊繃張力存在的證明。想像聲音實質地順應地心引力向前下掉出嘴外。當你回齊整站姿之時，謹記這種聲音能量不停前行（forward，向前。所以，能量在俯臥時往地下掉，站時則水平式的往前）的意象。此外，一旦熟悉呼吸如何影響下半脊椎時的體感，你便具有對短淺呼吸之覺察能力，之後若氣息變淺或不足，你應能立即發現並用更有效的方法鼓勵深層的氣息交換。

　　以上任何放鬆聲音的練習所帶來的助益，均能運用在演講或吟詩上。選個你已經很熟悉的文本內容。注意力全集中在話語內容帶給你的思緒及感受，但也同時透過以上七種鬆放身體的練習，將說話時產生的所有緊繃張力全部擺脫。這時候你會犧牲很多本來為此文本排練好或預設的動作走位，什麼抑揚頓挫的都會被甩開，任何外在的控制都將移除——善加利用！你只需關注自己言語內的意涵，讓這些話語的內容以意想不到的方式從自身體內湧出釋放。你或許會因身體終能從慣性思考模式與習慣重蹈的情緒覆轍中解脫自由後，驚喜地發現字句中新的意涵、新的感受。

拓展自身音域的彈性度：自胸腔，到口腔，再入齒腔

　　我希望將聲音視為「透過慾望衝動、氣息，與共振共鳴結合成的最終產品」，是目前為止你最感興趣的體驗。我希望你投注心力在探索自身能藉由原初想說話之因，隨機引發充滿思維、想像及感受的慾望衝動後釋放聲音之果。我希望你從自己的腹肌群和喉道肌群不再花費無謂氣力的經驗裡感受到些許自由。或至少，希望你達成上述的可能性與覺察力均已有所提高。

　　我希望你即將從胸、口、齒腔體中獲取更多令人滿足的共鳴共振，而這些聲音能幫助發展你話語聲調之多樣性與靈活度。你可能會誤以為

這些聲音是拿來唱的，絕對不是！它們是被拿來嘆息釋放的（sigh!）。你將會嘆放三個連續的音，也就是三和弦連音（triad），先逐漸升高拉升音域，再逐漸降低音開展低音域。嘆放構成的母音為「嘿厂ㄟ‧」（hey）。「ㄟ」母音比「ㄜ」更自然地朝嘴前部分前進，算是個比較「外向」的聲音。

- 帶著對胸口齒腔的清楚意識回到齊整站姿，在身體中央的感覺中樞誘發一深層嘆息釋放的慾望，接著嘆放出以下圖示的音高，讓慾望隨音波流放出體。

（以半音程升冪向上）

讓自己完全投入對嘆放的想望。

清楚看見骨感的共鳴腔空間。

讓下顎、舌頭、喉道全然放鬆。

音越高，你越要讓心智意識下探身體低處。

持續讓聲音嘆放的意象從口內水平式的路徑噴出離體。

（不要讓這意象隨著音的高低而垂直地上下跑。）

持續三和弦連音練習時，併用步驟二和之前地板訓練中能幫助身心與聲音放鬆的各種動作及姿態：

- 上下搖鬆肩膀。
- 上下彈動膝蓋。

- 在腳底裝上彈簧，像個關節鬆脫的玩偶到處跳動。
- 嘆放三和弦連音的同時，脊椎節節下掉成倒掛姿態，讓聲音被重力吸引，流過頭顱掉出體外。
- 仰躺地上。
- 在對角斜向延展姿態中嘆放三和弦連音。
- 骨盆彈跳練習時，嘆放搖出三和弦連音。
- 十指互扣放在膝蓋上，搖動膝蓋連動髖臼，將髖臼內的三和弦連音搖出體外，換腿重複練習。
- 翻身臥躺肚子上，三和弦連音重重嘆放給地心引力。
- 在蕉式延展（banana stretch）與半胚胎（semi-fetal position）體位中嘆放釋出三和弦連音。
- 在摺葉式（folded-leaf）體位中，感覺三和弦連音沿著脊柱流洩出體外。
- 四肢著地（all fours），隨著背脊形成上彎弓（arch）過程中釋出三和弦連音。接著回到頭下尾上的倒掛姿態，再次嘆息釋放三和弦連音。
- 以大約四到五次嘆放三和弦連音的時間，向上建立節節脊柱回站姿。
- 甩甩身體與四肢，把聲音（水）甩出體外。

※實踐練習※

綜合先前章節的所有訓練，每日練習。

階段性暖「聲」運動

現階段的你已有許多透過聲音與自己工作的訓練經驗，應該具有設計連續二十到三十分鐘的暖聲訓練能力，並能規律且持續地在學習任何新技能前、排練任何戲或場景前、表演課前、甚或在真實舞台／鏡頭演出前，運用這些練習暖聲／身。請相信你已積累了足夠的聲音暖身內容——雖未盡完整，卻仍十分有效。

容我提醒你，此書所有的動作及聲音練習都是為了幫助你重新訓練出一個全新的溝通方法而設計的。如此的全然重設需要時間與不間斷的調整和重複練習，才能在新習慣形成前，調配並培養出真實可靠且有效的溝通方法過程。但是，你的舊習與每日新增的緊繃張力都會頑固地想要留存下來，所以想要成為專業演員的你（或已將此視為職涯的你）必須讓這些暖聲練習成為日常生活的一部分。

這裡提供你一些暖聲綱要內容的建議；以下任一練習都能在先前的章節中找到完整細節。

健「聲」操：約三十分鐘

暖身

- 伸展全身後，脊柱節節下掉成倒掛姿態（drop down）。
- 節節脊柱往上回建成齊整站姿。
- 鬆轉頸頭。
- 雙手扣顎，鬆搖下顎。
- 延展並放鬆舌頭。
- 軟腭的熱身放鬆。打哈欠也伸懶腰。再次轉鬆頭頸。
- 再次脊椎下掉成倒掛，上建脊柱回站。
（以上約需四分鐘）

呼吸意識

- 帶著清楚的骨頭齊整（alignment）與平衡的意識輕鬆站好。

- 閉上眼並打開對全身骨骼的意識覺察。
- 注意力向內集中，並觀察自身的自然呼吸韻律。
- 讓氣息透過嘴巴釋出時自然構成小小的「ㄈ‧」（fff）。
- 與這呼吸的覺察意識共處，直到非自主呼吸節奏能眞實自發。

（以上約需一分鐘）

聲音的觸動

- 意識聚集身體中央，觸發音波振動「ㄏㄜ‧-ㄏㄜ‧」（huh-huh）。
- 音高先降冪再升冪，持續的嘆放。

（以上約需一分鐘）

音波振動的自由

1. 嘴唇：
- ㄏㄜ‧-ㄏㄜ‧ㄇmmmmmㄜ‧（huh-hummmmmmmuh）
- 釋放音波振動的同時，震鬆整個唇部，吹拍出唇顫（trill）聲響。
- 小指放在嘴角兩處，向兩旁外拉，延展雙唇。
- 手放鬆。
- 釋放聲音時，吹過兩唇成唇顫 〰 〰 〰。
- 重複。
- ㄏㄜ‧-ㄏㄜ‧ㄇmmmmmㄜ‧
- 反覆練習，同時嘆放先降冪再升冪的音高。

（以上約需三分鐘）

2. 頭部：
- 嘆放鳴聲之時，鬆轉頸部與頭顱。
- 換邊轉，更換高低音調，共重複六或七次。

3. 全身：
- 嘆放鳴聲之時，脊椎下掉成倒掛。
- 嘆放鳴聲，脊椎上建回站，抵達最底端時，雙唇打開釋放音波振

動。

- ㄇmmmmmㄜ·（mmmmmu-uh）
- 反覆多次，伴隨降冪與升冪的音高嘆放。在頭放於脊柱最頂端，雙唇打開釋放聲音的同時，上下彈動膝蓋。
- 頭放在脊柱最頂端，雙唇打開釋放聲音的同時，上下搖動肩胛骨。
- ㄏㄜ·-ㄏㄜ·ㄇmmmmmㄜ·（以說話的音調釋放）
- 成四肢著地姿勢，手掌和雙膝著地。進入鳴聲火車（hum train）的練習，讓鳴聲送入脊椎，沿著脊椎軌道釋出。反覆幾次。
- 再次回建脊柱成齊整站姿（建議你先從四肢著地變蹲姿，再變為頭下尾上的倒掛之姿，最後再一節節向上回建脊骨）。
- ㄏㄜ·-ㄏㄜ·ㄇmmmmmㄜ·（以說話的音調釋放）
（以上約需六分鐘）

舌頭

- 舌尖輕放於下排牙齒內側，延展並放鬆舌頭多次。
- 從身體深處嘆放音波振動，同時鬆搖舌頭：
  ㄏㄜ·-ㄧㄜ·-ㄧㄜ·-ㄧㄜ·～（Hu-yuh-yuh-yuh-yu-uuh）
- 從身體深處嘆放音波振動，同時舌中前後鬆搖，感覺音波被前捲帶入前齒：
  ㄏㄧ·-ㄧㄜ·-ㄧㄜ·-ㄧㄜ·-ㄜ·～（Hee-yuh-yuh-yuh-yuh-yuh）
- 隨降冪與升冪的音高嘆放，反覆練習：
  ㄏㄧ·-ㄧㄜ·-ㄧㄜ·-ㄧㄜ·
  ㄏㄧ·-ㄧㄜ·-ㄧㄜ·-ㄧㄜ·
- 在頭下尾上的倒掛姿態中再重複一次，接著放鬆下沉至地上仰躺。
- 在對角斜向延展（diagonal stretch）的姿態中，練習拉展並放鬆你的舌頭。

- 回中，背躺地，一膝蓋上浮，十指交扣，接著手帶著膝蓋向胸部方向開始上下搖動，想像你正從大腿骨頂搖鬆長長的舌頭：

  ㄏㄜˋ‧－ㄧㄜˋ‧－ㄧㄜˋ‧－ㄧㄜˋ‧

- 換另隻膝蓋上浮，重複上方練習。

- 翻身轉至半胚胎體位（semi-fetal），鬆搖舌頭：

  ㄏㄜˋ‧－ㄧㄜˋ‧－ㄧㄜˋ‧－ㄧㄜˋ‧

- 翻轉成摺葉式體位，讓舌中隨引力放鬆下掉，嘆放聲音跟著前捲入上齒，開始鬆搖舌中：

  ㄏㄧˋ‧－ㄧㄜˋ‧‧ㄏㄧˋ‧－ㄧㄜˋ‧‧ㄏㄧˋ‧－ㄧㄜˋ‧（Hee-yuh-hee-yuh-hee-yuh）

- 腳趾扣地，尾椎上浮朝天回倒掛之姿，接著節節脊椎上建回齊整站姿。

（以上約需五分鐘）

軟腭

- 嘆進嘆出純氣息whisper「ㄎㄚˋ‧」（kaah）音，誘發哈欠狀態的喉道肌肉延展，拉伸軟腭肌。飛入的氣息下衝至骨盆底的同時伸展軟腭。

- 將氣息嘆進體內成純氣音「ㄎㄚˋ‧」。

- 經由開展的軟腭，多次嘆出升冪或降冪的音高。每次嘆放出新音高經過開展的軟腭後，舌中向外延展後回口內放鬆三次。想法是喚喊出一長長的「ㄏㄞˋ‧～」（hi）！

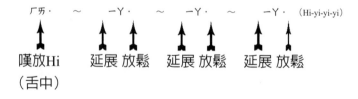

（以上約需九十秒）

喉道（喉嚨）

- 延展前頸，頭後傾，打開放鬆整個喉道並找到與深層的慾望衝動中樞之連結。
- ㄏㄚ‧～～（Haaaah）

（以上約需三十秒時間）

共鳴腔體

個別獨立體驗各腔體的聲音共振共鳴：胸、口、齒。

- 頭後傾：ㄏㄚ‧～-ㄏㄚ‧～-ㄏㄚ‧～（Ha-a-ah ha-a-ah ha-a-ah）
- 頭回正，面朝前：ㄏㄜ‧～-ㄏㄜ‧～-ㄏㄜ‧～（Huh-huh-huh）
- 頭前落垂掛，面朝下：ㄏㄧ‧～-ㄏㄧ‧～-ㄏㄧ‧～（Heee-heee-heee）
- 次序顛倒，從頭向下垂吊至頭回正到頭後傾，反覆交替練習，重複嘆放變換腔體時可注入色彩或（及）情境的意象。

（以上約需兩分鐘）

釋放‧自由

召喚（Calling）：為了釋放你身心的自由而向外呼喊。

- ㄏㄟ‧～ㄟ‧～～（He-e-e-e-ey）
- 把「嘿」甩出身體：上下晃動肩膀、膝蓋、全身；甚至整個人上下彈跳。
- 在呼喊嘆放時，鬆轉頭頸。
- 在呼喊嘆放時，脊椎節節下掉成倒掛之姿。

（以上約需兩分鐘）

- 放鬆全身，仰躺地板。
- 運用之前已探索過的所有地板姿態，嘆放三和弦連音。

（以上約需七到八分鐘的時間）

- 待在地上，轉換各個地板姿態的同時，說（釋放）幾句文本台詞。回站立狀態，遊走；再次說說台詞（透過聲音釋放文本內容

或情感），感受你現在的身心狀態。

◀)) 作者的話

　　這裡，我以「傘頂」（umbrella heading）的標題結構摘要出迄今你已完成的聲音訓練：

- 身體意識之喚醒與放鬆（集中於脊椎）。
- 自然呼吸意識之覺察喚醒〔小小的氣音ㄈ·（fff）及嘆息釋放〕。
- 聲音的碰觸〔ㄏㄜ·-ㄏㄜ·（huh-huh）〕。
- 音波振動的釋放與自由（雙唇、頭部、全身）。
- 聲音渠道的疏通與釋放（顎、舌、軟腭）。
- 發展及強化自我的聲音（胸、口、齒共鳴腔，呼喊慾望釋放練習，三和弦連音）。

　　每個廣大的傘頂（主題）之下均含括了多樣的各式練習；相關的地板練習能幫助心智意識深下入體，找尋自由而不受抑制的呼吸慾望、情感衝動以及聲音表達慾望之源頭。每階段的練習進程都旨在能有機地釋放聲音能量——聲音終能成為一種反應或表達慾望的身心自發經驗，而非我們主動控制製造聲響的執行。在前一工作日中，呼喊與三和弦連音的嘆放練習已開始需要你呼吸肌群的更大作用。與先前聲音的自由釋放練習相比，呼喚的衝動更具有機的強大力量；三和弦連音的嘆放可說是種較長的「句子」，因此相對來說需更多氣息去支援嘆放的強度。

　　在一連串的聲音練習中，我們依據著邏輯之進程，發展了聲音的共鳴、強度與音域。本來我們理應能踏上共鳴階梯的更上一階——竇腔、鼻腔與頭腔共鳴。然而，這些相對來說更高且更「外向」的共鳴腔體，將會需要呼吸肌群的更大支持與作用。共鳴階梯的下個旅程將需要更多的身體呼吸動能，意即呼吸能力和容量必須增強，你的呼吸肌群也必須更有力且更具彈性。

　　有鑑於此，讓我們先走下共鳴階梯，甦活對呼吸過程的意識與興趣。

第十二天與第十三天

呼吸之力：橫膈肌，肋間肌群，骨盆底肌——呼吸健「聲」房
敏感度與力度：活化與強化慾望衝動的釋放能量——聲音力的「啞鈴」

■ 預計工作時長：兩小時以上
● ●

　　先前我曾提及了三個呼吸肌群運動的主要分責。這裡再次提供其功能和彼此間交互依存關係的更簡易有效分析：

- 橫隔肌，主要呼吸肌——太陽神經叢的基地，情感慾望衝動的接收與傳輸中心。
- 腹腔內部肌群和肌腳（crura）——連接了橫膈肌、薦骨及骨盆底肌。該肌群對各種動物性能量及直覺衝動做出反應。
- 肋間肌群——主要負責體內呼吸空間的調整，並視太陽神經叢與薦骨能量的需求而動作。

　　迄今為止，我都致力將重點集中於橫膈膜這最為關鍵的主呼吸肌之上。橫膈膜下方沒什麼多餘的空間，所以在橫膈膜下降氣息進入時，胃會被下推，腸子會游移騰出空間。因此，腹部必須保持放鬆，才不會抑制氣進時身體的自然運作。若你每次都能看見氣息在入體時能沉下腹部，使兩種心理歷程合而為一（氣息自動下衝的同時能放鬆腹部）。

　　儘管此想像機制的直接作用是讓下腹放鬆掉那抑制性的收縮，但它其實也間接刺激了內腹呼吸肌群的運動（從第四腰椎開始，下連骨盆底，上連橫膈肌的範圍）——圓拱型的橫膈膜被下拉而變得平扁，物理性地讓空

氣被拉入肺部，成為有機呼吸運動的重要部分。

　　我已強調過能在呼吸領域內全然放鬆的重要性。而深層的放鬆則需長時積累，才能逐漸熟悉且發展出有機的意識覺察結果。因此，明智的做法是，先擁有能確保自己無論面對何種需求，呼吸均能保持與體內慾望衝動能量連結的高敏度覺察能力後，才踏入呼吸力量的增加及呼吸肌力的增強練習。

　　更大的呼吸力與量加上更強大的呼吸肌群，應意謂著更增長的情感能力和更強烈的溝通慾望。若淪為空有聲音和氣力的話，就變得毫無意義。肺活量的大小這件事情本身，與呼吸是否足夠去支持一句話的釋放幾乎無關。例如，為游泳而發展的強大呼吸力量是無法用來服務具重大衝突或激烈情感的長段話語等戲劇事件之需求的。

　　任何憋住或「保留」呼吸的嘗試都會產生違反初衷的緊繃張力。這便是何以舊式的聲音練習「肋力儲用」（rib reserve）會適得其反之因。此呼吸法要求說話者吸氣後，以擴張的肋肌群抓著氣，同時用橫膈膜排出空氣，直到最後一刻肋骨非得釋放其儲存的氣息不可。讓肋骨撐著以儲存整個胸腔內的空氣所花費的氣力會產生收縮張力，削減了原初的呼吸容量。

　　肋間呼吸肌群在非自主呼吸節律中會自然地舒張與收縮。這樣的運動若受干擾或控制，例如被要求執行某個不自然的指令（像要求你保持肋骨架的擴張狀態），將造成你情感和呼吸之間深層本能連結的嚴重脫位脫節。如果你全身肌肉緊繃而僵硬，你的心理狀態也會緊繃固執而難以變動。呼吸肌群的彈性對於身心敏捷度至關重要，絕不能因力度而犧牲掉精妙度。不過，力度在應對更強大濃烈的情感表達需求時則為絕對的必要。透過擴拓對身心合一的意識覺察，你便能為了擁有更強大的表現力（而不是僅僅增加了噪音量）去探索自身的呼吸能力。

　　完整呼吸工具共有三組呼吸肌群的運作：橫隔肌、內腹肌群，以及肋間肌群。「costae」是肋骨，「intercostal」則為肋間肌，是肋骨之間滿填的肌肉組織。接下來，我們會運用伸展和放鬆的過程訓練肋間肌群：先使肌群變得柔軟具彈性，而物理性的肌肉增長將創造更大的空間讓肋骨架內的雙肺更能擴展延長。

增加呼吸力與量是主要目標。而具有能只發送出刺激肋間肌群活動（獨立於腹肌群之運動）特定指令的能力，則是此練習重點。練習呼吸工具的某區域時，可能會對別區有隱性的負面影響，所以某分區的增益可能被另一區的耗損抵銷。譬如在之前的練習中，或許因為你的注意力都集中在橫膈膜與內腹肌群的呼吸上，你的肋骨可能無意識地往下體腔掉；而你越來越專注在下腹和骨盆那令人滿足的深度體感之際，胸腔可能甚至凹陷下掉。在不失去已擁有的深層呼吸意識的前提之下，是時候增擴你上體腔的呼吸意識與呼吸能力了。

肋間肌群的職責之一是將肋架整體重量抬離肺部，同時仍能保持肋架的活動力。想想二十四個肋骨組成的骨架重量，再想像這重量直接放在一對海綿（肺）上——肋間肌不工作時，肺大概就是處在這種海綿般的狀態中。而上脊柱區想當然爾是支持肋骨之最重要元素。肋間肌群為次要支持力。若肩胛骨間的脊椎部分較弱，肋架體態會呈現出兩種結果之一：上胸凹陷，下肋骨隨著沒有支撐力的脊柱下沉消失；或肋肌群出力，搶走支撐胸部的工作。後者的反應使肋間肌過於分心部署氣力在別的事情上，造成本應用於移動肺部的力量消失。

為了能最有效地分配橫膈肌、內腹肌和肋間肌之間的工作，你首先必須解決自身意識覺察力的平衡問題。截至目前，練習總是集中在呼吸肌群組織的橫膈肌與內腹肌群上，所以接下來該是我們全心關注在肋間肌群區域的時候了。

你將會暫時假裝肋間肌群是你呼吸的唯一方法。

地板練習則是展開這與肋骨之獨特關係的最簡單方法。

步驟一

- 身體右側躺，蜷曲成半胚胎之姿（semi-fetal）。
- 左手放於肋骨架左側上——拇指在後背，手指放在前側下肋骨上方，肘部朝指天花板。
- 相當精確的畫面浮現：你全身上下唯一能容納肺的空間，就位於肋骨左側的左手下方。氣息無法下探到肚子或下腹部、上胸或肋

架右側。

- 讓純粹氣息下探進肋架左側（無聲的嘆放慾望）。感覺到左肋骨因氣息進入而飽脹，朝天上浮擴張。接著嘆息釋放的時候，你感覺肋骨突然重重的向地下掉。

- 想像肋骨之下空無一物，肋骨因此能直直的鏗鏘落地。

- 再次餵養一個新的純氣息嘆放慾望，在新氣息下探之際，讓肋骨們朝天多飛高個半英寸（約一公分多），然後再次突然地掉往地板。

不要急著替換新的氣息。耐心等待下個有機的時刻：嶄新的想法衝動被誘發，你感受到深層想釋放的慾望。

- 在每次誘發新嘆放慾望，氣息下探之時，肋骨似乎都會多隨之升高半英寸。約四、五次的嘆息釋放後，在你認為肋骨不可能再有任何空間變得更高的時候，多嘆放一次深長的氣息，說服肋骨們可以再多長高個半公分啊！

- 翻身仰躺休息，膝蓋上提，兩腳掌貼地。向內覺察肋骨左側與右側感受之差異。毫無疑問的，你對兩側肋骨之形狀、容量、密度與其開展的程度感受，必然有著強烈的體感差別。註記此種感受差異。

- 翻身換蜷曲成左側的半胚胎姿態。右手放於右側肋骨架上，細心地注意以上提及的細節與精確的意象，緩慢地重複步驟練習。

- 回正仰躺。感受兩側被加強開展的肋架空間之明確體感。

- 再次躺成右側半胚胎之姿，左手放於左側肋架上。這次當你全心往左側肋架注入新氣息之時，讓氣息掉進身體音波池內，聲音洩出：

- ㄏㄜ‧～～～（Hu-u-u-uh）

- 想像聲音振動早就住在左肋架下；當左肋骨們突然往地下掉時，掉進了音波振動裡，把聲音波動擠出／撞出／溢出體外。

重複餵養新的嘆放慾望，肋骨們也隨著每次的氣息進入更加高升。

- 現在，讓左肋架下掉進音波之池，嘆放出三和弦連音（triad）：

- ㄏㄟˋ‧～ㄟˋ‧～ㄟˋ‧～ㄟˋ‧～ㄟˋ‧～（Hey-ey-ey-ey-ey）

　　記得，這是在嘆息釋放，不是唱歌。讓肋骨臣服重力哐啷掉到地板，放棄任何想屏住氣息的意圖。想像這些三和弦連音真的「住」在側邊肋架之下。

　　你應會發現，儘管你已很顯然地讓氣息瞬間完全地掉出體外，體內所殘餘的氣息仍然足以支持三和弦連音的嘆放。瞬掉的肋骨是種心理負擔的瞬間釋放，氣息本身絕對能十足支持這相對簡短的「句子」嘆放。

- 翻轉成左側半胚胎姿態。全神貫注於右肋骨架內，嘆息釋放，讓右肋架朝地下掉，掉入音池成三和弦連音。
- 翻身俯臥，腹部著地。手或臂枕於前額下，讓臉能直直面地。
- 向下後背處餵養一充滿思維／感受的深層嘆放衝動（無聲），在慾望釋放時衝入兩側肋骨。讓氣息不受阻控地從慾望中心掉出體外。

　　因為你的肋骨架空間已三百六十度的全面擴增了，現在的嘆息釋放著實變得更強大，放鬆感也更強烈。氣息入體時，你會感覺腹部朝地下沉，橫膈膜、下後背、骨盆有了明顯的反應運動，兩側肋骨則接踵而至的開展，增加了更多情感釋放的空間與氣息。嘆出的氣息順應了逃逸體外的慾望衝動，短暫地在太陽神經叢、甚至薦椎區閃電現身後，飛出體外。

- 翻身仰臥，背躺地（膝蓋上提，腳貼地）。
- 向內餵養充滿深層意圖／感受的嘆放衝動（無聲）入骨盆底、後背和兩側肋架內──清晰看見體內所有可及空間。最後，在橫膈膜中心啟動了慾望的釋放。

　　現在，由於體內增加了更多呼吸空間和更大量的氣息，你可以創造也能輕鬆嘆放出兩倍長的「句子」了。

- 誘發一具意圖／感受的嘆放衝動，釋放的深長氣息轉化成以「厂ㄟ·」音嘆放的連續兩個三和弦連音：
- 厂ㄟ·～乁～乁～乁～乁～乁～乁～乁～乁～

不要試圖拉長氣息。讓想嘆息釋放的意圖進入腹部、後背及兩側肋骨後，從橫膈膜中心自由地釋出。

你所有的精力都將透過這兩個三和弦連音嘆放釋出。慷慨大方。揮霍一切。勿存留任何氣力。清楚看見橫膈膜擴張與回彈時翻騰洶湧經肋骨之樣貌。

- 持續一氣呵成連續嘆放兩個三和弦連音，再鬆鬆地轉身成摺葉式體位（folded leaf）。維持對腹部、後背、兩側肋骨的清楚覺察。
- 身體上提，成為手掌貼地、膝蓋著地的像要爬行般的四肢著地（all four）。
- 氣息衝入你的「腹部—後背—兩側肋骨」，同時脊柱成圓拱背（round）；隨著脊椎開始上彎弓（arch）運動的同時，嘆放出兩個連續三和弦連音。

記得，你的尾椎是聲音與動作的起始處。

- ㄏㄟ · ～ㄟ～ㄟ～ㄟ～ㄟ～ㄟ～ㄟ～ㄟ～ㄟ～
- 反覆練習多次。
- 換成蹲姿，接著尾椎上浮成頭下尾上的倒掛姿態。
- 誘發氣息下探的慾望時，維持「腹部—後背—兩側肋骨」的清楚意象，同時緩慢上建脊椎——至少經過三次嘆放、兩個連續三和弦連音的時間——脊柱節節上建回齊整站姿。
- 遊走，持續嘆放兩個連續三和弦連音，並維持清楚體內空間覺察意識。
- 站立靜止。呼喊出深長的「ㄏㄟ · ～～～～」。

肋骨覺察意識的站立練習

在你緩慢地逐步進行下列練習時，切記：直接啟動肺部的肋間肌群，

是位於肋架的內壁層稱爲肋下肌群（sub-costal）的肌肉層。這深層的肌肉需要更強大的心理意象，才能激發它強大的精確肌肉運動。唯有透過想像之力，方能有意識地鍛鍊到這種非自主性的肌肉組織。

此外，也要記得剛才腹部貼地俯躺時，氣息沉入下後背的明確體感。清楚意識到肺部和肋骨架的形狀：肺的後方與前方相比，是更往下背部延伸的。橫膈膜的圓弧狀是不對稱的，其後背的弧度比前方更下傾延展。橫膈膜前方與前肋骨和內腹肌群相連，後方則與下後背肋骨和脊柱連接。以氣息而言，後肋骨區容量較大，而前下肋骨區域則具有極大的開展潛力。我們兩者皆需。

過程中，你需要隨時監視側邊肋骨喜歡在呼吸過程中攬下過多職責的趨勢。的確，側肋具有強大幫浦般的抽送能力，但代價通常是犧牲了精微的橫膈膜／太陽神經叢的精敏連結度。爲了更提升你體內的呼吸容量，下一步將探索能鼓勵肋骨因應更大需求而更加開展的各種方法。

步驟二：肋骨伸展

齊整站姿，感受你的鎖骨沿著下行的胸骨到前肋骨之底部，再向後延伸至脊椎的完整肋骨架輪廓。手指牢牢地挖嵌入後肋骨最下緣，讓你能更具體地刻畫出肋架的位置及樣貌。

- 想像有兩條短且扎實的鬆緊帶，將你的兩肘點與後背肋骨的底部連在一起。兩肘自身體兩側垂直向上和向外微抬，你感覺到那兩條想像的鬆緊帶被外拉，下背肋骨因此起了反應作用。不要聳肩，確保上脊椎區維持直立延展，身體別向前彎。你正在建立雙肘與下背肋骨之間的強大心理連結。
- 兩肘放鬆，落下。
- 再次從身體兩側抬起兩肘，直到與肩齊平的位置。這應該會讓你的後肋骨及側肋骨被向外拉離脊椎，也向上延展，造成整個後肋骨架極佳的開擴效果。
- 現在，兩肘向前移動約7.5公分（三英吋）。鬆緊帶因此更進一步地把你的下背肋骨拉離脊椎。

- 雙肘回原位，讓後背肋間肌群放鬆一下。
- 雙肘前移，延展後背肋間肌群。
- 雙肘帶回原位，放鬆後背肋間肌群。
- 兩臂放下回身體兩側，好讓後肋間肌群全然放鬆。
- 現在，於肋骨架的前部分運用以上相同步驟，延展放鬆前肋間肌群。
- 想像兩條短且扎實的鬆緊帶連結你的兩肘點至前肋骨底部。
- 兩肘上浮至與肩齊平的高度。前肋骨下方被向外側拉離胸骨延展，意識專注於肋廓前部。
- 兩肘稍微往後打開些，讓前肋骨架被延伸開展的更多一些。
- 兩肘前移回原處，放鬆一下剛被拉開的肋間肌群。
- 重複以上，延展，放鬆。
- 兩臂下掉體側，讓前肋間肌群完全放鬆。

你需能十分清晰地看見自身肋骨在伸展過程中，遠離彼此且拉長延伸的心理意象；透過與想像鬆緊帶的連結，刺激了肋間肌肉的伸展。過程中，小心身體不要前傾或後彎，或將兩肘拉得太遠，否則容易淪於僅僅淺層又表面的大塊外背胸肌〔包括背闊肌（latissimus dorsi）、胸肌（pectorals）〕的拉展而已。

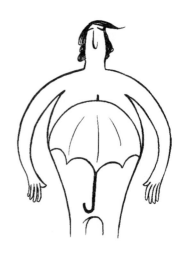

- 兩肘上浮至與肩齊平的高度。
- 兩肘向前移動，大大拉開肋骨架後方。
- 維持後肋架的開展，兩肘稍向後移，拉開肋骨架的前部。
- 你現在整個胸腔內應該會感到不太自在，像被撐開的圓木桶一樣。
- 整個肋架向上蠕動搖動，甚至讓它變得再寬些，直到你感覺到整個肋骨架變得像個超大遮陽傘那般的發散撐開。

- 保持同樣的肋架位置及空間,讓兩臂和肩膀放鬆下掉。(現在的你,肋骨仍應處於滿奇怪的位置上,過度地擴張、升高和展開,讓你呼吸有點困難。)
- 現在,稍微鬆開前部的下肋骨,讓自己能輕鬆地呼吸,但脊椎維持延展,後背肋架保持開展狀。
- 接著,讓全肋骨架鬆垮下掉,肋骨似乎掉進你胃裡一般。
- 重複以上步驟,但不包括最後的肋架鬆垮。

練習時,你的肩膀可能會想幫忙而前拉或上聳,你必須持續增加對肋骨架下半部的強烈專注力才能對抗及抵銷這種肩膀用力的企圖。肩膀應全程保持放鬆;伸展的區域從肋骨架下端拉展至肋架兩側,從上臂底部沿路拉展到雙肘——是為橫側方向性肌肉的伸展練習。

伸展前肋間肌時,小心不要彎壓後腰(arch,屁股有點翹起,造成下後脊椎變短的感覺)。有個很好用的自我檢視法是,保持你的膝蓋微彎和尾椎下沉——過度彎弓的下腰椎和緊鎖的膝蓋幾乎總是同時發生。

如果你能避免自己在展開肋間肌時吸氣而放鬆時就吐氣的習慣的話,那就太好了。試試看,在前後肋間肌之伸展和放鬆的整個過程中,嘆放出一個深長氣息,同時大聲報數,如此便能與肌肉伸展時想要吸氣、放鬆時想要吐氣的意圖抗衡。若能透過清楚肋骨結構的意象,直接連結到實質的肋間肌群,你就能擺脫它們在練習伸展和放鬆時的慣性呼吸模式。一旦你的身體重新找到與肋間肌群的連結關係,呼吸的慾望衝動將會獲得能滿足更大需求的新空間。

🔊 作者的話

如同本書前述的大多數聲音與呼吸練習一樣,專注的意識將身體呼吸工具的精確意象帶入練習中,能強化練習的功效。否則你的身體會跟著無意識的想像胡亂運作,導致渴望愛和高度關注的肌肉組織群被忽略遺忘。

在你把玩探索呼吸的範圍和細節時,全身都會獲得助益。當你專注於呼吸時,更多氧氣會進入血流中刺激血液循環,喚醒腺體及細胞進程。而已增

強的呼吸過程能讓由體／腦結合成的中樞神經系統得到明顯的益處——你可能會發現自己變得更具警覺性，對刺激更敏感，甚或更顯聰穎。

「中樞神經系統透過神經連接全身直至末梢，而神經為源自神經元之細胞體的軸突束（axon）。我認為，所有神經匯集於中樞神經系統（這裡簡稱為大腦），連接其周圍神經，構成外周神經系統（peripheral nervous system），反之亦然。慾望衝動從大腦透過神經傳遞至身體，也能反向從身體傳回大腦。除了神經層面的連結，化學上則透過諸如荷爾蒙等物質交流，流動於大腦與身體的血液中。」（節錄自安東尼歐・達馬吉歐《當下之感》第325頁）

至此為止，希望你能感受到在探索呼吸的全領域之際，你其實很明顯地就是在探索「自我」（Self）。從一開始對體內延續生命力之每一個微小氣息交替的敏感觀察，需要你對 *Self* 的高敏度；到往身心裡的核心挖掘等相當私密層面的練習，需要的是你能擺脫外部的干擾並且靜心進行——或許僅只片刻——與單純且真實的自己之親密接觸。

接著，你開始向內餵養深層的嘆息釋放衝動。你尋找著、期待著某種實在的解脫放鬆感受，並能帶著感恩的心去釋放（實現）慾望。你的心念意識逐步注入體內深處——不僅是生理上那深層骨盆底部的體感，也包括心理上（psyche）精神深底的觸碰。容我重申：古希臘時，「心理」（*phyche*）意指「氣血」與「靈魂」。氣息的深長嘆放，可能會引觸你的情緒釋放。有些人或許無法立即視此為真實的解脫，甚至覺得這種宣洩感一點都不「愉悅」。

深入體、血與靈魂的氣息，喚醒了中樞神經系統的記憶體；此處裝載的記憶，可能激出你早期存記的悲傷、恐懼、憤怒或歡鬧（可惜這種情緒相當少見）。在你嘆放出、悽泣出、哀嚎出、呻吟出、吼叫出、咆哮出、呼喊出氣息或聲響之時，也允許此些情緒齊同釋放，是相當強大的解脫。如果你進入了這種體驗，確保氣息能在過程中不間斷地交換，讓身心維持在開放的狀態，情感就有改變的自由。其實，一旦具有能坦率表達的自由，情感的天性是改變轉換而非耽溺或停滯的。

持續探索呼吸力與量時，面臨的挑戰仍將是對「自我」（Self）的提問：「我的想像力、情緒以及慾望的容度有多大、量有多深？透過這些新尋獲的龐大自我體內空間，我能說些什麼話、傳達什麼心情？」藉此暗示自己，發展呼吸量與力的練習也正開拓擴大著創意之力與量。

接下來將進入能增強你所有呼吸肌肉組織群的有機練習過程。以前我上唱歌與聲音課時，老師會讓學生躺在地上，肚子上壓著兩、三本超重的大英百科全書，同時練習呼吸或發聲。因為當時認為腹肌要強健，聲音才會增強。現在，我們知道強壯的外部肌群不過是精確而複雜的非自主呼吸肌肉群運動的拙劣代償罷了。但是，呼吸仍然需要力量。當強大的情感內容需要強大的聲音傳達釋放時，找到強大且有機的刺激源頭，以誘發出強烈的呼吸反應是為必須。這也是下一步的練習重點。

步驟三：呼吸慾望衝動的「啞鈴」

接下來的練習旨在利用強大的非自主性呼吸肌群反應去盡可能地劇烈刺激全身的呼吸工具。我稱這練習為「肺部真空練習」（vacuum the lungs）。會這樣說是因為它有替肺部吸塵[32]清潔的感覺，但主要原因是肺部能使用其如吸塵器般的真空能力去刺激呼吸肌群，轉換成強大的反應作用。

其實整個練習的過程很短，但解釋這個練習卻需要很長時間。因此，請你先讀過所有指示後，再按步驟快速進行。現在你正走入「想像力與呼吸系統的體育館」內，然後拿起慾望衝動的「啞鈴」，鍛鍊你的大腦和身體。

過程解說

像擠海綿把水擠出來一樣，你把所有肺部內的空氣排出。藉由快速大量的吹出「ㄈˋ～～」（fffffff），擠出最後的殘餘空氣，直到你完全擠

---

[32] 譯註：Vacuum，中文雖翻作「真空」，但這字也能用在吸塵器上。因為吸塵器清潔的過程，就是靠吸塵器的真空機制造成強大的吸力，把所有髒汙都往機體內抽。

不出任何氣為止（不要花太多時間）。立刻闔嘴，用手捏住鼻子，所以沒有任何氣體可以跑進身體。現在，運用上個練習中大陽傘開展的意象，開展整個肋骨架，並能在肋架內看見一個巨大的真空空間。此時檢視自己體內是否如實呈現真空狀態的最好方法是，透過仍被捏住的鼻子吸氣，看看空氣進不進得來。

另一隻手放在下背肋骨區，以鼓勵肋間肌群對身體需要空氣的慾望做出反應，儘管事實上氣息是無法進入的。記錄體內因真空狀態所產生的拉力。接著，保持嘴的閉攏，手放開鼻子。空氣立刻透過鼻子大量湧入，填滿整個真空的空間。你無須幫忙「吸氣」，只需要讓氣息隨自然法則「厭惡真空」的天性吸引，衝動地湧入所有呼吸空間。

動作順序

- 齊整站姿。
- 嘆息釋放深長的「ㄈ・～～」（fffffff），把所有肺裡的空氣排空。
- 捏住鼻子，關上嘴巴。
- 試圖呼吸，好讓你的肋骨們更盡可能地拓寬開張（想像超大陽傘的開展）。
- 看見你創造出來的真空大空間。
- 放開鼻子，嘴巴仍閉攏，讓空氣衝進體內真空狀態的所有空間。
- 回到自然的呼吸狀態。

有些人在感覺到真空狀態時，會有片刻的恐慌感。這很正常，因為它畢竟是個非常不自然的情況。但是只要你記得，自己只有在處於非自己主控的狀況之下才會有危險。只要你打開嘴巴，任何危機都會立刻消除，一切都能回到正常。而保持嘴的閉合只讓氣息透過鼻子進入的原因是，鼻腔的通道狹窄，所以呼吸肌群得更加努力的運作才能把空氣拉進來。如此的活動可以強化肌群力量。

重複肺部真空練習。這次，想像你的雙肺大到能填滿整個軀幹空間，範圍下至髖臼與骨盆底，上至鎖骨。

- 把體內所有空氣吹排出體外。
- 你整個軀幹會向內垮下沉入。
- 捏住鼻子，關上嘴巴。
- 另一隻手放在下背肋骨上。
- 骨盆底下沉，打開你的肚子、後背、兩側肋骨，創造出整個軀幹內的「真空」狀態。
- 放開鼻子，感覺空氣立刻下湧入骨盆底部、軀幹前部與後部、軀幹兩側，最後才填滿你的上胸腔。
- 放鬆，回到自然呼吸狀態。

「產生真空狀態」的慾望就好似一個想像的啞鈴。在你進入「呼吸的體育館」時撿起了這個啞鈴，然後審慎地運用它來鍛鍊那不再僅是控制者，而是需要透過念頭或感覺刺激而做出反應的肌肉。

大量氧氣的衝入可能會讓你覺得頭暈。如果你毫無感覺，或許代表著你還沒真正的完整練習到；也或許代表著你本身的呼吸機制與工具已經處於精良的狀態。無須害怕暈感，但既然暈了，就不要操之過急地重複真空練習，造成更強烈的暈眩。休息一下，做做別的聲音練習後再回來試試。多反覆鍛鍊這呼吸工具，你的暈感就會逐漸消失。

小心，不要用喉嚨肌肉去抓空氣「吸氣」。真正的「抽吸」需發自你的雙肺，注意力需放在下背肋骨區上，才能感受從鼻孔直接連結至後背肋骨的拉力。

🔊 作者的話

肋骨伸展與肺部真空練習能充分備足身體的能量。這非常適合放在胸口齒腔練習之後，提供更多往中高音域前進的支持與幫忙。重複肺部真空練習三、四次，快慢不同。這些練習能增加全身系統的活力，總體來說就是有益健康的活動。不過，當前練習之主要目的是利用自然反應運動的機制去強化呼吸肌群。

如果你只透過練習「深呼吸」去增強聲音力量，你建立的是更肌肉型的控制，這種控制對自由的自發性溝通交流毫無幫助。在我們逐漸增加聲音練習的劇烈度和複雜度時，我們非得盡心維護慾望衝動與肌肉活動之間的有機關係不可，這是讓演員能同時發展自身聲音及情感工具的一種必須。

若聲音逕自發展獨立的力量，可能會強勢地取代情緒感受，但情感能量卻是讓聲音能量增長的最佳（也最容易獲取）方法。但若反過來說，演員情感工具的發展速度快過聲音能力時，有可能造成身心的某個保險絲短路，引起燒燬整個房子的危險狀態。因此，建議你在與身體、聲音、創造力工作時維穩，嚴格保持彼此間的平衡。這雖然有點過度理想，但有個理想目標，至少有促進更良好工作品質的可能。

許多被稱讚擁有「好聲音」的演員，在我對他們所擁有的招牌（才能）表達憐憫之心時，他們就算沒感到被冒犯，也會覺得挺驚訝的。在探尋情感源頭時遇到最大阻礙和麻煩的人，幾乎總是這一群好聲音演員。就長遠的角度來看，本來聲音工具較弱者在表達時，會因為自己在過程中比較依賴內心生命能量的支撐，其逐漸習得的聲音技巧反而能更自由地服務情感需求。

下一步，你將再度踏入呼吸體育館，拿起慾望衝動的啞鈴，目標是恢復你呼吸的反射力，增快其反應速度和促進其靈活度。你也能以小丑用的雜耍球代替啞鈴的意象，增加活力。練習過程中，越大的體內呼吸空間，越需增強其彈性，其靈敏度才不會被呼吸力量犧牲。下個意識的焦點將再度集中於橫膈膜，並運用之前已建立的背腹與側肋處的意象，來建立橫隔膜為活化呼吸的啟動者地位。

步驟四

暖身準備：先延展並放鬆脊椎，使其節節下掉後重建回站姿，鬆轉頭頸並重複兩次先前的肺部真空練習。

- 向內餵養並誘發出四次極巨大的體內深層的嘆息釋放衝動 —— 真實、深切、深度愉悅的解脫感 —— 把這慾望填滿全軀幹之長寬高

每寸空隙。在每個慾望釋放後，立即接續新慾望的湧現，無須著急，但也不要緩慢等待氣息的交替。

- 讓慾望啟動呼吸，呼吸啟動身體。

  必要的話，視「深度愉悅的釋放感」為一種表演練習。設想一件即將發生但幸好沒發生的慘事，讓你真切感到深層鬆了一口氣的解脫。以這樣的假設情狀誘發慾望，反覆練習一、兩次後，你應該就會具有能直接釋放出充滿輕鬆解脫感的深長氣息之能力，而不只是沒內容的大吐氣。

- 讓氣息總是從身體底部向上填滿。

  一樣是容器，你的肺就如同倒水進瓶內時，水不會先從上填滿才下沉一樣，氣息也應總是由下而上地填滿。

- 連續創造四次有機而超級深大的嘆息釋放。

- 休息。過度練習會招來頭暈。

若是具象化這過程，你的橫膈膜會看起來像被慾望引起的大風吹下吹上，其運動像是絲柔延展的降落傘般下擴和上揚。氣息陣風夠強勁的話，體內會被干擾到有些分崩離析的混亂。腹腔外部放鬆不控制，像果凍般被內部活動影響而激烈晃動。整個軀幹內裡被進出的慾望衝動影響，變得脹滿或縮洩。

- 重複以上誘發四次巨大的深層嘆放慾望並立即釋放的步驟。

- 休息。

下一步，你將連六次向內重複餵養並誘發出嘆放的衝動。不過，這次衝動們會小一些、快一些，意識會更往橫隔降落傘的圓弧中心集中一些。這是中型（中強度）的嘆息釋放。你的職責就是創造並重新創造六個有機的嘆放慾望衝動。直到最後一次嘆放慾望的實現，整個呼吸軀幹才最終隨著屈服深層解脫的慾望而塌陷，氣息傾瀉而出，達成這份解脫的想望。

練習這個步驟時，你會看起來像在喘息，以「結果」而言，這是事實。但請不要先偷吃步的把它歸類為「喘息／喘氣練習」（panting），而應盡心集中意識在慾望的連結上，直到你能確保肌肉運動觸發慾望能跟慾

望觸發肌肉運動一樣的有機自然爲止。接著，才能安全地在工作身體時去選擇由外而內或由內而外的路徑。

訓練自身能重複誘發嘆放慾望的創造能力，讓氣息不因反覆的練習而淪於短淺、無意識或機械化。

- 重複誘發四次巨大洶湧的嘆息釋放。
- 重複六次較快速、意識較集中於降落傘／橫膈膜中心的中型嘆息釋放。
- 休息。
- 現在，把你的意識集中在橫膈膜的圓頂中央。在此處誘發多個快速且充滿生命力的愉悅期待，這些興奮的期待像蝴蝶般在這中心拍出許多小小的氣息，快速而輕鬆的飛進飛出呼吸中樞，接著能量最終轉化上衝形成一次最後的深長嘆放。

放鬆所有軀幹外層的肌肉。它們會因內部影響而有所動作，但不會因此用力或僵硬。氣息均勻進出，意即過程中氣息不會越充越滿，肺部也不應有任何的氣息空窗期。理論上，既然這些微小氣息一直容量均衡且時間平均地進出身體，就是個能夠長時持續的練習。但實際操作時，你的肌肉可能因呼吸變得越來越快而開始緊繃。所以，分批且短時地重複練習，才能避免肌肉緊繃的可能。

因此，練習時序如下：

十個左右快速輕盈而充滿期待的慾望嘆放，接著轉換成終極的一次釋放能量—期待—釋放—期待—釋放。越快、越輕盈、意識越集於中央越好。

第一階段重複四次大型嘆息釋放是爲了讓整個呼吸空間對大型身體需求更加熟悉，有更快的反應且能在不控制的狀態下迅速釋放也相對強大的能量。

第二階段則激升了更多的能量，同時測試並活化自身呼吸肌群的敏捷度。

第三階段後，敏捷性增加了，而必不可少的彈性及重要修復過程亦登場：肌肉在情緒能量強度增加的同時仍不緊繃。情緒本身的能量激發了

大量肌肉活動時，必須調節它與肌肉的連結關係；所以肌肉的運動將不緊縮、不挾持、不阻擾能量流動，使慾望與氣息持續蔓延和釋放。

這些快且輕盈的慾望釋放練習，旨在激發人面對情緒變化時快速的反射性反應。我們可以利用像小狗知道主人要帶牠出門蹓躂時的興奮圖像，添加這練習的生動：「要出門了！」的新訊息促成了呼吸快速進出的反應。一隻高興又興奮的小狗，牠的呼吸氣息很明顯地在其外部肌肉毫不緊張的狀態下自由飛進飛出其身體——肌肉運動？當然。緊繃張力？全無。現在，感謝這隻可愛的小狗，我將開始用「喘息」（panting）一詞，也相信你會記得狗狗興奮呼吸的意象，讓這「喘息panting訓練」永遠不會變得機械化。快樂的狗狗是因為滿懷著喜悅的期待才喘著氣的。讓快樂狗的意象幫助你刺激橫膈膜快速的內部運作。

不過，時常提醒演員別緊抓著某種情緒狀態的感覺不放是有必要的。演員對於情緒倏地而來的體感強烈，通常會想要留存這種很好的感覺，周圍的肌肉便開始介入，嘗試留住那情感——這種心情一出現，本來有機的情感反而會消亡。如果在當下，演員能勇敢一點自由地「花掉」這「剛賺來」的情感，那麼更多的感受將自然接踵而至。抓著感覺不放的肌肉會扼殺情感。但成為感覺之導體的肌肉，則能透過神經—肌肉之相互功能，幫助傳遞更豐富的情緒感受。

「喘息panting訓練」有助於恢復橫膈膜的有機反射作用，允許它對慾望衝動的需求自然地反應，釋放並補充足夠的氣息。若能真正身心合一的練習「喘息panting訓練」，不僅能讓呼吸肌群夠健康精實地去服務你情感的需求，亦可在你身體昏沉或不想接收任何內裡刺激時，提供純淨能量的激發。

◀)) 作者的話

你可能正在質疑究竟不斷重複練習嘆息釋放的原因到底是什麼。嘆息釋放（sighs of relief）、愉悅的嘆放（pleasurable relief）等釋放練習的原因，你理應相當熟悉。現在新加入的「帶著愉悅心情的期待」（pleasurable anticipa tion），是帶有情感的慾望激發。選擇此方式刺激呼吸運動，是因為練習過程中透過對積極、樂觀的內容反應作用，增加其能量和強度，會比那些令人不快的指令來得容易且直接。

愉悅的環境能更快地逆轉慣有的保護性肌肉反應及重新訓練不受阻礙的傳接能量。不過，最終這些重新設定的過程必須回饋到當初為了人類行為經驗的交流初衷上，其中包括恐懼、苦痛、悲楚、憤怒、恐慌、愁鬱、懷疑、仇恨等。先透過較輕鬆的情感練習建立了自由的規格，再以此自由形式去面對獨白或文本場景中較困難的情緒，是最好的處理方式。

反覆面對並練習各種情感到一定程度後，其熟悉感能產生自然的控制能力，在這種狀態之下的任何情感，都能稱為積極能量。但自己在這些領域中獨自工作是困難的，因為練習中會遇到某些你必須放開慣有控制的時刻——這個時候必須有個值得信任的人在一旁，並且懂得運用你放開控制而釋出的力量，導引這些新能量至真正需要能量的工作內容中。

否則，自我「釋放」、「放手」的宣洩會導致情緒上的耽溺或無所適從地被嚇壞。情緒失禁與自我表達的放縱及耽溺，跟原本溝通的初衷背道而馳，讓你毫無傾聽他人或允許有機反應的餘地。

這問題的答案並不僅僅在表演課或心理治療裡，也在你必須接受面對聲音就是面對表演的事實中。好的表演是極具療癒性的。

這裡講一個相對輕鬆的故事，之後可以運用在panting練習中，證明你能安全地把各種意向或情感內容注入任何練習裡。假設你能找到夥伴逐步給予以下指令，那就更好了。否則在單獨練習時，即便你已知曉整個故事，也不要預設；而是練習能明確而漸進的跟尋事件，讓它自然發生。

前情提要

今天早上你收到一封匿名信，告知你應該在傍晚五點坐離你最近的火車（或公車或捷運），到城市（或鄉鎮）外的某特定車站。一出站後就左轉，一路走至路的盡頭。路的盡頭延展接著漂亮的大花園，這花園是一間

大房子的前庭。信裡說明房子裡空無一人，門已解鎖，你將走進房子，走上樓梯，走過左手邊長長的走廊後，走進長廊盡頭的房間，請耐心等待。

你遵循了匿名信的指示。

你現在正在那大房子的空房間裡等著，暮色降臨。

實際練習

- 你現在正處於一種充滿期待的狀態。讓這種期望像之前探索練習那樣任意隨意地刺激你的呼吸。從現在起，任何事件都直入喘息 panting 的中心，於此發生。

- 你站在房間正中央，仔細聆聽著任何動靜。突然，你聽到樓下的前門打開又關上的聲音。跟著呼吸一起傾聽。你聽到腳步聲的蔓延，它緩慢地跨越樓下大廳。（讓更迭的事件影響你體中心之氣息──放鬆肌肉──僅讓呼吸自主加快。）

- 腳步聲上了階梯，並且開始走上長廊。（這時仍維持在身體中央的喘息越來越快了。外部肌肉放鬆。腳步聲步步逼近你的房間，最後停在門外。非常快而自由的喘息持續噴放。）

- 門大大敞開，你看到的是你最好的朋友！（你大大的鬆了一口氣，那深長龐大且愉悅的嘆息釋放。）

先別急著批評這故事的簡單，而是利用故事氛圍元素激發的感官刺激，引導它至體內能增強這些刺激感受之處，最終反應轉化成更多新的感官刺激。喘息 panting 的動作，能避免肌肉收縮緊繃去抑制各種過程中的自然反應作用，並確保每次氣息的離開都能帶著體內的某種感受或訊息一起傳遞出去。這，就是自然的自發性溝通。

當你看到好友的時候，確保自己真實的感受到那從期待或急切不安過渡到鬆了一口氣的舒緩情感轉換。（當然，這種狀況你可能會有很多種不同反應。什麼反應都可以，只是反應會以 panting 快速氣息進出及深長的嘆息釋放表現，兩者間有明顯的情感轉捩點。）

此處練習的重點是，在面對重大的強烈事件時，能解除神經肌肉關係中會製造緊繃張力的舊有傳導過程。並且重新訓練神經肌肉能以「釋放」

作結，去反應情緒慾望或事件。換言之，你在沒有任何生理上緊繃張力產生的狀況之下，發展和拓廣著自我的心理強度。

步驟五

練習充滿音波振動的氣息快又集中又具期盼性的釋放。

- 想像橫膈膜是沿著肋骨架下緣垂下的彈跳板（或稱蹦床，trampoline）。
- 想像聲音是個小小人（迷你版的自己），在彈跳板床上下彈跳（氣息在每個「ㄏㄜ‧」的嘆放之間飛進體內，其速度取決於你在橫膈膜跳床上彈得多快）。
- 上下彈跳六、七次後，小小的你一蹬飛天，飛出嘴巴，飛躍過房間。
- ㄏㄜ‧△ㄏㄜ‧△ㄏㄜ‧△ㄏㄜ‧△ㄏㄜ‧△ㄏㄜ‧△ㄏㄜ‧～～～
（Huh △ huh △ huh △ huh △ huh △ huh △ hu-u-u-u-uh）

步驟六

- 再次看見兩肘與兩側肋骨間的彈力連結，手臂上提過頭，兩手交扣放在頭頂。延長脊椎與頸部，避免被手的重量下壓變短。
- 意識到肋骨在這姿態下的更展開，連接著肋骨架下緣的橫膈膜因此被延展了。橫膈膜的「彈跳蹦床」增加更多張力和更多彈力。
- 這姿勢也可能提供了兩種意象的更明顯差別區分：一為在喘息練習尾末的嘆息釋放時，肋骨放鬆沉落；二為保持肋骨的開展，讓橫膈膜在廣大的肋架空間裡自在釋放那最終的解脫。

現在讓我們選擇（二）的意象，保持肋骨的開展，帶著期盼的心情練習panting。首先只有純粹的氣息嘆放，接著隨喘息嘆放音波振動，然後音高可升高或降低地隨之嘆放。每次panting練習在轉化成最終鬆氣釋放時，都能看見橫膈膜向上飛衝的意象。

- 放下手臂，但肋骨保持開展卻不用力。重複練習喘息panting，在純粹氣息／純粹聲音嘆放兩者間交替進行。

- 脊椎節節下掉成倒掛之姿（頭下尾上），在這姿態中喘息pant-ing——觀察橫膈膜因地心引力的幫忙而更能全然放鬆，重力也幫橫隔膜輕鬆飛過肋骨嘆息釋放。
- 尾椎下沉轉為蹲姿：喘息panting後釋放。
- 兩手往身體後的地板放，坐下。接著一節節的放鬆脊椎碰地，直到你全背躺地。兩膝在上，兩腳貼地，喘息panting——先純粹氣息，然後聲音跟著一起喘嘆panting釋放。想像橫膈膜嘆息釋放時，以水平的方向通過肋骨架左右開擴。
- 翻身，腹部朝下俯躺：在升冪降冪音高上重複喘息練習的嘆放。
- ㄏㄜ‧△ㄏㄜ‧△ㄏㄜ‧△ ㄏㄜ‧△ㄏㄜ‧△ㄏㄜ‧△ㄏㄜ‧～～

（以半音音程逐漸升冪，有跳音符號的音就是喘息panting的嘆放，無跳音記號的則為嘆息釋放。）

這應是最容易獲得自由和活力滿點的panting練習位置：因腹部肌肉正靠著地無法使用，橫膈膜的反應作用應會特別明顯。

- 以半胚胎姿、摺葉式及四肢著地的爬行體位重複喘息練習。最後，脊椎節節向上建立，帶你的身體回齊整站姿。

一旦你在太陽神經叢／橫膈膜的區域找到足夠自由度後，便能誘發快且平均的喘息嘆放（先純粹氣息，再轉換成音波振動）——每個短快聲音釋出之間都能有新且快速的氣息飛入——你可以運用雙重三弦連音練習panting：第一次三和弦連音的嘆放，同時喘息panting（會有跳音感）；第二次則是連續不間斷的深長聲音嘆放。

（以半音音程逐漸升幕，有跳音符號的音就是喘息panting的嘆放，連號的音符則表示連貫的音波嘆放。）

步驟七

　　重新上演空屋的故事，這次伴隨聲音的嘆放。

　　呼吸與內在能量的連結及其最高峰表達力的持續程度，都取決於你身體感受的敏銳度。演員聲音的重要屬性有廣泛度、多樣性、美感、清晰度、力度及大小，但敏感性是能驗證其他所有屬性的指標。因爲唯有能眞實反映內在能量，其他本來呆滯的屬性才能生動起來。注入生命力而成爲廣泛的感受，多樣的思維，具美感的內容，清晰的想像力，有力度的情緒，並能根據溝通需求調整大小。

　　注入發聲肌群的能量需高度敏感地被調整成心理創造過程中的更精細能量，溝通才能由內至外透明且眞實地達成。在溝通內容能量強大時，表達的經濟效益將能保存溝通內容的眞實性。

　　從體內開始工作的概念在本系統開始時已介紹過也持續沿用著，其實這代表著我們已一直練習著經濟的省力方法。但是，隨著身體覺察意識的越精進，你運用力氣與能量的技巧也應越精細。下一步會探索如何在慾望中心運用以上概念，以培養出更具經濟效益的工作途徑。

　　我們已探索過橫膈膜圓頂的中心點既能觸發聲音，亦能接收從它處觸發的聲音這兩種意象。「中心」（center）一詞能用於感覺中心、呼吸中

心、能量中心，以及軀幹中心。這裡我想提出一個「中心」概念的悖論，一方面它直接明確的指出所在位置，另一方面則提出處處均為「中心」的想法。我們兩者皆用。

只因為我們記得形容那過程的詞彙，就誤以為自己真的經歷了某個有機過程——這是字詞變成「專業術語」的圈套。「中心」便是容易陷入如此陷阱的一個詞彙。「中心」之於舞者瑪莎・葛萊姆（Martha Graham）的意義為一，於表演老師麥克・契可夫（Michael Chekhov）來說可能為二，而對我來說又是完全不同的一回事。

它是個實用的字詞，但前提是，不該有人像尊奉具絕對真理的高上聖杯那般尋找著它。一般而言，「中心」能放於體內任一處，在找尋中心並能以此中心點為源頭並與之工作的過程能淨化思緒，集中精力，才是此字詞的真正價值。當下狀態一旦改善，手頭真正任務自然能更佳地被執行。

將聲音聚集於中心所帶來的具體生理益處是，聲帶上的氣息運作越經濟省力，聲音調性就越好。過多空氣吹散聲帶會製造氣很重的聲音。此外，「經濟」不代表屏住或含蓄節省。截至目前為止的所有呼吸練習都包含嘆息釋放（sigh of relief），就是為了訓練你的心智能擺脫任何想退縮或阻礙的企圖。假設你已建立完成這自由的心理狀態，那麼在尋找呼吸運用的經濟效益旅程中，你將無須再擔心躊躇不前的危險。

你在先前的步驟中刺激了橫膈膜中心，誘發出快速且滿載期待的喘息panting。當聲音湧出時，以這種聚集於中心的喘息運動意識持續覺察，你會發現氣息的使用減少了，氣息自動更替也顯得比以前容易。非自主呼吸肌群的反射性動作起了作用。所有製聲運動全部縮減，但聲音仍如心思所想的同等強大。

下個練習將更細化「中心」的意象，藉此把更多製聲責任從肌肉轉移至心智之上。

步驟八

- 讓喘息panting在橫膈膜中央快速發生，直到你能清楚地聽見氣息進出體內外的程度為止。現在，嘴巴閉合，輕柔地誘發極快的喘息

panting，快到變成一種對呼吸幾乎不成什麼干擾的橫膈膜中心顫動。氣息在鼻內進進出出後，從鼻中飛出體外。

尤其注意氣進時的清晰度，它們很容易隨著速度的增加而消失；這是橫膈膜因為速度而下意識緊繃起來的證明。

- 顫動後，釋放；顫動後，釋放。
- 想像你的肋骨架是一個裝有蜂鳥的鳥籠。顫動的喘息pant是蜂鳥翅膀快速振動的質感。當顫動後你釋放氣息之際，鳥逃脫出籠。

- 張嘴再次重複顫動與釋放的練習。
- 這次，無須借助顫動的刺激，讓顫動中心自行找到聲音的觸碰，產生非常明確的連結：
- ㄏㄜ˙-ㄏㄜ˙（Huh-huh）

現在，請你想像一個我稱之為「內在中心」的地方。下個練習我會引領你到一個比呼吸中心更遠的體內深處。若你能按照指示注入想像，你將抵達最經濟、最精細微妙的自我聲音使用效果。

練習前，請先仔細閱讀以下步驟：

- 首先，允許微小的顫動像電流般在橫膈膜中心點發電；接著，放鬆、放手好讓幾乎所有的氣息都離開體內。但，請不要像肺部真空練習那樣擠壓或推出空氣。此時，你會感覺體內似乎沒有留下任何能發出聲音的材料了。不要換氣，將想更深更沉放鬆的

意念往內裡注入，掉入比呼吸處更深沉的體內，撞擊出一個聲響「ㄏㄜ・」。

- 依序重複：顫動／釋放／聲響從比呼吸更深下之處掉出。放鬆；允許氣息重回入呼吸中心，補足下個慾望所需的氣息。
- 照流程再次重複練習。

注意力集中於剛剛發現聲音的體內深處。它或許正好在太陽神經叢後方靠近脊椎之處。將這確切的物理位置正式記錄下來，並命名為「內在中心」。

於是乎，再依下列流程重複練習：

- 顫動／釋放／臣服於更深下的內裡中心之聲音：
- 「ㄏㄜ・」
- 橫膈膜下擴，氣息下沉替換。

在這不需使用任何氣息的狀態中，你顯然能再次找到那「內在中心」的聲音碰觸。

看來，當意念衝動觸及內在中心之時，無須氣息便能觸發振動，形成聲音。只有聲音釋放後你完全放鬆時的氣息替換，才證明了些許氣息的使用。

再試一次。

- 顫動／釋放／臣服於更深下的內裡中心之聲音「ㄏㄜ・」。
- 放鬆，讓氣息自然交替。
- 不要用新的氣息發聲。
- 再次從內在中心出發說話。
- ㄏㄜ・-ㄏㄜ・／放鬆／即使你很顯然地沒有用氣息，氣還是被替換了。
- 再次從內在中心說出「ㄏㄜ・-ㄏㄜ・」。放鬆，新的氣息進入。

這裡訓練你能更進一步地將生理肌肉氣力轉化為心理精神能量。要能自由地傳遞更大更多的溝通內容，你唯一需做的事是保持與自我內在中心的連結，並從心智（mind）獲得更多電壓能量的傳遞。

步驟九

　　找到與內在中心的連結，嘆放「ㄏㄜ˙」，接著嘆放「ㄏㄟ˙」（hey）。

- 重複「ㄏㄟ˙-ㄏㄟ˙-ㄏㄟ˙」。
- 新氣息再次下探，你選擇不使用這氣息發聲，而是讓「ㄏㄟ˙」
  聲再次於內在中心湧現。
  每次嘆放完「ㄏㄟ˙」後，身體內部放鬆氣息會自然交替。
  逐漸熟悉這樣的心理歷程：「這聲音的觸發不需要任何氣息的使
  用，但每次聲音嘆放後，我會讓氣息自然更替。」
- 你開始直接連結心念—聲音的一統性，不再需要氣息的中介。
- 先再做一次先前內在中心練習的身心準備。
- 接著，嘆放「ㄏㄟ˙」聲；完全依靠你心理（非肌肉）的增強，
  持續增加你聲音的力度與音量。讓「ㄏㄟ˙」不轉換音高而越變
  越大聲。
- 橫膈膜落下擴展讓氣息交替。

聲音強度的增長應來自你身體的內在力量，外部肌群幾乎全然放鬆。

下面的對比練習提供你分清外部與內部力量之間的區別嘗試：

- 盡可能地用力內收你的腹肌，大聲喊叫「ㄏㄟ˙」！用大的外腹
  肌群向內強力的打出一個大聲的「ㄏㄟ˙」。
- 現在，讓外腹肌群放鬆，傳送一樣的強大召喚慾望衝動到你的內
  在中心，震出「ㄏㄟ˙」聲。

　　外部肌群的用力到內在心理強度的使用，在這兩者間多重複練習幾次，好好體驗究竟過程的改變能產生怎樣不同的結果。

　　具經濟效益的呼吸意味著對意象、感受和慾望衝動下了承諾。你在過程中逐漸熟悉以下身心歷程——意象餵養進呼吸區域，誘發了在橫膈膜或骨盆／薦骨區的情緒感受，並隨此感覺激出反射動作。

　　或許「中心」也可代表意象（圖像）的中心。

　　其實在我們漫遊於體內的各個風景區時，一直鍛鍊著想像力的「肌

肉」。我希望你能像個視覺藝術家一樣，嘗試創造自內部源起的畫作圖像——一種能刺激且指揮呼吸衝動的圖像，並在到達外界時達成作品體現的最高峰。

步驟十

　　站離牆約三公尺半（十二英尺）遠，想像這牆是塊巨大的畫布，至少有六公尺寬。在這畫布上你會畫一幅畫——一幅海上風景畫。
　　練習前先閱讀以下指示：

- 在畫布上繪製一條明亮的藍色波浪海平線。畫出一艘大又簡單的船，紅色的船。
- 畫出船的桅杆與兩個大大的白帆。再畫上圓圓的黃色太陽。
- 畫出太陽的光芒。
- 塗上大小不一的蓬鬆白色雲彩。畫出在船周圍繞的小海鷗們。在底部簽上你的名字。
- 氣息是你的顏料——「ㄈ·」（ffff）。每個新圖像均會產生新的呼吸慾望衝動。大圖像需要大量呼吸——海平線、船。中型圖像則需中等量的氣息——船帆、太陽，可能某些雲也是中型的。小圖像們就要短小的氣息噴灑——海鷗、每束太陽光芒、你名字中可能會有的橫豎點撇……，所有慾望衝動都與內在意象中心的氣息連結，穿過軀幹，最後透過「ㄈ·」（ffff）傳遞出去。

　　開始練習前的最後一個指令是：讓突然的靈感湧現，震驚到你暫停一切，然後猛然感受到必須將這幅畫顯現在畫布上的衝動。畫起來！

- 這次視聲音的嘆放為顏彩再重複練習。所有的聲音應為開展的「ㄏㄟ·～」、「ㄏㄚ·～」、「ㄏㄧ·～」音。

步驟十一

　　閉上雙眼，看到剛畫好的作品浮現在與橫膈膜齊高的體內之處，與你的呼吸融合。張開眼睛。體內圖像依舊存在的同時，你也看著牆上自己的畫作。

持續體內與體外圖像的連結，讓你的聲音與下列字詞成為顏料和畫筆：

- 寬廣的地平線。
- Δ（氣息自然交替）
- 暗藍色的海。
- Δ
- 天空中燃燒的太陽。
- Δ
- 巨大的船漂浮於滾滾浪潮上。
- Δ
- 船有兩支桅桿。
- Δ
- 海鷗猛撲而下並叫喚。
- Δ
- 水手們呢？
- Δ
- 讓你的聲音成為內心意象與外在圖像連結的橋梁。
- 轉換回共鳴階梯上。

透過增加呼吸肌群之力度、容量和反射敏感度的練習去增擴呼吸意識覺察力，能提供你更強大、更生動、更廣泛的表達力之可能。這裡列出人聲的重要基本元素提醒：

- 溝通的慾望或需求。
- 清晰而充滿感受／思維之慾望衝動湧現。
- 呼吸氣息。
- 共鳴共振。
- 當語言加入聲音後，唇舌將改變形體以構音，並將感受注入字句裡。

現在有了額外的呼吸力，我們可以回到共鳴階梯內，增加其意識力與表現效益。

先前已經探索了胸腔共鳴的大空穴（增強聲音之低下部分）與口腔洞穴（小一些，具有完美的聲音迴盪屋頂之蛋形孔洞）。從口穴內，又獨立出在前齒內尋獲的共鳴聲。你在每個共鳴區內都發現了能引起區內最佳共鳴反饋的音調聲響。

竇腔、鼻腔與頭腔是共鳴階梯的下一組本體踏階。在向上踩踏前，你必須先增加更多的呼吸意識力，因為這些屬於較高音域的部分是最有可能慣性地依賴你的舌頭、下顎與喉嚨的支撐。聲音範疇中的中上部必須學會全然仰賴氣息與共鳴能量的方法，你的聲音才能擁有具情感及連結內心的表現力，而非淪於描述工具。

還記得赫爾米斯那個很會騙人詭詐的舌頭之神嗎？在下個聲音延展旅程之中，舌頭肌肉仍然必須完全放鬆；若想透過全然透明且開展的中上音域，去揭露像艾里斯的如虹般七彩真相，你的下顎亦需全然放鬆才行。

第十四天

竇腔共鳴
臉中區，中音域——出路

■預計工作時長：一小時
∙ ∙ ∙ ∙ ∙ ∙ ∙ ∙ ∙ ● ∙ ∙ ● ∙ ∙ ● ∙ ● ∙ ● ∙ ● ∙ ● ∙ ● ∙ ● ∙ ● ∙ ∙ ● ∙ ∙ ● ∙ ∙ ∙ ∙ ∙ ∙ ∙

　　現在，我們進入到聲音最精微、最複雜、也最有趣的部分：共鳴階梯的中階，聲音的中音域。此處聲音有著最顯眼的質感，也反而可能因此難以自由地被運用。與簡單的胸口腔空間構成相比，竇腔裡共鳴的廊道屬於迷宮級的。

　　你必須檢視真的頭骨，才能領會在臉皮之後的骨頭內有多少不同的形狀、通道及空間。有些是堅硬的骨頭挖嵌出來的，有些卻才幾釐米寬，腔壁上有透明的軟骨。頭骨因為有著如此多變的形狀與質地，其共鳴質感具龐大的多樣性潛能。

　　雖然多數人說話時是處於中音域位置的，卻傾向使用僅僅一、兩個音調。有時刺耳，有時鼻音，有時是充滿氣而霧霧的氣音，有時幾乎像唱歌一樣的悠悠卻單調的聲音質感。即便聲音因「位置放對」或「形塑得當」而聽起來相當悅耳，這聲音只不過表達了「我的聲音訓練有素」的內容罷了。技巧有素的聲音有時令我難以信任，因其意味著這個人具操控聲音的能力，能達成自己希望別人接收到的預期樣貌結果，卻在過程中犧牲掉自我內在世界的真相。

　　一個具有足以發出穩定一致的「悅耳」語調之能力者，其內在正隱藏掩飾著許多東西。

　　人既然有如此豐富的共鳴質感調性可用，那想準確地顯露出思維想法

裡最細微精妙之處是絕對有可能的。但我們平常卻難以聽出內容的細微差異，就表示在日常人類交流裡，我們對這麼準確的真實揭露是感到非常危險的。在生命早期，我們就已開始發展了易於觸發的防禦機制，可讓聲音中最易暴露內心情感的部分獲得最大的保護。有些防禦反應是很本能或很自發的，但有些反應可能被扭曲僵化而成為習慣。也有些是自我個性在半意識狀態下所做的選擇，另外有些則是模仿得來的結果。以上均能導致舌頭、下顎、軟腭與喉道產生會阻礙聲音在某些腔體內共鳴之肌肉反應，並將聲音振動移轉它處。主要共鳴反應被阻斷，導致次要性共鳴傳遞的是已被修飾過的訊息。

我舉個你表達意見的例子好了：「親愛的，我覺得你開太快了。」這裡面可能主要的感受是恐懼之衝動，「在危機裡保持冷靜」的自我個性選擇有意識地調整語氣後產生了以上結果。如果這恐懼衝動激發出的能量是直接地被表達出來的話，它將啟動氣息與聲帶，反應出相對高頻的振動，這些高頻會在臉部中高共鳴區域找到合適的放大共振處（似自然擴音器般）。上咽部、軟腭及上竇腔組織內的無數微小肌肉群會吸收原初之衝動能量，激出能產生更多同頻震盪的肌肉音調反饋，從而精確地傳遞受恐懼刺激出的本初衝動。

除了中途可能被連串的自我調適元素之次要訊息或外來影響抵銷以外，改良的情緒能量振動會產生更好的聲音振動。所以，對於上述危險駕駛的例子，乘客真實的身心反應之實際順序可能會是：

1. 太陽神經叢刺入突然的恐慌而刺激了氣息的迅速吸收，同時太陽穴、眼球、頭頂肌肉與上咽部幾乎無法察覺地自行緊縮。

2. 但乘客因當下情況，有條件而迅速地決定自己不應表達恐慌。慣性地下凹後舌及喉部，以建造一條深且平靜的通往胸腔共振區域之通道。

3. 喉部肌群與中下音域的操縱，讓乘客以溫暖、深沉的語調傳遞一種溫和的暗示——是不是安全比後悔好，遲到比死亡好呢？——任何覺得可以幫助減速的話語都溫柔地釋出了。

另一種依據人性格調節的狀況，可能是輕易地把恐懼轉化為笑聲——或許是相當高音頻咯咯地笑。因為這些特定的個性影響，會增加新

的肌肉緊繃反應，又因此激增衝動，使一切包括聲音在內的事物像漩渦般越捲越高……

不同成分的添加能讓這簡單的例子有無數種變化：駕車者的心理狀態；兩人之間的關係；相同事件發生過的頻率；真實危險性的大小等等。以上條件的反應表達都比單純的恐懼衝動來得常見。所以，直到演員（行動者）的聲音能傳遞純粹的真實感受之前，不能期待自己的聲音能準確地表達內心複雜性：演員做的選擇複雜度或角色需求，會被無意識的多種防禦習慣及個體自我性格特色等濾網過篩，最後發出與本初心裡觀感大不同的聲音結果。

總而言之，氣息、聲音振動、共鳴反應之間的純粹連結，是接下來探索新音域的基礎。你可以把聲音當作冰冷的樂器練習，只有聲響，與情感分離；或你也可以開展心胸接受讓感覺與聲音結合的可能，並允許感受和聲音能同時受刺激又相互影響。

以下的練習能提供一些有用線索，打開臉中區共鳴腔體的可及度與可用度。

- 臉中區音域工作前的暖身準備。
- 若你只思考臉是在照鏡子時看得到的面向那樣的一張面具是不夠的。稍加深思臉內部的立體空間、鼻後的深度，以及臉頭皮下像古羅馬墓穴般的骨感蜿蜒孔洞通道。
- 首先，必須讓臉上所有能直向、橫向及斜向運動之肌群充分啟動與活化。此些肌群不是能動員起來幫助溝通，就是會毫無動作地阻礙著溝通。

各臉部肌群獨立運動

- 多次抬起及放下右邊眉毛。
- 多次抬起及放下左邊眉毛。
- 讓右臉頰擠在一團，然後放鬆幾次。
- 讓左臉頰擠在一團，然後放鬆幾次。
- 多次上抬與放鬆上唇。

- 多次上抬與放鬆下唇。
- 橫向拉展右嘴角後放鬆。重複幾次。
- 橫向拉展左嘴角後放鬆。重複幾次。
- 左右嘴角交替橫向拉開多次。
- 向上皺起鼻梁，然後放鬆。
- 上下移動鼻梁。
- 右眼用力閉起。
- 大大地張開右眼。
- 左眼用力閉起。
- 大大地張開左眼。
- 左右眼劇烈地交替刻意打開閉上多次。
- 抬起左眉毛並同時橫向拉展右嘴角。
- 下顎不要有動作。
- 放鬆。
- 抬起右眉毛並同時橫向拉展左嘴角。
- 放鬆。

設計任何可以綜合直向、橫向、斜向肌肉延展運動的練習。刻意操作臉部各部位肌肉，照鏡子檢視看看心裡想的是否跟身體做的結果一致。

最後：

- 全臉往中間擠成一團緊肉球。
- 接著打開並延展全臉，越開越好——眼睛、嘴巴張大不已，像吶喊出一個無聲的尖叫般。
- 放鬆，甩甩臉，把臉皮甩離臉骨。
- 用雙手按摩一下自己的臉。

臉中區竇腔共鳴

「竇」意指一個凹陷的、空穴的或中空空間。從骨頭挖嵌出的中空處是完美的共振腔體，而接下來的練習將集中於我們最熟悉的兩組竇腔區：鼻的兩側稱為中竇腔（或竇腔），位於鼻上方與眉毛之下的區域則稱作上

竇腔區。

步驟一

- 開始用手指探索臉部的地勢。從鼻子出發，感受跨越鼻翼兩側的顴骨地形。地形調查時帶入想像，看見你的鼻子是座小山，兩邊顴骨則是圓滑山丘。你在鼻山和顴骨丘之間會發現一個或可稱之為「潮濕的鼻竇谷」，輕緩的向下凹陷。從鼻山翼兩側開散到臉頰丘陵（顴骨）下方的區域內布滿了如海綿般觸感，有時敏感的柔軟空穴和竇孔。輕柔地用指尖按摩這些區塊，以畫圈的方式沿著鼻孔向上並向外移動，自臉頰的山麓下方一路外展。

初步地調過後，你的下個任務是獨立出那從鼻山綿延至顴骨丘，中間又穿過潮濕竇谷的肌肉組織。想像這些肌肉就像是兩座跨越竇谷之上連通鼻山與臉頰山丘的小吊橋。

- 現在，上下移動這些吊橋肌群。

這就像是你兩手沒空，但卻想把滑落的眼鏡推回鼻梁上時臉部肌肉會做的動作。

- 照鏡子檢視觀察：

(1) 動作完全獨立於鼻兩側的竇區肌群之上。

(2) 前額或上唇肌肉沒有任何運動。

(3) 下顎不動。

- 現在，用中指按摩竇腔區。
- 在手指按摩及獨自上下運動的竇腔肌群之間交替運動。

步驟二

- 讓舌尖鬆鬆地出嘴放在下唇之上。

舌頭應該厚厚的、鬆鬆地向前外滑出。舌頭若真的很放鬆，會夠寬到可以碰到嘴角，厚且不動。如果整條舌頭上任何一處具有緊繃張力，它就會試圖把自己再度拉回口內，變得尖、薄、扁或舌中間下凹。

- 舌頭鬆躺在下唇的此時，垂直地上下移動竇腔肌群。

- 現當下，你正逐漸調節著自我身心意識，感知並建構通往中竇腔區的路徑，同時解除過程中任何舌頭慣性提供的支撐力氣。
- 現在，你的舌尖仍外躺在下唇上，無聲的氣音「厂一‧～～」（heeee）嘆放穿過前舌與上前齒之間的狹窄空間離開體外。
- 下一步：你的舌尖仍躺在下唇上，無聲的氣音「厂一‧～～」嘆放穿過前舌和上前齒之間的狹窄空間時，多次上下移動中竇腔肌肉。

你這時正積極地從竇腔意象與呼吸釋放過程中將慣性舌頭反應分離出來再解決掉。

如果對你來說，將舌頭放鬆在口外，竇腔肌群上下運動，又同時深層地自由嘆放這件事，像一手拍頭、一手在肚子畫圈般的困難，就表示你抓出自身慣性的努力方式了。

- 所以，持續反覆練習，直到竇腔區肌肉運動能完全地與舌頭分離，讓舌頭自始至終均能放鬆冷靜地躺在下唇之上。

接下來，持續照鏡子檢視。

把音波振動加進嘆放的「厂一‧～～」音。

- 舌尖放鬆在下唇上，目標是穿過口腔的聲音清楚的嘆放出中音域範圍的「厂一‧～～」──大約是中音C之上的F音，男性則請低八度──同時上下移動中竇腔肌群多次。
- 氣息自然交替，升高半音程，接著再次嘆放「厂一‧～～」，中竇腔肌上下移動，舌尖維持放鬆狀態躺在下唇上。沿著升冪音程反覆練習。
- 持續地嘆放向上升高的音「厂一‧～～」：

一旦你感到自己稍有用力推著高音，就可以換降冪音程。過程中可交替使用手指按摩或讓竇腔肌自行上下動搖。專注地引導「厂一‧～～」音嘆放過嘴內空間：穿過上前齒並刷過舌尖離身。

儘管我們把注意力都放在喚醒竇腔的意識及此區的聲音振動上，你仍會發現聲音還是會被竇肌的運動影響。但是，別因此讓聲音浸留在竇腔內。你若是將目標設為「聲音往竇腔內送」，聲音實際上會跑到鼻子裡。這當然沒什麼危險，卻會因此推拒了許多鼻周、臉頰山丘及臉骨孔穴內其

他音波振動共鳴質性的探索可能。

是強烈的意念（慾望）力量帶著聲音穿越上齒與舌頭。不是強迫推擠，而是注意力高度集中的嘆息釋放。

此練習的重要意識關鍵點是舌頭。誠如先前所述，後舌經常隨著音的高升而緊繃，其肌肉力量便代償了呼吸本有的支撐力。隨著其共鳴區域的逐漸喚醒與開展，實腔開始提供聲音真正的共鳴力量。聲音可以逐漸將對舌後肌的依賴轉移給呼吸與共鳴的真實支持力。舌頭越能放鬆不介入，聲音便越需要呼吸能量的真正支持，並會在臉口內的立體空間裡找到其真實的共鳴之力。如此一來，最後的必然結果是：聲音找到越多真實的共鳴力量，舌頭越能放鬆。

步驟三

- 再次讓舌尖鬆鬆地向前，厚且鬆地向前、向外滑出於下唇之上。檢查舌頭真實放鬆狀態，會寬到能碰到嘴角，厚軟而不動。別讓舌頭把自己拉回口內，或變得尖、薄、扁或中間下凹。
- 在三和弦連音上嘆放「ㄏㄧ‧～～」（heeee），經過你口內、上齒和舌面上方的狹窄空間。嘆放三和弦連音的「ㄏㄧ‧～～」時，上下移動實腔肌，並檢查舌頭是否保持全然的放鬆。

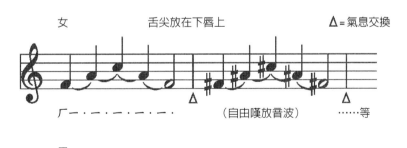

- 內裡放鬆，新的氣息進入替換。
- 想像三和弦連音水平式（橫向）地穿過口內嘆放離身，而不是垂直地跟著音高上下跑動。

以這一系列升冪的三和弦連音群「ㄏㄧ‧～～」嘆放練習，去檢視舌頭與呼吸的相互關係。若你下顎內側的舌頭變硬，請在聲音嘆放的同時用手指按摩舌頭放鬆。這區域較不敏感，你可以不客氣的加點力上推去逼它放鬆沒關係。無論釋出的音調多高多低或沉默不發聲，舌頭都應該保持著相同的柔軟狀態。每當你感到舌頭繃緊時，讓你的意識下探入深層呼吸區，讓嘆息釋放獲得更多解脫、更多自由。

基於使聲音更自由的初衷而訂定的簡單規則是：嘆放的音高越高，越應該從體內的越深處嘆息釋放。

- 舌頭放鬆回嘴內，丟掉所有先前的練習和想法，自由地呼喚出一個深長且自由的「ㄏㄧ‧～～」音。把聲音甩出去——全身透過聲音的甩灑而放鬆。

此練習階段的音質如果不夠「漂亮」好聽到能符合你美學的標準，請勿著急。讓自己專注在因果關係之上：呼吸能高度自由地反映嘆放高音的想法；臉部肌群的喚醒與放鬆；舌、顎、喉的持續開展自由。起初練習時的聲音聽起來可能滿奇怪的，但其實這樣比較好喔，表示你舊有的美學標準可能正讓位給新的標準。在這練習釋放和自由的現階段，自我的美感批判常常變成了阻礙自由原初聲音的元素，這種標準應在後期聲音精整細調階段才帶入。如果你堅持根據聽覺接收的結果自我評判：「這聲音真恐怖」、「我好好唱歌的時候比這聲音好聽多了」或「那怎麼可能是我發出的聲音」……，就在在表明了你並未將所有注意力集中在工作過程的生理與感官層面上，也永遠不可能對練習結果滿意。

在你面對越來越高的音高釋放需求時，這些身心重新調整的訓練，不僅是幫助增廣你的音域或發展歌唱聲音而已，也是一種從根本改變的重新設定：它旨在改變所有面對更大要求時的反應，讓這些反應從「用更多的力氣」變成「更自由的釋放」——例如面對那些必須被具體化的龐大角色，或在偌大的劇場裡必須被聽見，或情感濃烈激動之際但仍然有著傳達

溝通的必要等等。此種強大的溝通應是你在合宜條件下，體內豐富的內在能量交流時所產出的一種副產品：開放又自由的身體與聲音之溝通渠道；強大而慷慨的溝通慾望和衝動，並承諾在每次溝通（釋放）後都能感受到極大的愉悅解脫。最強大有力的情感表達提供了最強大、最滿足的釋放。

🔊 作者的話

我之所以希望你能在音更高時釋放更多，是為了打破那些常見的「唱高音就會用力推擠」的習慣反射。強硬的「打到」高音、硬撐上去、更賣力或直接拒絕向更高的音邁進等等，都是面對更高音調時常遇見的普遍生理或心理反應。

若你有心決定要在音越高升時能更解脫釋放，你能做的有三件事：

1. 撤除呼吸肌群無意識的緊張預備狀態，因為緊繃與嘆息釋放是相互矛盾的。

2. 更大量的傳遞呼吸氣息以幫助釋放各式音調並提供支撐力。

3. 以帶著愉悅情感的明顯釋放（解脫、自由）感知，去削減且替代強推、硬拚、苦幹掙扎或「我沒辦法」的綜合症狀。

若你能下決定讓每次嘆息都能愉悅的釋放，而每次高升的音都將帶來更深更多的愉悅解脫感，你將能創造更龐大的能量、呼吸量以及面對高音的全新態度。高音的嘆放會變得容易許多，經濟效益也將自然地接踵而至。

步驟四

為了抗衡（或抵銷）那隨著音變高，呼吸及慾望起源就跑到身體高處之習慣，所有竇腔練習都應該結合地板練習。

- 背貼地仰臥，腳掌貼地，膝蓋在上。先從舒服的低音開始，嘆放出三和弦連音群「ㄏㄟ˙～～」（hey）。
  觀察嘆放較低音時，哪些共鳴腔會參與。接著你會發現隨著音越

來越高，口腔的共鳴亦隨之啟動。

- 一旦感覺自己進入中音域後，翻身俯臥，腹部朝地：
  更改母音成鬆而長的「ㄏㄧ‧～～」（heeee）三和弦連音，持續嘆放。

  確保自己是往下後背的深處餵養著嘆放慾望，感受後腰在氣息衝入身體時向天升高，氣息離身時則直向地板落下。看見音波振動隨著重力刷過牙齒掉出體外。

- 身體轉換成摺葉式姿態，讓舌頭掉出來到下唇上，持續嘆放三和弦連音群「ㄏㄧ‧～～」，同時上下動搖竇肌群。

  有意識地感受到下後背為了氣進而開展，並看見聲音自你的尾椎沿著脊椎流過後頸和頭頂，再隨著重力沖過臉中區才掉到地上。

- 腳趾扣地後，身體轉成蹲姿。兩肘在兩膝蓋內側，用兩隻大拇指墊在竇區按摩／振動竇腔肌，同時沿著脊椎嘆放三和弦連音「ㄏㄧ‧～～」，聲音流過後頸與頭頂，再隨重力沖過臉中區才掉到地上。

- 尾椎上浮空中，變頭下尾上的倒掛姿態。兩肘放在雙膝上，再次用大拇指按摩／振動竇腔肌，同時感到橫膈膜在嘆放三和弦連音「ㄏㄧ‧～～」時，隨著重力下掉。

- 緩慢的上建節節脊椎直至齊整站姿，讓身體重力中心維持在低處，並持續感受竇腔共鳴嘆放所產生的清楚能量。

  現在你應該已能非常明顯意識到自己臉後方尤其顴骨之下的空間了。顴骨本身就是很完美的共鳴空間。

- 如果感覺頭暈的話，可以上下彈動膝蓋。

步驟五

以下練習需要集中力與清明的心理能量。

準備工作：

- 讓你的雙唇向前嘟噘起來，好像你要對別人啵一個、親一下。接著劇烈地把兩唇往兩旁拉成最開的咧嘴笑。

- 重複：嘴唇向前噘、向兩旁開，向前噘、向兩旁開；嘟嘴、咧笑，嘟嘴、咧笑。
- 下顎不介入。檢查方法：做嘴唇練習時，小指尖放在上下前齒之間。
- 確保舌尖維持在下排牙齒的後方。

你現在運動到的是臉部橫向及斜向的肌肉群，寰與頰的肌群也會無可避免地連動到。注意到在你咧嘴笑時，兩頰會在眼睛下擠成一團，向前嘟唇時，骨頭上的臉皮則會被拉展。

- 前推雙唇向前噘起來。想像嘟起來的唇中可以放一個小音球。找到一個中音，嘆放聲響時，在嘟起來的唇中把玩音波振動，把它們擠在一起，稍微放鬆後又擠在一堆。構成的音會像很微小嘴型的「ㄨ‧～ㄜ‧」（Oo-uh）。
- 現在，想像一下音波球就像個小圓石，而你的雙唇是個彈弓。聲音在嘴唇側拉開成咧嘴笑的瞬間向前發射，你的臉也因此向兩旁彈開。
- 射出的音波向前飛出發出強力明亮的「ㄨㄟ‧～」（wey）音。

「W」的聲響由兩個母音「ㄨ」（oo）與「ㄜ」（uh）構成，而字音「ㄨㄟ‧」則由兩個母音「ㄨ」（oo）與「ㄟ」（ey）構成。

- 再次練習。照鏡子觀察，雙唇前嘟時，從顴骨到嘴角的斜向肌肉延展。把嘴唇橫向往兩旁打開的動作是斜向肌肉拉展的瞬間釋放，就像拉開強力彈弓後的瞬間放手。放開的瞬間，你會看到兩頰被上推至眼睛下方。強烈的動作應該會有強烈的聲音結果。但這並非亂叫一通，而是面對激烈運動時產生了強而有力的清楚聲響的自然反應結果。

聲響會增強而寰腔／顴骨之共鳴會增加，並幫助中上音域強度的發展。這聲音非常外向，有短且明亮清晰的呼喊結果。這是因為你的能量集中，不是因為你想大喊大叫。所謂「外向」是指於外部而非內裡發生的一種開放又有掀底牌般揭露的質感。

- 現在，喚醒對呼吸能量中樞的興趣：

往身體內裡餵養四個巨大深層嘆放慾望、六個中型的嘆放慾望，以及許許多多快速活潑又充滿期待之慾望。

- 在許多的期望喘息pant轉化為最後的嘆放時，慾望直接自喘息中心送至你的雙唇與顴骨構成「ㄨㄟ˙」（wey）音。
- 在一個深長的嘆息釋放上多次釋放「ㄨㄟ˙」音。
- 唇向前構成「ㄨ」（oo）音，往兩旁變成「ㄟ」（ey）音。
- 雙唇向前再往兩旁打開；向前，往兩旁打開；向前，往兩旁打開：
  ㄨ-ㄟ-ㄨ-ㄟ-ㄨ-ㄟ～（Oo ey oo ey oo ey）
  整個過程都覺察到音波在唇上的具體震動連結。
- 在升冪的音高嘆放上反覆練習，小指尖放在上下前齒之間──從升F音逐漸上升至降E音。

- 喉道切勿用力緊繃。軟腭開展。舌尖輕靠下排牙齒後方，舌頭放鬆。下顎不動。從呼吸之源到臉前區有相當清晰明確的通道空間。
- 照鏡子，確保雙唇總是向前完全噘起，向兩側全然開張。氣息吹過雙唇成唇顫，放鬆它們。

為了增強音域的中間範圍，你必須以激發臉的最前區之共鳴為前提來設計各種練習。這是開放、外向的聲音，深刻的內在思想最能透過此部分的聲音親密地展現，亦可於此處毫不費力地自由表達你最活潑、熱情洋溢、波瀾的情感。

🔊 作者的話

在舊式聲音訓練中會有「把你的聲音放在臉的面具裡」及你要「投射／丟出」（project）聲音才能被聽到等指令。這個很平面的「面具」意象不僅否定了臉部骨骼結構之複雜性與其豐富的共鳴力與能量，甚至暗示了臉是用來藏東西的「面具」。「project」一詞意為「向前扔／投射」。若你在試圖真誠地沉浸於劇情裡表演時還要向前「投擲」聲音，你便正在分散且消耗著精力。

你必須對過程中自由且開放的真實表達下完全承諾，才能將上述適得其反的術語詞彙替換更改：你必須有著與劇場最後一排的觀眾分享你當下角色的想法及感受的渴望，也必須擁有輕鬆且開廣的身體與聲音通道才能滿足這渴望。你必須能擴展自己的覺察意識，到自由表達自身內在的同時也與外在聽眾連結著，那不相互抵抗的平衡境界。

倘若你能致力在對思維感受的**真實**表達之上，又具有分享這思維感受的**誠實**慾望；再假設你的呼吸與發聲肌肉組織內全無阻礙或緊張，這樣的人聲將能從內心深處乘載你的想法／感受內容送到你的面前，再傳至觀眾身上。

為了能幫助創造出上述的有機溝通條件，這裡有些好玩的「ㄨㄟ‧～」（wey）的延伸練習。多反覆練習，終能引領你往自然運用的路上前進。此處為原書籍英文教材，譯者認為保留原文精髓較符合作者宗旨，句子們本身意義不大，請著重在構成的發音。[33]

• 用以下字詞替代「ㄨㄟ‧」音，但臉唇的動作內容保持不變：

Will you will you will you

這將原本雙向斜式頰肌運動的重點轉成為強調臉頰肌群在發「will」音時，會主動往橫向拉展，而發「you」音時則向前釋放。舌頭這時也因

---

[33] 譯註：若對中文新編教材有興趣的讀者，請參考此書的改編書籍：《人聲探索的旅程手冊》，林微弌著。

為發/l/，接著發/y/，從口腔前方換至後區而有所動作，讓音波漣漪往外蔓延出聲。

- 在嘆放三和弦連音群時，用滿滿的咧嘴笑及完全嘟起的唇探索聲音的中高音域：

  Willyou-willyou-willyou-willyou-willyou（will you你會______嗎？）

接著延伸句子成：

- Will you wait will you wait will you wait will you wait

  （will you wait你會等嗎？）

- 每次感受到「will」字裡的母音/□/和「wait」字的/ey/（ㄟ）乒乓地在顴骨裡敲出聲響，而「you」裡的「oo」（/u/，像注音的ㄨ・）則是唇噘起來的時候聚集而成的。
- 三和弦連音嘆放：

  willyouwait-willyouwait-willyouwait-willyouwait- willyouwait

接著延伸句子成：

- Will you wait for Willie（你會等威利嗎？）

  同樣是嘴唇向前與兩旁的大方唇部運動。

- 三和弦連音嘆放：

  WillyouwaitforWillie-

  WillyouwaitforWillie-

  WillyouwaitforWillie-

  WillyouwaitforWillie-

  WillyouwaitforWillie-

- 這時，用小指尖檢視下顎是否沒必要的參與了練習。
- 接著，問個很快的問題，並加些細節：

  Will you wait for Willie and Winnie（以此類推）

- 逐漸地加快速度以發展其敏捷性。加速的過程中，你可以休息一下，嘴角裡外鬆動一下。讓聲音持續透過顴骨／竇腔的共鳴空間釋放離開。
- 以升冪音調問長長的問題，並以降冪音調回答：「No I won't

wait」（我才不等他），或「Why won't you wait」（你為什麼不等呢）的形式反覆問答，以涵蓋所有中高音域的嘆放：

Will you wait

Will you wait for Willie

Will you wait for Willie and Winnie

Will you wait for Willie and Winnie Williams

Will you wait for Willie and Winnie Williams the well-known welter-weights……以此類推。

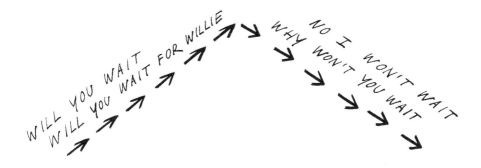

可以即興發展增加細節內容「Whether they are Welsh」（他們是威爾許人嗎）和「World-famous」（世界知名的），或用「Why won't you wait for Willie and Winnie Williams」（你為什麼不等威利和維妮‧威廉斯呢）的長句問問題等變化。

持續玩樂並探索你的前臉共鳴空間，速度可漸增。

順帶一提，這並不是所謂的咬字練習。你平常講話不會這麼誇張。這是為了喚醒外向又具有前行衝動的共鳴腔體，在動力外放的同時，讓唇與舌參與溝通活動的訓練。這毫無疑問能為之後的精準構音（articulation）[34]

---

[34] 譯註：Articulation，此處翻譯成「構音」，雖然較為學術，但這在餵養身體層面上是較有助益的訊息。常人習慣使用的詞彙「發音咬字」，裡頭已包含了氣力使用的暗示，無法貼合作者希望達成的自由原音釋放目標。譯者的詞彙選擇均偏向更加鼓勵能量暢通的訊息，以盡其所能地傳達原意。

練習奠定良好的基礎。

※實踐練習※

　　將所有聲音練習綜合起來，每日複習。

第十五天

鼻腔共鳴
傳播力——山之巔峰

■預計工作時長：一小時

· · · · · · · · · · · ● ● ● ● ● ● ● · · · · · · · · · · ·

　　我們必須首先把鼻腔共鳴與鼻音之間明確的差異在此區分出來：聲音因嘴內通道被擋住了，只好從鼻子逃出而形成的聲音質地是鼻音（nasality）。鼻音出現的生理原因是，鬆懶的軟腭虛弱地躺在後舌上，而舌頭本身的緊繃張力也在後頭往上收成一團，逼著聲音劇烈地擠入鼻內。

　　鼻音的出現必然意味著麻痺或不順暢的呼吸。在深沉、高亢或中音域的聲音中都可以聽見鼻音，意味著單一的共鳴音質覆蓋了所有話語溝通方式。低沉的鼻音可能混濁又單調，中音域的鼻音可能顯得強勢聒噪也單調，而高的鼻音則單一又尖銳刺耳。

　　而另一方面的鼻腔共鳴（nasal resonance），卻是整體共鳴系統重要的一環。它提供了聲音明亮度和傳播力，也是臉前區共鳴結構的主要份子。正因為此處的共鳴力量大，很容易變得太強勢並扭曲了整體表達，所以需要被調節平衡。許多演員發現要是把聲音「放」在鼻／顴骨區，二樓觀眾席的最後一排觀眾也容易聽到他們的聲音。其實就是因為真的太容易了，造成演員懶惰和省略運用溝通中的其他層面的一種依賴。

　　但「被聽見」大概僅占了溝通戰的三分之一喔。清楚但空洞的聲音航行進入觀眾的耳朵時，觀眾不禁會問這船上載了什麼貨物？而那些將自身感受分享給觀眾視為溝通目標的演員們，會讓情感能量啟動呼吸，氣息產生振動，振動產生聲響，聲響通過全身；聲音在合宜的共鳴空間裡共振增

大，聚積竇腔、顴骨及鼻腔內的音波成流，洩過臉部釋放出去——如此的聲音擁有著對初衷十分忠誠的傳播力。溝通說穿了就是慾望衝動—意圖—自由結合而成的副產品。

　　與其他共鳴腔體一樣，我們首先必須喚醒鼻腔的覺察意識，再獨立出腔體以發展和探索，最後放其自由地在日常話語交流間自然作用和反應。鼻腔是共鳴階梯上行之倒數第二階。

　　容我提醒，共鳴階梯是能量階梯，你越向上走，踏階的能量強度越高。呼吸中樞的興奮刺激能量是激發較高階共鳴的先決條件。

　　鼻共鳴腔是身體最前面的共鳴腔——就物理事實而言，它的確是最「外向」的。首先觀察鼻骨的形狀，並意識到音波振動抵達那外凸尖出的結構時會產生相當強烈的共鳴。就好像你站近一牆角，把聲音嘆進那由兩牆形成的角度中所獲得的聲音共振迴響，勢必比僅對著一面平平的牆說話來得明顯許多。

步驟一

- 用手指按壓右鼻側以關上右鼻孔。皺起左鼻側，透過左鼻孔，像想聞出味道般讓又短又快又銳利的鼻息飛入。五、六次的嗅探（sniff）應已氣息充飽，然後嘆放氣息「ㄈ‧」（ffff）過口飛出。
- 換手按壓左鼻側以關上左鼻孔，透過右鼻側皺著的鼻孔嗅進五、六次又短又快又銳利的鼻息，讓氣息直衝入鼻梁，接著透過嘴巴嘆息釋放。
- 每邊鼻孔反覆多遍，註記冷空氣衝入鼻內通道的體感。

步驟二

　　雙邊鼻孔均短抽嗅息過幾次變得暢通後，你對冷空氣衝過鼻腔內哪些地方的覺察力應也已提高。現在，關上右鼻孔、皺起左鼻，讓中音A或降A（男聲低八度）專注地透過左鼻孔嘆放出去，讓音波振動溫暖那些原被氣息吹冷的鼻內空間。

- 換邊，關上左鼻孔、皺起右鼻，讓鳴聲hum透過左鼻孔嘆放出鼻，

感覺音波振動如何刷過鼻腔飛出右鼻孔。

- 皺起鼻梁，透過鼻孔做喘息pant練習（你可能要先擤個鼻涕）。此時，嘴巴想當然爾是閉著的。

- 讓鳴聲嘆放進鼻子皺起處，而嘆放鳴聲的同時，用手指在鼻孔外沿輕輕畫圓按摩。在升冪音高的嘆放中反覆練習，每個新音高之間有新氣息交換。持續按摩放鬆，鳴聲會逐漸增強且更集中。

- 現在，集中引導所有聲音至鼻腔，鳴聲從很集中的「ㄇ」（mmmm）轉構成狹窄的「ㄇㄧ‧～」（meeeee）聲──讓「ㄇㄧ」裡的「ㄧ」音完全只從鼻子釋出。

這裡介紹個荒謬的意象給你，以幫助想像與練習：假想肺位於你的頭顱裡，你的聲帶位在兩眉之間，而你的鼻腔是身上唯一的共鳴空間。

- 以正常說話語調嘆放：

ㄇㄧ‧～ㄇㄧ‧～ㄇㄧ‧～（Mee-mee-mee）

目標是將「ㄇㄧ‧」嘆進皺起來的鼻梁內，想像聲音從上方而來穿入鼻中，不要讓任何音波振動跑入嘴腔。

- 放鬆。脊椎下掉成倒掛姿態，再節節上建脊柱回站姿。鬆轉頸與頭。

以正常說話語調中較高的音域往鼻內嘆放「ㄇㄧ‧～ㄇㄧ‧～ㄇㄧ‧～」的聲響──不要變成假音（falsetto）。感覺音波在鼻子裡乒乓作響。

🔊 作者的話

　　此處的假音（或假聲，falsetto）意指已進入頭腔之男聲最高音（counter-tenor）與女聲，這樣的聲調已超出日常話語音域。「falsetto」一詞至今仍經常使用。此字詞源自於早期誤以為真實聲帶上方之肌群能聚成假聲帶，產生了高於一般話語的音域。後期的聲音科學儀器能具體觀察聲帶生理運動，誤解也就此消除。那些高音的確是由真實聲帶的運動造成的。誤會雖解除了，詞彙卻就此留存下來了。

- 放鬆。脊椎節節下掉變倒掛姿態，再節節上建回站。延展並放鬆舌頭。嘆進嘆出氣音「ㄎㄚ・」（ka）以放鬆軟腭。接著，忘掉剛剛的練習，輕鬆自由地從身體中心呼喊出「ㄏㄟ・～～」（he-e-ey）。嘆放音波振動並甩鬆身體甩出聲音。

謹記，音的高升與能量的增強息息相關，別因感受到鼻骨結構內強烈又嗡嗡作響的聲音力度就卻步。剛開始練習，你或許會覺得自己喉嚨需要用些力才能讓聲音夠清晰的聚焦一處，但你應能逐漸將此種身肌的力氣轉化成心念之力。

增強鼻腔通道的心理意象會增加釋放聲音的意念能量，更能發展出越過喉嚨而嘆放聲音的能力。再者，若你可以利用嘴唇的推進力，就能直接將聲音上旋入鼻，完全無須喉道肌群的幫助。

你也可以從口內的後部去探索鼻腔共鳴。

- 讓鼻共鳴的「ㄧ・～」（eee）音透過「ng」[35]——後舌與軟腭構音位置——送入皺起的鼻梁內。「ng」是單一子音，g不發音。

◀)) 作者的話

聲音的韌性與彈性是聲音天性中極其重要的心理物理層面。如果你總是小心翼翼、害怕傷害或緊繃，你其實一直待在安全舒服的熟悉狀態裡，永遠無法拓展其範圍或發掘它未知的潛力。

如果你在練習時帶著姑且的心情，很可能認為自己不過是小心地對待身體而已。但其實這種謹慎會抑制可幫助聲音需求的重要能量。謹慎態度用在錯誤的地方，反而會造成惡性循環。為了發現新的可能而在嘗試過程中冒了偶爾可能刮到喉嚨或沙啞的險，是很值得的。現在的你，應該已具有讓聲音恢復到良好狀態之能力，所以如果感覺喉嚨受傷了（我必須強調，這些練習

---

35 譯註：ng，子音的一種，軟腭鼻音，俗稱後鼻音，在國際音標中以〈ŋ〉（ng）顯示，位置跟注音ㄥ發完之後的口內舌顎位置相同。

是不可能讓你的聲音受傷的），你只需要：回頭從最初的放鬆練習開始，重新放鬆，尤其是舌頭與喉嚨放鬆的部分。然後輕柔地嘆息釋放鳴聲hum，鬆轉頭頸，脊椎節節下掉成倒掛放鬆姿態，按摩臉部等練習。

在你覺得好像拉傷喉嚨的當時，越快嘆放鳴聲hum越好。它能提供聲帶自然的按摩，鳴聲hum會比你不出聲讓喉嚨休息更有幫助。從心理層面看來，它也更健康，因為它能消除你對「失去聲音」的恐懼。「害怕失聲」就是當初消耗你許多身心能量或導致你受傷的始作俑者。

你若切實地循序練習本書內容，必將獲取的聲音經驗值會帶你踏上成為自我身心的指導與權威之路。聲音是你藝術表現之主要工具，而創造力則是身體工具技藝的大師。覺察意識則監督著各種聲音訓練的有效性。若你一直待在安全的舒適圈裡，意味著自己將永遠無法超越已知的設限。這種充滿侷限又安逸的藝術家，終將成不了任何藝術。

步驟三

- 皺起鼻梁，再多次嗅聞氣息進出鼻子，暢通鼻腔。嘆息釋放音流「ㄇㄧ‧-ㄇㄧ‧-ㄇㄧ‧」入鼻，乒乒作響。
- 指尖放在鼻梁上，想像你能用手指從鼻梁把音波分流引入顴骨。
- 讓聲音從「ㄇㄧ‧-ㄇㄧ‧-ㄇㄧ‧」稍微擴展成狹窄的母音「ㄇㄟ‧-ㄇㄟ‧-ㄇㄟ‧」（mey-mey- mey）。

聲音仍需透過鼻子釋出，不過開始受到擴大的共鳴表面影響而改變。它從鼻梁最高處往兩旁流過顴骨的高脊，以扇形方向擴散開來。

- 重複兩、三次。

重複相同練習，但嘆放的是「ng」音。

- ng ㄧ‧-ng ㄧ‧-ng ㄧ‧（Ngee-ngee-ngee）
- ng ㄟ‧-ng ㄟ‧-ng ㄟ‧（Ngey-ngey-ngey）
- 放鬆喉道、軟腭、舌頭，並把聲音甩出全身。

過程中眼睛保持張開，不要全臉都皺成一團。

步驟四

接下來，你將把鼻腔內的音波振動導引回嘴內。

現在，你可用一個「鼻子裡已發展了許多強烈的音波振動，卻因空間太小而擠在一起」的念頭，透過嘴巴解脫這些聲音。它們仍是鼻腔的共鳴音，但將透過嘴（而非鼻子）釋放出去。為了達成此目標，本來因為你指示要讓聲響導入鼻子而關上的軟腭活板門，將必須在合宜的時刻咻地飛開，以恢復口內通道的暢通。

- 如前，將「ㄇㄧˋ」音們送至鼻梁內。兩指尖置於鼻梁上，指尖帶著意念，意念引音流往外擴散，流經顴骨轉成「ㄇㄟˋ」音群。
- 軟腭飛彈打開的時刻來到——雙手在臉上引領著意念，有意識地重導音波振動流入口中，當手掌在你的前方往外張開的同時，聲音亦開展變成「ㄇㄚˋ-ㄇㄚˋ-ㄇㄚˋ！」（mah-mah-mah）音。

別讓下顎替代了軟腭開展的動作。

全臉包括下顎，都會開展成動物性延展（animal roar）的狀態，讓「ㄇㄚˋ」音群有足夠的空間釋出。

臉中區和臉頰肌群才是「ㄇㄚˋ-ㄇㄚˋ-ㄇㄚˋ～」音構成的主動肌群，不是下顎。動能在上唇與臉頰中。

- 放鬆——呼吸。
- ㄇㄧˋ-ㄇㄧˋ-ㄇㄧˋ-ㄇㄟˋ-ㄇㄟˋ-ㄇㄟˋ-ㄇㄚˋ-ㄇㄚˋ-ㄇㄚㄚㄚㄚ！
  （鼻）   （顴骨）   （口腔）

  （Mee-mee-mee-mey-meY-mEY-MAH-MAH-MAAAAH）
- 讓雙手掌帶領「ㄇㄚˋ」音流過口中，飛出臉外。感覺你掌心的伸展正在模仿你的軟腭伸展。
- 以說話語調中較高音部分去重複整個練習。

別讓音調下沉。

這是你說話語調的較高音域。

別因「說話語調」字眼的出現，就誤以為說話聲調只屬於口腔以下的共鳴音。

- 透過「ng」音嘆放，再重複以上步驟——記得ng是單子音，g不發音。
- Ng一 ˙ - ng一 ˙ - ng一 ˙
- Ng丶 ˙ - ng丶 ˙ - ng丶 ˙
- Ng历 ˙ - ng历 ˙ - ng历 ˙
- 放鬆；呼吸；甩鬆身體，甩開聲音。

🔊 作者的話

　　這是人聲中較難發掘的領域，而且即便它變得可及，你仍然可能一時難以理解。它介於中音域（常用的聲音部分）與頭腔的極高音域（用以表達高能量與極端情感狀態）之間。開發聲音領域時，共鳴階梯上從鼻梁至前額的踏階非常容易被完全跳過，而這也是歌唱界中著名的「聲音斷層」（break）發生之處。這個break是完全沒必要的。你的聲音知道怎麼從說話聲調轉換至唱歌音調。任何聲音斷層的發生都是因為緊繃的張力造成。

　　以我的觀察，自鼻腔共鳴到上竇區（眉毛上方）接到頭腔共鳴前，是聲音中最脆弱（vulnerable）的部分。這裡的脆弱（vulnerable）並不是強弱比較中的弱，反而是情感和想法表達中最獨特、開放、最無防備保護的部分。此處聲音存在是為了反應從令人顫抖的赤裸恐懼、到無預警的驚奇、到突然又驚訝的喜悅、到最後聲音轉換成天真又開放的疑問，隨著那大大的問號往上衝。

　　（對於現在很少聽到有人真能用簡單的上揚語氣好好問問題的這件事，我感到滿驚訝的。試著開始觀察多少人在問問題時，已隱含著先入為主的答案，削弱了抑揚頓挫的語氣，好讓自己從示弱的危險中逃開。）而這人聲的脆弱區因此被無意識地保護著。高精力能量的慾望被改道行駛遠離此區，就算這些慾望仍送了高音進入上共鳴腔體內，其共鳴反應會較安全地在鼻腔裡出現，或被過度急促的呼吸減弱大半的能量。

　　如此激烈的能量衝動最終若是落在鼻腔的話，將會極度刺耳又不討喜。

一種抵抗太直接的本能反應的有趣防禦方法，就是過大的音量。另一種完全相反的自我保護法則為朦朧夾雜氣音的反應，字句會透過迷霧般的濾鏡釋出，暗示了一種安撫的柔和自我辯護：「你看我多柔弱、多不受保護——我連用真的聲音表達自己的感受思維都不敢了。我其實希望你聽不太到我在說什麼，以免我說錯話被發現。」

為了更能明確達意，以下我舉同一場景的三個反應版本提供參考：

兩個人十年前墜入愛河，但那之後就再也沒相見過，卻在某個公開場合或派對裡偶然重逢。為了簡明舉例，我們用一句話去分析三種可能發生的反應：

「見到你真好；你知道我會來這裡嗎？」

運用這句話和前述的防禦性反應，看看以下兩種身心歷程的可能：

第一種身心歷程序列：

1. 看到舊愛，主角腎上腺素充血，兩膝一軟，呼吸隨著心臟變快的跳動而越顯急促。

2. 心想：「我可不能讓對方看到我受了這麼大影響。」

3. 防禦方法：膨風自己的社交能量，製造了較誇張又其實不太恰當的外向且愉悅的能量，這種喜悅過分刺激了喉嚨與臉部肌群，動得比呼吸還勤。

4. 結果：聲道肌肉驅使聲音跑進鼻子，產生了高音調的欣喜，這種假意的社交性噪音扼殺了初始脆弱情感之反應。

「見到你*真好*；你知道我會來這裡嗎？」

（誇張地表示驚訝與開心。這問題安全的預設對方會回答「是」。）

第二種身心歷程序列：

1. 看到舊愛，主角腎上腺素充血，兩膝變軟，呼吸隨心跳變快而越顯急促。

2. 心想：「不知道對方是不是跟我現在的感覺一樣。我要先知道對方在想什麼才告訴他的心情，不然我可能會受傷。」

3. 自我保護方法：屏住所有情感，但卻急促地放掉所有氣息。聲帶不僅被空洞的氣息淹沒，也因抑制的情緒衝動而顯鬆弛，產生了氣音參半而缺乏

振動能量的聲音，無法刺激共振反饋或任何生動的抑揚頓挫。

4. 結果：迷霧般的半氣音說出「見到你真好；你知道我會來這裡嗎？」（單調的語氣把所有責任丟到聽者身上，讓對方自我投射並決定這句隱晦的話中重點是什麼，逼迫對方掀底牌。）

但是，若主角處於開放並願意揭露自身情感的狀態：

第三種身心歷程序列：

1. 看到舊愛，主角腎上腺素充血，兩膝變軟，呼吸隨心跳變快而越顯急促。

2. 興奮的情感能量，激發了喉部掌管聲帶的肌肉組織；興奮的氣息與聲帶產生了高頻音波振動，準備好的上咽部和上臉區域健肌組織也同時接收且增大了聲音共振。

3. 音調的跳躍：輕盈、高共鳴質感的自然反應讓舊愛聽出了你半害怕半驚喜的喜悅，以及確切需要知曉舊情人是否真的主動找尋著主角，或此次的相逢僅為巧合。

步驟五

- 從嘆放鼻子裡的「ㄇㄧˊ‧-ㄇㄧˊ‧-ㄇㄧˊ‧」音群開始，接著手指帶著聲音沿著鼻梁向上穿越眉毛變為「ㄇㄟˋ‧-ㄇㄟˋ‧-ㄇㄟˋ‧」進入上竇腔。

音波振動依然從鼻子引出。

上竇腔的空穴在前額後、眉毛上方。

- 重複以上步驟，這次接續著讓手上移至頭頂。想像一活板門從頭頂上彈向外打開，讓聲音逃離體外──開展你的軟腭。
- ㄇㄞˊ‧-ㄇㄞˊ‧-ㄇㄞˊ‧-ㄇㄞˊ‧～（My-my-my-my）
- 再次重複練習，這次讓「ㄇㄞˊ‧-ㄇㄞˊ‧-ㄇㄞˊ‧」的嘆放語調上揚，彷彿你正相當直率的問一個問題：

- ㄇㄧˉ‧-ㄇㄧˉ‧‧-ㄇㄧˉ‧-ㄇㄟˋ‧-ㄇㄟˋ‧-ㄇㄟˋ‧‧-ㄇㄞˋ‧-ㄇㄞˋ‧ -ㄇㄞㄞㄞㄞ？

儘量不要轉進假音。

不要因問問題，眉毛就揚起。眉毛上揚，你的聲音可能就不會發揮其應有的上揚潛力（眉毛喜歡代償軟腭力量）。

- 重複。這次在問句最後「ㄇㄞˋ‧～」接著說「ㄨㄞˋ」（與英文的why字音相同，下方均以原文標明）：

同一個呼吸，同樣的共鳴，同樣的上揚語氣音調。

- ㄇㄧˉ‧-ㄇㄧˉ‧-ㄇㄧˉ‧-ㄇㄟˋ‧-ㄇㄟˋ‧-ㄇㄟˋ‧-ㄇㄞˋ‧-ㄞˋ‧～ㄨㄞˋ‧～？

Mee-mee-mee-mey-meY-mEY-my Y Y-WHYYY?

- 從頭頂釋出「why-y-y?」，這問著「爲什麼？」的問句。重複ㄇㄧˉ‧-ㄇㄧˉ‧-ㄇㄧˉ‧-ㄇㄟˋ‧-ㄇㄟˋ‧-ㄇㄟˋ‧-ㄇㄞˋ‧-ㄞˋ‧～ㄨㄞˋ‧～？

- 接著追問：

why fly?[36] Δ

why fly so high?（音似ㄨㄞˋ-ㄈㄞˋ-ㄙㄡ-ㄏㄞˋ～爲什麼要飛這麼高呢？）

以音高、共鳴腔體、問題本身三者所積累的能量，加上從橫膈膜湧出那必須得到答案的急迫性，重複此練習。

步驟六

- 想像你正站在山頂上。此山峰與另一山峰之間有狹長的深谷。你的好友站在另一山頂上。天空蔚藍，空氣清新乾淨。
- 讓這場景影響你的內在狀態。從你那興高采烈的太陽神經叢／橫膈膜中心，呼喚一長而高亢又能順著坡陡彎曲的「嗨～ㄞˋ～！」（hi-i-i）聲，傳到另一山頂的好友身上。

---

36 譯註：why fly，爲什麼要飛，很像「wifi」的發音。若對譯者新編提供中文讀者的教材有興趣，請參考《人聲探索旅程手冊》。

- 這次，想像相同的場景，一樣的感受，同樣想要呼喊的心情慾望，但僅用全然的純粹氣息表達。只要讓慾望從呼吸中心隨著氣息一同飛越你喉道的寬廣通道，呼喊出純氣息「嗨～**ㄞ**～！」。
- 再次重複，轉回百分百的聲音嘆放。

這是提供你某種場景設計的參考。這些劇情或想像的設定，需足夠刺激人聲音域內及共鳴階梯上較高音調的能量啟動，才能滿足慾望的傳達。你必須願意跟著自己的假設走，並相信體內所有技術層面均將自發地因應，才有可能獲得這練習的全部效益。呼喚衝動應會自然地送至橫膈膜，不被喉道肌群干擾破壞；橫膈膜應自發地抓入能支持衝動的充分氣息和足以滿足欲求的能量，相當樂意地釋放氣息，實現慾望。

你的喉道、軟腭、下顎至今均應具有足以反應呼喚慾望而開通聲音渠道的柔韌敏捷度，聲音因此能被推進主掌傳遞的高共鳴腔內並增強壯大，這增生的音波能量和質量足以實現你與對面山頂上的好友交流的意圖。橫膈膜、肋間肌群，以及內腹腔呼吸肌群，都能有活力地對大量的慾望需求積極反應。

自己能開始創造簡單的場景設定，是很重要的下一步。之後的聲音練習就能在很技術又具意識的訓練中（目的在更精實人聲的設備），或慾望的想像創造面上（因為你已知若要自我聲音能真實表達，需讓非自主性的功效發揮，所以想像是關鍵）交替練習。在技術層面上，你開拓了心智意念連結各肌群的溝通路徑；在想像創造層面上，你確信此些路徑的存在並大方運用。你正在重新訓練「自我」（self）的全然運用，而非僅是「我的聲音」──因此，在某想像練習開始前，你已能先將場景意象的初始慾望衝動之刺激送到路徑的起點上，準備好故事起始的能量。從中央能量源頭開始，餵養了各種意象，滋養積累其反應感受。接著，從想像／情感／呼吸泉源深處，釋放出與意象結合的能量，最後觀察發生的結果。如果你失敗了，或中途被絆倒，表示你需回到技術層面上多加開拓。然後再回到想像力部門中那充滿創意的自我，再試一次。交替這從技術面到創意面再回技術面的來回練習──此階段，先別急著把兩者綜合起來，否則你的精力將因此分散而失去力量。

※實踐練習※

　　將所有聲音練習綜合起來，鎮日複習。

第十六天

音域
三至四個八度音程──從地下室到頂閣樓

■ 預計工作時長：一小時
· · · · · · · · · · · · · · · · ● ● ● ● ● ● ● · · · · · · · · · · · · · · · ·

　　在共鳴階梯的基本框架內，僅剩頭骨之圓頂中心尚待探索。這共鳴階梯的頂階提供了聲學層面上完美的形狀與質地。此處能輕易且直接地對想於此增大的高頻音波反應共振，但除非你是職業女高音、男高音、最高男音或尖叫專家，否則頭腔共鳴感受對你來說應該滿陌生的。

　　聲音的強大能量若是爲了達成某些人類想望而出現，這能量必須來自身體中央深處。不直接硬練，而從全音域的簡單練習開始，允許能量自然湧出並增加，將更容易帶你進入頭腔共鳴的發展練習。理論上來說，頭腔共鳴練習應放在全音域探索之前，但就實踐層面而言，全音域的開拓練習對聲音總體更有助益。下列練習你將運用你那已相當敏銳的共鳴階梯意識覺察力，釋放最大範圍的聲音領域。

步驟一

　　輕鬆站立，保持骨骼支撐著你的全身之意識，閉上眼睛，打開內在覺察。想像自己的身體是一棟房子。把基底建在肋骨架下，胸腔是地下室，一樓大廳在嘴巴內，二樓位在嘴眼之間，三樓介於眉毛與髮線間，而頂樓（閣樓）則在頭頂。

- 想像你的聲音是電梯，這電梯的供電系統架設在地下室。以深長的「嘿ㄏㄟ - ㄟ - ㄟ」（he-e-ey）嘆放來啟動你的聲音／電梯，從

音域內的最低處一路上升至最高處。

- 我們都知道電梯跑的時候，房子不會跟著動。所以除了下顎放鬆、嘴打開以外，肩膀、下顎、舌頭、嘴唇或眉毛都不會跟著聲音／電梯的移動而亂動。
- 抵達閣樓後，氣息自然交替；接著，新的電流從地下室注入，電梯以同樣平穩的速度運行，一個樓層都不跳過地向下穿過整棟房子。聲音／電梯往下時容易失控，從閣樓直接跳到大廳，再花大半的時間流連於地下室內。
- 反覆練習以上步驟，直到你感覺對內容概念更熟悉為止。

幾個要點提醒：

- 無論電梯上升或下降，提供電梯動能的都來自於房子的基底。
- 如果你覺得電梯上升或下降到一半就沒電了，無須因此擠出最後一度電，只要讓下面的發電機重新充電就好了。這不是個看你一口氣可以撐多久的練習。
- 注意力集中在意象的準確性與對聲音共振的感受覺知上，讓音高音調成為意象與感知的副產品。

步驟二

在探訪過身體各共鳴腔體之後，是時候無拘無束且自由地把玩音域了。

- 很快地讓脊椎節節下沉倒掛後，同樣快速地回建站姿。

這裡的脊椎下沉速度有不盡相同的兩階段：頭是重重地突然下掉的，而脊椎則是很快地隨之鬆開。（膝蓋保持微彎，否則會失去平衡。）

回建脊椎向上的動力來自於突然下掉的反作用力，讓脊椎快速地反彈向上建立，頭也跟著浮起。

- 站起後，從腹部開始出現的「ㄏㄟ・」跟著你音域的最低處一起嘆息釋放，頭往前下落，音隨著脊椎下沉而升高。
- 加快升幕的音調嘆放和脊椎下沉的速度，讓突然的自由落體提供重力讓頭頂內音域的最高部分被驅逐出境。

- 讓新的氣息交替。從高音域開始嘆放「ㄏㄟ·」。聲音沿著音域下行的同時，節節上建脊椎，在頭即將重浮回脊椎之最頂端時，你的聲音亦沉回腹部內。
- 脊椎下沉時，音域上升；音域下行則脊椎上建，同時注意以下幾點：
  - 好好利用重力的意識，讓每次脊柱下掉飛出的音高越來越高。想像聲音是衝過頭骨的最頂端才掉出身體的。
  - 人鬆一點，自由點，無憂無慮的：讓突然掉下去的動能衝撞出聲音的震盪，上衝頂端。
  - 別待在高音狀態裡，讓高音自然地輕率又莽撞地落出。
  - 別過於嚴肅地練習，否則就悖離了練習的初衷。
  - 提供你一個可實驗看看的想像：站著時，「ㄏㄟ·」從尾椎浮現，沿著脊椎向上流進頭內，最後從頭頂的洞噴出。從倒掛姿態開始節節上建脊椎時，「ㄏㄟ·」則自地底湧出，衝進頭裡一路下掉；隨著最後的回站，聲音流至尾椎。

步驟三

- 背貼地仰躺，沿著音域緩慢地嘆放聲音，檢視並玩味著共鳴階梯上的每一級踏階。這裡脊椎的意象還是很有幫助的：雖然現在仰臥著，仍可把脊椎當作鐵軌，而聲音火車從尾椎車站出發，沿著鐵軌上行進入頂椎的車站，然後換方向行駛回去。

這姿態能讓你真實地檢視自己是否能僅透過心念和氣息在全音域內自由游動。音高的升降無須嘴巴的開合幫忙；高音的釋放不用喉道肌肉的推助；更不需要頭的後壓或抬高眉毛來釋放聲音。思維意念與氣息已足矣，共鳴空間則早已內建。

步驟四

- 起身站立，帶著步驟三提及的清楚意識，重複步驟一、二的「嘿ㄏㄟ～ㄟ～」（he-ey-ey-ey）練習。

步驟五

- 嘆放「嘿ㄏㄟ～ㄟ～」音群時，探索你的整個音域，讓音高沿著
  路徑從尾上升至頭，再從頭下降回尾。
- 上下彈跳鬆動膝蓋，搖出聲音。
- 上下搖動肩胛骨，搖出聲音。
- 氣息嘆過雙唇而成唇顫，顫出聲音。
- 鬆搖下顎，搖出聲音。
- 鬆搖舌頭，搖出聲音。

※實踐練習※

綜合所有聲音練習，每日複習。

第十七天

頭腔
高強度──圓頂的玩味探索

■ 預計工作時長：一小時
● ●

　　今日練習的第一步，會把先前擴廣音域之練習與頭骨的探索結合。此處重新介紹的新概念若能清楚領會，將帶來極佳助益。在前一天的步驟二中，突然下掉成倒掛姿態的物理過程在無明顯肌肉力氣的狀態下自然推進了音高的上升。此時所有的腹部肌群應感覺放鬆而橫膈膜穿過肋骨架下掉擴張。這應能讓你清楚體會到高音無須多餘的肌肉力量去支撐的事實。但更多的能量支持則不可或缺。

- 重複前日工作的步驟二。接著，保持直立，讓意識把本來因身體下掉而產生的物理能量轉換成心念的精神能量，想像天上也有重力：從音域的底部向上（想像的重力）釋放「ㄏㄟˋ」，直至你音域的最高峰。

　　重力作用下掉的身體所產生之物理能量是很強大的。心智意識可利用此釋放經驗創造出同等強大（甚至更大）的心理能量。

　　這說明了高音們的產生可以幾乎不費任何能見的肌群之力。高音是透過氣息與聲帶間的氣動壓力產生的；這氣壓則透過呼吸肌肉組織和喉部肌肉組織增加的精力被加壓。介紹這種精細的解剖學層面知識的危險在於，這容易助長自主腹肌施力支撐形式的意識，進而破壞在非自主性層面上的神經生理反應之微妙平衡。氣力的簡約度對於聲音的真實性至關重要。換句話說，腹肌群一旦內拉、外推或為增強聲音做任何動作，心理能量便會

被身體力氣代替。在高聲調中的心理能量通常代表著情感之能量，所以，肌肉的用力就是入侵了真誠情感表達的嚴重錯誤。

步驟一

- 很快地，脊椎下掉成倒掛姿態，身體倒掛過程中，音域上升，以一深長的「ㄏㄟ‧」嘆放。

  倒掛時，感覺最高的聲音從頂閣樓飛出時的體感：無論男女，這均應是非常高的假音（falsetto）。

- 保持倒掛姿態，讓新氣息替換。釋放一個與之前聲音抵達體內閣樓時一樣高的假音「ㄎㄧ‧～」（keeee）。讓這聲音因為重力，透過頭頂的活板門掉出頭外。這「ㄎㄧ‧～」音可以像唱Yodel（約德爾唱法）[37]般流轉，儘量避免待在同個音高上太久。

- 放鬆，安靜緩慢地節節上建脊椎回站。一回到站姿，再次釋放高假音falsetto「ㄎㄧ‧～」。你應該可感覺到聲音高竄迴盪於頭骨的圓頂內。

- ㄎㄧ‧～ △ ㄎㄧ‧～ △ ㄎㄧ‧～（Keee-eee △ keee-eee △ Keee-eee）

  男性應從較低的音開始，但大部分的人都能逐漸升高到我建議的高音。

  以下是為了增加音域彈性及變化而改變的內容，將此建議方式看作是快速的假音釋放摩擦出了輕盈的活潑震盪。

- ㄎㄧ‧～ㄧ‧ㄧ‧ㄧ～～ △ ㄎㄧ‧～ㄧ‧ㄧ‧ㄧ～

  （Keee-ee-ee-ee-ee-ee）

---

[37] 譯註：Yodel，直譯為約德爾。瑞士音樂中，yodel是人們在山頂間互相交流的一種方式，後來演變成當地傳統音樂。可能發源於阿爾卑斯山一帶，快速並重複地流轉於高低音、真假聲中的大跨度音階轉換的唱歌形式，可見於許多文化音樂裡。如改編自日本歌曲的「山頂黑狗兄」中，就有此唱法。

　　充沛活力的心理能量因創造這些聲音之需求而生，橫膈膜中心會感到一樣活潑的呼吸反應——讓此反應自然發生，無須強加。別增加外部腹肌多餘的內拉力氣。

　　在橫膈膜回彈向上時，腹肌會從內壁被拉進，此為被動力量。你必須能分辨出這些強大的身體運動是自主肌肉層面的氣力反應，還是非自主性肌肉群的活躍反射，兩者之間的差異。肌肉群的反應是從內部開始的，但因肌群機制的互聯，外腹壁才連帶動作。強大的慾望衝動刺激內呼吸肌肉組織的強大活動反應，這樣的能量質感跟外腹肌群（學術性的實指區域為腹直肌，rectus abdominus）用力製造出來的能量大不相同。

步驟二

- 重複步驟一的高假音falsetto「ㄎㄧ・～ㄧ～」嘆放慾望，但這次注入的是衝動相同但無聲的氣音（whisper）嘆放。強烈的心念衝動會激發橫膈膜中心的強烈反應，進而釋放強大的氣息刷過前齒，嘶嘶發響。
- 專注在重新創造嘆放的慾望之上，讓身體對此慾望念頭反應出適當的能量，多次反覆嘆放氣音「ㄎㄧ・～ㄧ～」。每次均為新的起心動念，新的呼吸慾望。
- 接著，你為了替這慾望發聲而面對想法、氣息及內在能量，讓聲音成為過程中衍生的副產品。

- 在升冪音調上重複練習，交替嘆放氣音或實聲「ㄅ一·～一～」音。

感受聲音在頭顱圓頂處迴盪嗡鳴。

當你完全專心致志於此強烈想望時，你體內的溝通能量將全部奉獻給這慾望的實現之上。

步驟三

- 聲音沉下至你音域的最低處，心情放鬆，讓氣息也深沉入胸，隆隆作響，造成共振，嘆放「ㄏㄟ·」音。

這時，你或能發現，聲帶被剛剛不很正常的大大伸展之後，能更充分地放鬆，讓你現在的聲音也因此顯得更深沉。

步驟四

- 回到上方呼喊「ㄏㄟ·」的練習，在不轉成假音的狀態下，試著一直升高音程，嘆放至音域的最高處。

你將能發現一個強大的共鳴（男性尤其明顯），迴盪在頭顱圓頂的強烈體感。一旦它不再受喉嚨的阻擾介入，又可以與呼吸能量中心同等強大的能量連結，今後維持此處的共鳴將變得容易且輕鬆。

- 女性則能嘗試透過高假音falsetto「ㄅ一·～一～」的嘆放，拓展高音域到妳聽起來像小老鼠般的尖銳吱吱叫為止──不過，請帶著一種輕盈且好玩的心情──每一次的聲音猛然撲飛上衝，都別堅持在頭尾音上；讓自己像整人的彈跳小丑盒子一樣，能量從身體中央倏地上彈飛出。

在釋放最高音域的自由訓練中，你的首要目標是消除對陌生領域探索的恐懼及界線。此時的音「質」無關緊要（雖然等你的聲帶增強且喉道放鬆後，你將能發展創造出男女高音聲部的相關良好聲音素材，甚至豐潤的男最高音部之音質），發出「漂亮聲音」之念頭要先暫擱在旁。

假音falsetto的聲音練習能增加聲帶與呼吸肌群的彈性和強度〔科學／學術上稱其領域為「閣樓」（loft）音區，若再上行則進入了「吹哨」

（whistle）音區〕。將此練習放在極爲均衡的聲音訓練過程之最後階段，增強的音域程度將替無論男女聲的全音域發展帶來相當助益。在文化層面上，男性不再如以往那般厭惡假音音域的探索，儘管有些仍認爲它「缺乏男子氣概」，潛意識地以「我找不到這種聲音」爲藉口而抗拒著。同樣也有許多女性似乎仍下意識地感覺胸腔共鳴並不適合自己，而偏愛「較陰柔的」上音域區。其實一個男人能輕鬆地與女高音音域範圍較量，並可在柔和且不強迫的假音練習中發展出（至少）多兩個八度音階的音域可能。無論男女，練習頭腔共鳴及其高假音區，都將能增強聲音領域它處的韌性與強度；也能移除阻礙，釋放強大能量，並且使自己更習慣情感及聲音所帶來的強大聲動能量。如此過程能讓你逐漸輕鬆地表達與釋放各種極端情緒，而不再擔心釋放時會造成心理創傷或損傷你的生理聲音。

如同先前所有建議的練習一樣，這些頭腔聲音應在建設的合理框架內練習，而此處「框架」意旨共鳴階梯的最頂端。所以，在你尚未全然地暖完並放鬆頂階以下的其他聲音區域或共鳴之前，別倉促跳入這些高音練習裡。強烈建議你先訂定一連串循序漸進的練習，遵循前列的工作步驟，帶你自己從身體的物理放鬆開始，忠實地逐步進行聲音練習。先別更動順序或亂跳步驟，直到你十分確定自己在幹嘛。剛開始時，你大概會覺得不太自然、不夠有機。你的身體與聲音可能會一直冒出諸如「哎呀，我們不用做這個練習啦」等想法。

不幸的是，你以爲的「直覺」，其實可能是根深柢固想維持舊有聲音狀態的狡猾「習慣」。所以，若你能頑強地持續面對你不喜歡的那些練習，你便能規律地開拓發展著全面的聲音領域。胸腔共鳴、中音域共鳴、甚或高假音之聲音等所帶來的體感相當強烈，很容易讓人沉迷其中；若你因某部分的練習感覺特別好而不公平地給這練習更多注意力或時間，最後你將重回失衡且缺乏靈活度的聲音老樣子。

※實踐練習※

將所有聲音練習綜合起來，每日複習。

第十八天

音域訓練
強度，彈性，自由——聲音的擺盪

■預計工作時長：一小時

現在，你已體驗過呼吸的擴展與自由、聲音的體現、音波振動的壯大與釋放，也放鬆了下顎、舌頭、軟腭，使聲音渠道開放通暢，亦探索了全共鳴設備內之所有音色——你已做好進入「健聲房」的準備，鍛鍊聲音力量，並踏入自己與生俱來那三至四個八度音程的講演與歌唱音域，並享受其帶來的內裡喜悅。

你將會認識琶音（arpeggio），並在數十種不同的遊戲建議中運用琶音釋放聲音。琶音是三和弦連音群（triads）的大姐／大哥。它範圍更大，擺盪得更多，它無所畏懼，常冒險衝動做出危險的事，但總能安全回家。

三和弦連音共包含五個完整音符或音高，琶音則涵蓋八個。兩者相較於一步步謹慎移動的音階，更能享受到讓你放手一搏的自由感覺。把玩琶音的主要目標就是讓你自由。

琶音範例：

　　你可以先透過簡單且深長的嘆放「ㄏㄟ‧～ㄟ～」（he-ey-ey-ey）這已練習過的熟悉聲音模式，接著放掉任何想「維持」音調或唱歌的想法。視其為一較長的句子、較長而更大膽的想法，被嘆放到一望無際的長路之上。琶音可以像被扔出去的溜溜球一般，水平地移至線的最末稍，然後回捲到自己手中。開頭、結尾以及最頂端（想成跑最遠的那個音）之音是關鍵的音符們。想像自己的聲音搖擺著、俯衝著、飛翔著。

　　一旦開始熟悉了琶音的體感，你可以開始檢視自己的聲音自由度與放鬆程度：

　　請慢慢來。以下發展自由、力量、音域的概念能快速地被讀懂，但實際練習時，它們應被緩慢而重複地對待並細細品嘗。

- ㄏㄟ‧-ㄟ-ㄟ-ㄟ-ㄟ-ㄟ-ㄟ（Hey-ey-ey-ey-ey-ey-ey-ey）

女

ㄏㄟ‧-ㄟ-ㄟ-ㄟ-ㄟ-ㄟ-ㄟ

男

步驟一

首先，探索深層而放鬆的音調。

- 在一琶音上嘆息釋放。
  上下彈動你的膝蓋。
- 嘆息釋放出降冪琶音（逐漸下行的音高）。
  同時上下彈跳雙肩胛骨。
- 在琶音上嘆息釋放。

鬆搖頸頭。

- 接著，開始在上升的音調中嘆放

  ㄏㄜ‧～ㄜ‧～ㄜ‧～（Hu-u-u-u-u-u-uh）

- 嘆息釋放重複的琶音。

  以食指與大拇指抓穩下顎後，開始鬆搖下顎。

- 嘆息釋放琶音們。

  鬆搖舌頭。

  會搖出如下的聲響：

- ㄏㄜ‧--ㄜ‧--ㄜ‧--ㄜ‧--ㄜ‧--ㄜ‧--ㄜ‧--ㄜ‧

  （Huyuh-yuyuh-yuyuh-yuyuh-yuyuh-yuyuh-yuyuh）

- 嘆息釋放琶音群

  同時延展軟腭，嘆放：

  Ngㄚ‧-ngㄚ‧-ngㄚ‧-ngㄚ‧-ngㄚ‧-ngㄚ‧

  （Ngah-ngah-ngah-ngah-ngah-ngah-ngah）

回到：

- ㄏㄟ‧-ㄟ-ㄟ-ㄟ-ㄟ-ㄟ-ㄟ

- 讓音高在自然的嘆息釋放中逐漸升高，嘆放琶音的同時，下掉節節脊柱，最後於倒掛姿態中讓聲音隨重力墜穿頭頂。接著，緩慢地在降冪琶音的嘆放中逐漸上建脊椎——一回站齊整原位之後立

刻上下彈動膝蓋，避免頭暈。

- 嘆放琶音吹過雙唇形成唇顫（lip trill），放鬆兩唇：∼∼∼ ∼∼∼ ∼∼∼ ∼∼∼ ∼∼∼

- 嘆息釋放升冪琶音的同時，下掉脊柱，身體接著下沉成蹲姿。想像聲音從尾椎湧現，衝過整條脊椎直入頭頂。

- 雙手放至身後地上；臀部放鬆坐到地上；全身慢慢交給地板，直到你背朝下躺平，腳掌貼地，雙膝上浮。

- 兩膝往一邊地板下掉，成斜向延展之姿（diagonal stretch）。從較低的髖臼中嘆放琶音，使琶音一路沿著寬廣的斜向河道流出肩臼。

- 換邊，重複以上。

- 回到中間躺平。看見兩個髖臼與寬廣的骨盆充滿了氣息與聲音，自如此開展的源頭嘆息釋放出琶音。

- 現在，增添入清晰的共鳴腔體意象。看見深沉的聲音於胸中轟隆作響，而隨著琶音的增高，你看見骨感的口穴空間共振著聲響；接著，聲音入竇／顴骨／臉前區共鳴與鼻腔，最後自由的上衝入頭腔共鳴。

提醒：這不是唱歌——是釋放，嘆放著聲響，使聲音自由。

你持續清楚地看見平穩而絲柔如降落傘的橫膈膜飛過肋骨架彈出聲音，釋放後，橫膈膜又突然下沉，允許了氣息的自由飛入。

- 如果你感到自己開始在「推」聲音，你知道該怎麼改善以幫助這情況：回到鬆搖舌中與下顎的練習，開展軟腭並自身體深處嘆息釋放。

- 翻身，腹部朝下，在琶音上嘆息釋放「ㄏㄧ˙～～～」聲。打開下後背和側肋骨的連結意識。

- 再次於呼喊「ㄏㄟ˙～」時嘆放琶音，同時翻身成摺葉式體位（folded-leaf）。

- 四肢著地（all four），琶音隨著脊椎由尾椎開始形成上彎弓（arch）的同時，嘆放出體。回到頭下尾上的倒掛姿態，隨著降冪琶音的嘆息釋放，節節上建脊椎回到齊整站姿。

當你感覺單個琶音的嘆放開始變得輕鬆時，可以加乘——一個深長的氣息能嘆放雙琶音，甚至可以進展到三個琶音的釋放。透過需求的增加與思想的擴展，訓練自身的呼吸和聲音力與量。三個琶音就是個較深長的想法或慾望。隨著此種更長的想法注入，它刺激了肋間肌及下背部空間內的更大反應而引入了更多氣息。你無須「維持」呼吸；只要有更長的想法慾望，你的呼吸自然將支持這份慾望的長度而延展。

以下建議為其他能幫助釋放擴展的體內聲音練習。

身體擺盪練習

任何身體擺盪（swing）的形式練習，均是利用重力與反作用力產生的自然動能。

手和腿的擺盪練習是幫助釋放真實能量的可靠方法，但進入練習的開頭時需特別留意才能確保其最高效益。一旦掌握了基本原理，變化發展擺盪練習就很容易了。

側向手臂擺盪練習

先前的練習我這麼說：「以下發展自由、力量、音域的概念能快速地被讀懂，但實際練習時，它們應被緩慢而重複地對待並細細品嘗。」

下個練習我則強烈建議你：緩慢地閱讀以下指示，小心翼翼地吸收細節內容。接著，完全在急速輕快的快節奏動作中忘我地練習。

步驟一

- 兩手水平地自肩膀往身體兩旁延展，與軀幹成九十度。你的雙腳在髖臼下方且脊椎維持垂直向上。在擺盪練習中，你可能會被想要前傾或彎曲脊椎的慾望誘惑——抗拒那股誘惑。重力讓脊椎自然垂直且能保持絕對直立。
- 現在，讓兩臂的意識發現地心引力的強大，突然往身側下掉。
- 兩手臂上浮回位。當兩手臂再次下掉時，讓它們向軀幹前方（而

非兩側）落下，兩臂會因此交錯，來回擺盪幾次後，自然地回到
靜止狀態。

注意別讓上脊柱跟著手臂落下。保持脊椎延展向上，並確保肩臼之下
的整條手臂能全然地釋放，讓這次擺盪練習僅是雙臂的獨立體驗。

- 兩手臂上浮飛離身體兩側，這次當它們再次下掉時，讓雙膝跟著
  上下彈動，兩手臂因此獲得額外反作用力之能量，更輕鬆地被擺
  盪回水平原位，接著再次往身體兩側落下。

現在，整個歷程意象為：兩臂落下的同時，雙膝也臣服重力而向下。
接著，雙膝受到反作用力的動能回彈原位，此動能從兩腿垂直上跑衝過脊
椎，再水平地通過手臂蔓延至指尖。

擺盪時確保身體不前傾，脊椎保持垂直。

兩手臂再次落下，在軀幹前交錯後又擺盪回原位時，感受肩胛骨內的
運動。

- 現在，讓兩臂下掉，雙膝亦臣服重力往下。接著，雙膝受反作用
  力的動能回彈時，讓此能量自兩腿垂直向上衝入脊椎，再水平地
  穿過兩臂延伸至指尖。繼續讓重力又抓著兩臂下掉在身體前方交
  錯，反重力使兩臂回彈水平原位（身體兩側），重力又來襲使手
  臂反覆擺盪。重力與反作用力之能量效益持續擺盪著雙臂。

這是個能讓你體驗幾近永續能動的機會。巨大磁力產生的地心引力是
用之不竭的，反重力亦然。若你真能隨重力讓雙臂下掉並釋放兩膝，又能
接著搭上反作用力的動能便車——若你願意不停地臣服與搭便車，在這兩
種意願之間的行動似乎能反覆至天荒地老。你自身無須花費任何力氣，你
不過是占著免費自然力的便宜罷了。讓你的腦子或意志隨著擺盪的樂趣放
棄掌控而一起玩吧，否則它會在過程中一直嘗試控制——把控制權交給重
力與反作用動能吧！

步驟二

這次，當兩手水平延伸至身體兩側後雙臂落下時，你將會一起嘆放琶
音，讓擺盪幫助釋放聲音。

過程中持續觀察，從地底上衝的能量是對手臂下掉的自然反應，垂直的動量衝過脊椎，再水平地擴展至手臂和指尖，不過現在這些能量的體現就是聲音。擺盪和聲音的釋放節奏應會有機地自行浮現：

- 第一個「ㄏㄟˋ」音和最高「ㄏㄟˋ」音會在兩臂水平外展時釋出，而最尾音的嘆放應發生於手臂第二次交錯在身體前方的時刻。

接著，新的氣息在雙臂的第三次水平擺盪外展時自然進入體內。手臂擺盪動作有著無可避免的穩定節奏，讓琶音自然地跟隨這份節奏。

別抓著琶音的最後一個音不放，否則你將錯失新氣息在雙臂擺盪至水平外展原位時自動入身的良機。

整個琶音的嘆息釋放是一個長而不中斷的音流。

- 確保自己的聲音與身體的過程經驗能相符。

手臂落下時，聲音隨著手臂掉給重力；手臂向兩側擺盪飛回肩高時，聲音則透過手臂和指尖水平地飛出體外。你的聲音、身體、心念、重力及反重力動量均為同一件事。

腿的擺盪

在右腿擺盪練習時，你的左手可放在椅背上保持平衡，反之亦然。

步驟一

- 抬起右膝，直至右大腿與地平行。小腿鬆懶地掛在膝下。脊柱保持向上延展，讓軀幹的重量抬離左腿。看見自己的右髖臼意象。掛在右膝下的腿重重下掉，畫出弧形一路擺動到身體後方，並立即擺盪回體前，然後輕鬆地把腳放回地上。

腿前後擺盪時，腳應會在中途輕柔地刷一下地面。小腿、腳踝或腳肌均無任何緊繃張力。動作都在髖臼中擺動的大腿骨頂發生。與膝蓋持續溝通，別讓你的腳接管這練習。過程中膝關節擺盪回原位時，應與大腿成約九十度。

- 換腿，重複練習。

送給腿的訊息是「離開吧（沒你的事了）」。這是讓腿從負責軀幹重量的責任中解脫了，髖臼打開了，並消除了任何潛伏在髖臼中的緊繃張力。

步驟二

琶音與腿部擺盪的綜合：

• 琶音從下腹湧出，隨著腿的擺動被下扔至腿裡。第一個「ㄏㄟ・」音在腿往下後擺盪時被甩出，最高的「ㄏㄟ・」音在腿回原位（體前）時出現，而最尾「ㄏㄟ・」音則在腿又往下後擺盪時甩飛體外。如此的節奏能讓膝蓋回擺體前時自動交替新的氣息。膝蓋向前上擺動時，你感覺到下背被延展開，而氣息也同時飛入。
  真的看見自己的聲音下沉入腿，沿著腳釋放體外。
  換腿練習，在升冪與降冪音高釋放中反覆多次。

我雖然拆解了這些練習中「ㄏㄟ・」音發聲步驟的分析，但任何「ㄏㄟ・」音的嘆放總是一深長的音流釋放。

緊繃張力常祕密地潛伏於肩及髖關節內。擺盪若執行得當，將有助於釋放這些藏起來的緊繃，並能讓慾望衝動毫不受阻地從手指至腳趾貫穿整個中樞神經系統。此身與心之間的通道是雙向的，意味著心智控制慾帶來的抑制阻礙能一起隨著雙臂與腿的擺盪釋放解脫。

※實踐練習※

綜合所有聲音練習，每日複習。

第十九天至二十一天（及以後）

人聲的字詞構作
子音與母音[38]——聲音的「關節」

　　articulation爲名詞，意爲「接合」、「連結」或「拼接」。因此，articulated（動詞或形容詞）有著「連接著」或「有關節的」、「拼接的」之意涵。若用於字詞和字詞構音[39]過程中最能避免歧義的定義是：音波振動流經口中，被切割成爲各個字詞，變成話語。

　　想像articulation就是個音節之間的「關節」：拼接成字，連結成詞，接合成句。

　　這當然是思想衝動轉化爲言語之複雜過程的極簡版，但在剛進入言語領域之時，簡要定義的使用是最保險的。因爲我們希望保留講者廣泛多元的個體特徵之可能——此獨特性是源自於講者豐富又具創意的溝通過程——自由，應爲此種交流的根基。若遵行《牛津英語詞典》的講演話語（speech）意涵：「發聲器官的一種自然運動；思維或感受的口語表達方式」的話，那麼，「正確」說話規則在此種天生能力的自由發展過程中是毫無地位的。只要心念和講演器官間維持著敏銳感知的連結，這與生俱來的話語天賦就會隨著心智發展而拓展。

　　在此，我們將只練習如何透過自己與心思的連結探索，發展言語表達力。構音成字的肌肉群必須從許多條件限制裡解脫，並需具有足夠反映出

---

[38] 譯註：consonants and vowels，另可稱輔音及元音。

[39] 譯註：articulation，在人聲運用中，許多人將之譯爲「發音咬字」或「吐字發音」。但爲了貫徹此系統的否定之路核心概念，譯者仍儘量避免讓字詞中的「咬」、「吐」變成主動使用力氣的一種明示，故選擇較中性的「構音」一詞代表articulation。

思維之敏捷性的反應能力與敏銳度。這裡不會提供任何「正確」說話的標準——它留存在書頁內的時間遠比人舌之間來得久遠，是一種不戰即敗的存在。因為生活的言語交流永遠不會原地靜止或乖乖聽話，是無法訂定標準的。

許多「標準美國口音」、「跨大西洋口音」、「標準英國腔」等看似客觀的標記，其實在很大程度上反映了階級意識[40]。就像審美之經驗法則般，這些嘗試注定失敗。我們必須靈活而具多面向性，能在不同的口音語中流暢交流，才能映照出社群人聚方言口音的真正多樣性。此外，我們應保存根源於不同地區及文化所帶來的多元聲音樣貌並感到欣喜。

為了避免你誤會「標準」的替代方案會變成像無政府的混亂，這裡我要強調話語的溝通不僅包括說話者，亦包括接收者（聽者）。因此，若是講演者說話的內容令人費解，無論話者是否滿足了自身溝通的慾望，這次的交流溝通是失敗（無效）的。

任何會扭曲訊息的可能均需承讓給被理解的需求——可能是個人習慣的說話節奏和文本節奏有所衝突；可能是聲音風格過於獨特，讓聽者注意力從話語內容轉到聲音上；或極重的口音造成接收者一直花著力氣試圖自行翻譯內容；或過分優美的聲音喧賓奪主，成了大家唯一聽得到的音樂。

改善此種失真現象所需之重要屬性是敏感度。任何出色文本的節奏、質感、風格均十分顯著。敏感度高的詮釋者會讓此文本／作品之節奏改變個人節奏，並吸收文字的質感映照出不同音色，作品風格在體內有機成形，最後根據文本需求改變表達方法。一個敏感的表演者，無論詮釋文本與否，都希望擁有能滿足溝通慾望之人聲。本書所有練習均以達成此目標而設計。說話者若夠放鬆到能聽見周遭情事，並尊重受眾，讓即便最極端的地方口音亦能在不犧牲個體獨特性下，清楚達成溝通使命。

許多口音之明確區域性，歸功於口部肌肉構造將聲音導引至某些特定位置。北京（或江北）口音，說話聲音集中在口腔前部或送至竇鼻腔，

---

40 譯註：相較於英文，華語亦有「北京腔」、「上海腔」、「台灣腔」等口音標籤，可供比較。

原因可能來自發達的前舌、舌尖，以及習慣主控的舌後肌。發達的前舌肌能形成硬挺的捲舌音，聲音具動能，後舌則讓聲音滾積於喉口交接處，整體聽來較強勢鏗鏘。典型上海口音或許源於鮮少運動的軟腭及大量介入咬字的唇齒而有上下顎運動頻繁現象，多少取走了音本身的氣力，而舌中常將聲音送往鼻腔；加上較無力的軟腭，總覺吳儂軟語、鼻音冉冉；後舌則習慣幫助後拉聲音，造成語尾的喉音回沉。台灣口音則有較慵懶的前舌與較被動的軟腭，無法帶動音波向前，反往鼻腔走或回掉喉部，因此常被稱「嗲」或感覺咬字不清、模糊柔軟之特點[41]。

如此思維與肌肉習慣是在某種有限條件的環境下發展出來的。極端僵硬或強硬的話語習慣在探索新的體內外狀態環境是不可避免的；一旦聲音之全部潛能（三到四個八度音程音域、無限的音色質感與和諧共鳴）能全然自由，便能擁有彈性改變自我表達風格之能力以反映不停變化之溝通內容。此後，唯一能造成你溝通限制的阻礙將是自身天賦、想像力及生命經驗。

此處建議的字句構音之探索練習，目的為找到能最具經濟效益的運用自身構音肌肉組織之各種方法。此效益中藏存著身心間聯繫的高敏度潛力。敏捷的唇舌能擺脫習慣之束縛，能讓清晰思維成為清晰話語之唯一標準。

構音區域

最常用於構音的區位媒介為：前舌（不連結舌繫帶之舌前區）、舌中

---

[41] 譯註：此為譯者經調查和研讀後的觀察總結。

原文（經作者同意刪除，因與中文語言無關，解釋著北美地區英文的口語發音差異）：The nasality of the Midwest or New York accent derives from a habitual posture in the back of the tongue and soft palate. A southern drawl gives all responsibility for speech to the jaw and leaves the tongue lying dormant. The South Kensington drawing-room accent exploits a tiny portion of the tongue and the lips and an overdeveloped upper register to communicate as little as possible from below the neck.

區、後舌，以及其上方它最常接觸的口內表面區域。其餘能構成字音之表面則來自於能變化許多形狀的雙唇，以及有時上齒與下唇間的接觸，譬如像字音「福」、「必」、「屋」等。在如此狹小的空間構成所有字詞，構音肌群必須表現出迷你特技團般的精力、精準度和細膩的團隊精神。如同呼吸與喉部肌群，構音肌群運動時既需完整母音（元音）的形塑，亦需受子音（輔音）切割成詞。與非自主性肌群之控制相比，有意識的肌群操縱是無法勝任如此高精細及高複雜協作的。容我再強調一次：爲了能眞實映照個體心意，此處練習目標是釋放肌群緊繃張力，使其柔軟靈活，並在實現明確的思維衝動時任其發揮作用。

初始工作的第一步會帶你透過子音練習，刺激並活化構音的個別肌群區域。

子音（輔音）：唇

步驟一

- 照鏡子練習以確保你的訊息能送達到預定肌群上，集中注意力在整個上唇。上下抬放上唇，有點像訕笑時般抬起上唇，暴露出上齒列，停下，放鬆嘴唇回原位。

獨立出上唇運動，下唇放鬆。

- 反覆練習多次（此上唇運動包含從鼻孔至唇髭區之肌肉）。
- 上唇放鬆，注意力轉至下唇內。上下齒輕靠以避免下顎的介入，下唇落下以暴露出下齒列。放鬆肌肉讓下唇自然回彈原位。這裡的肌群動作會連動到下巴。

清楚地區分出下巴肌群運動與下顎肌肉運動的差別。下顎骨在此後的所有唇舌練習中，均需保持不動的放鬆狀態。

- 嘆放氣息過雙唇成唇顫（lip trill）以放鬆嘴唇。

多次重複以上步驟：

- 上唇：上抬，放掉回原位；上抬，放掉；上抬，放鬆。
- 下唇：下拉，釋放回彈；下拉，釋放；下拉，放鬆。

- 再次嘆放氣息過雙唇成唇顫，放鬆。

步驟二

- 咧嘴笑，笑到兩嘴角最開為止。接著前推兩唇嘟起，越翹越好。
- 嘴角向兩邊延展，向前嘟起，上下齒保持輕靠，兩唇分開。
- 反覆多次延展嘴角與嘟唇，然後嘆放氣息成唇顫，放鬆嘴唇。
用兩隻手指把嘴角往兩旁拉開。
- 放手時，嘴巴好像被拉開的橡皮筋被放開一般彈回。
- 唇顫，放鬆嘴唇。
多次反覆步驟一、二。

這是上下唇大塊肌群的暖身練習：子音的構作需要更明確特定的肌群運用。練習時，首重於區分出這些與下顎運動不同的肌群獨立性。上下齒相碰，下顎就無法運動，唇構音肌群就非得拿回主導權不可。

- 反覆步驟一、二，並開始在上下齒相碰／分離之間交替練習，發展唇肌的獨立反應──上下齒微開，下顎保持放鬆不動而唇肌持續練習著。

不因專注在構音練習就失去與呼吸慾望衝動的連結及其自由度，是此處非常重要的環節。做雙唇練習時，常會有因失去氣息及音波流動的自由，結果聲音被從嘴巴裡製造出來的趨勢。清晰的字詞表達應包括更廣大的意識領域──含括了聲音來源的清楚連結，以及發聲者的明確意識。否則構成的字句會淪為一連串分散音節的拼湊，卻無其應構成的內容。這種「脫節」的現象是很普遍的。它解釋了看某些演員的表演時，聽起來似乎無懈可擊，說出的所有字詞儘管十分清晰，觀眾卻仍難以理解話語本身的內容為何。過度發展的唇舌肌肉，會毀掉完整溝通最需擁有的聲音與字詞構音間之平衡。

步驟三

- 嘆放一個有效的鳴聲hum，讓雙唇動來動去品嘗你的音波振動。現在，把玩一下你聲音的水。想像雙唇能中途攔截正要釋放出體的

音流，探索雙唇在聲音交付給外在世界前能如何加工處理聲音。你的兩唇像在雜耍一樣，把許多音球丟到空中。

- ㄇmmm-ㄜ・ㄇm-ㄜ・ㄇm-ㄜ・ㄇmmm-ㄜ・ㄇmmm-ㄜ・ㄇmm-ㄜ・-ㄇmㄜ・

  （Mmmmmm-uh mm-uh m-uh mmmmmm-uhmm-uh-mmmm-uh-m-uh）

- ㄇㄜ・-ㄇㄜ・-ㄇㄜ・-ㄇㄜ・-ㄇㄜ・（輕快）

  （Muhmuhmuhmuhmuh）

- 速度可加快，讓音波彈離你的雙唇。照著以下指示的節奏試試：「˘」代表短而快，「/」表示長而速度適中。

- ˘　　˘　　　　/　　　˘　　　˘　　　　/
  ㄇㄜ・ㄇㄜ・ㄇㄜ・ㄇㄜ・ㄇㄜ・ㄇㄜ・

  （Muh- muh- muh- muh- muh- muh）

現在，在音波振動洩出雙唇時，改變音流的形狀：

- ㄇmm-ㄟ ㄇmm-ㄟ～（Mmm-ee mmm-eee）

  （近似字音「梅」，但音韻約介於二聲及四聲間。）

要確保「ㄟ」是過口洩出的。「ㄇm」是鼻輔音，因此有輔音抓著接連的母音（元音）進鼻腔的傾向。維持著清楚音波流動不停前行之意象，並隨時檢視舌頭是否放鬆，就能避免此現象。

再次改變聲音形狀：

- ㄇm-ㄟ・ㄇm-ㄟ・ㄇm-ㄟ・ㄇm-ㄧ・ㄇm-ㄧ・ㄇm-ㄧ・ㄇm-ㄟ・ㄇm-ㄟ・ㄇm-ㄟ・

  （Mm-ey mm-ey　mm-ey Mm-ee mm-ee　mm-ee Mm-ey mm-ey mm-ey）

  （近似對應字音：梅—迷—梅。丟掉抑揚頓挫及字意，聲韻約介於二聲或四聲。）

逃離出身的音流形狀再次改變：

- ㄇm-ㄚ・ㄇm-ㄚ・ㄇm-ㄚ・（字音近似：麻）

  （Mm-aah mm-aah mm-aah）

- ㄇm-ㄧ・ㄇm-ㄧ・ㄇm-ㄧ・（字音近似：迷）

（Mm-ee　mm-ee　mm-ee）

- ㄇm-ㄟ‧ㄇm-ㄟ‧ㄇm-ㄟ‧（字音近似：梅）

　　（Mm-ey　mm-ey　mm-ey）

- ㄇm-ㄚ‧ㄇm-ㄚ‧ㄇm-ㄚ‧

注意：嘴唇不需要在母音改變時動作。它們當然仍上下動著以聚積音波傳遞出去。上列母音「ㄧee」、「ㄟey」、「ㄚaah」的形狀，在你心裡念頭浮現之際就已自然形成了。後舌高高上提，這靠近軟腭的細微運動構出「ㄧee」音，往下鬆鬆平放則成了「ㄚaah」。現在，暫時讓母音照顧自己，注意力全集中於子音帶給你的感知經驗上。

練習放鬆的雙唇與音波振動之間的體感連結：

- ㄇmmm-ㄧ～‧ㄇmmm-ㄧ～‧ㄇmmm-ㄧ～‧

　　（Mmmmeeee mmmmeeee mmmmeeeee）

- ㄇmmmㄧ-ㄟ‧ㄇmmmㄧ-ㄟ‧ㄇmm—ㄟ‧-ㄟ‧

　　（Mmmmme—ey mmmme—ey mmmme- e- ey）

- ㄇmmmmmㄚㄚㄚ～mmmmㄚㄚㄚ～mmmmㄚㄚㄚ～（Mmmmm-
  maaaaaaah mmmmaaaaah mmmmaaaaaah）

探索觸碰到聲音的雙唇所有表面之間的關係。不用去想什麼子音，也無須「聽」聲音的成果。你的嘴唇濕潤部分會互相碰觸，唇肌運動是受音波刺激而生成的，其動作規模其實是很小的。

現在，改變能量的質感，速度加快：

- ㄇㄧ‧-ㄇㄧ‧-ㄇㄧ‧ㄇㄟ‧-ㄇㄟ‧-ㄇㄟ‧ㄇㄚ‧-ㄇㄚ‧
  -ㄇㄚ‧～

接著，加入節奏變化（「ˇ」代表短而快，「∕」表示長的強調感）。

- 　　ˇ　　ˇ　　　　　∕　　　ˇ　　　ˇ　　　　　∕

　ㄇㄧ‧-ㄇㄧ‧-ㄇㄧ‧ㄇㄟ‧-ㄇㄟ‧-ㄇㄟ‧ㄇㄚ‧-ㄇㄚ‧-ㄇㄚ‧～

　以上重複三遍。

- 　　ˇ　　ˇ　　　ˇ　　　　　　∕

　ㄇㄧ‧-ㄇㄧ‧-ㄇㄧ‧-ㄇㄧ‧-ㄇㄧ‧～

˘　　　˘　　　˘　　　˘　　　　／
ㄇㄟˋ‧-ㄇㄟˋ‧-ㄇㄟˋ‧-ㄇㄟˋ‧-ㄇㄟˋ‧～

˘　　　˘　　　˘　　　˘　　　　／
ㄇㄚˊ‧-ㄇㄚˊ‧-ㄇㄚˊ‧-ㄇㄚˊ‧-ㄇㄚˊ‧～（以上重複三次）

˘　　　˘　　　˘　　　˘　　　　／
ㄇㄧˉ‧-ㄇㄧˉ‧-ㄇㄧˉ‧-ㄇㄧˉ‧-ㄇㄧˉ‧-ㄇㄧˉ‧～

˘　　　˘　　　˘　　　˘　　　　／
ㄇㄟˋ‧-ㄇㄟˋ‧-ㄇㄟˋ‧-ㄇㄟˋ‧-ㄇㄟˋ‧～

˘　　　˘　　　˘　　　˘　　　˘　　／
ㄇㄚˊ‧-ㄇㄚˊ‧-ㄇㄚˊ‧-ㄇㄚˊ‧-ㄇㄚˊ‧-ㄇㄚˊ‧～（重複三次）

以此類推。

你若能清晰且準確地重複自己創造的節奏，你便能隨著自己選擇的節奏模式把玩練習。其餘的身體部位則需保持冷靜與放鬆，嘴唇才可能學會負責及獨立，並讓唇與腦溝通之路徑越漸清明。

步驟四會帶你練習相似的子音「ㄅb」[42]。用的唇肌區域跟「ㄇm」很像，但質感不同：與「ㄅb」的爆音質地相比，「ㄇm」是聲音積累後嘆放的持續音。

找到聲音振動與唇面之間發出「ㄅb」的精確點，能引出一小小爆出動作的聲響。

步驟四

雙唇互碰。不要預設聲音結果。意識到鬆鬆的雙唇之後，上下齒微開，舌頭在口中相當輕鬆地躺著，下顎放鬆。現在想著發出「ㄅb」聲：當這念頭出現時，什麼肌肉有了反應？先別真的發聲。

若你嘗試的過程夠慢，你可能會注意到除了嘴唇外的嘴巴出現了某些不必要的預設反應。譬如常常見到舌根會繃緊當作「ㄅb」音的跳板，導

---

[42] 譯註：b：近似注音裡的ㄅ，不過僅是發ㄅ音的唇口結構，非完整的ㄅ發音，英文以/b/表示。

致發出子音前就先出現（幾乎察覺不到的）喉音（glottal）。這不是省力或俐落的思維體現。練習讓這發音的想法直衝雙唇再實現。

- 先讓發「ㄅb」子音的念頭出現，接著輕柔地發出「ㄅb」音。

音波振動應從唇上前彈出並微微爆出聲響，不會被困在喉道內任何地方。

- 感受並聆聽聲音最後的抵達處。如果感到費力或聽來沙啞，代表聲音渠道內的緊繃張力太大，聲音無法自由釋放。
- 感覺小小的音球在唇上向前飛出。
- 把玩一下那顆球：ㄅㄜ˙-ㄅㄜ˙-ㄅㄜ˙

改變音球的形狀，變平變薄：

- ㄅㄧ˙-ㄅㄧ˙-ㄅㄧ˙（Bee-bee-bee）

再次改變聲音形狀：

- ㄅㄟ˙-ㄅㄟ˙-ㄅㄟ˙（Bey-bey-bey）

再變一次：

- ㄅㄚ˙-ㄅㄚ˙-ㄅㄚ˙（Bah-bah-bah）

雙唇可以放鬆地回應你的念頭。不要讓嘴唇「努力工作」。

用不同玩法體驗爆出的聲響：

- 　　ˇ　　　　ˇ　　　　／　　　ˇ　　　ˇ　　　　／　　ˇ　　　ˇ　　　　／

　ㄅㄧ˙-ㄅㄧ˙-ㄅㄧ˙-ㄅㄟ˙-ㄅㄟ˙-ㄅㄟ˙-ㄅㄚ˙-ㄅㄚ˙-ㄅㄚ˙

接著運用先前「ㄇm」音練習模式，變換節奏及速度，逐漸拓展雙唇的反應能力。

子音：舌頭（前舌）

接著，先讓嘴唇稍事休息，轉換至前舌練習。這裡，我區分舌頭的前區為舌尖和前舌，以凸顯出能最自然省力構成「ㄉd」、「ㄊt」、

「ㄙs」及「ㄖz」[43]音等等的構音肌群區域，其實位於前舌表面及上排牙齦脊（硬且骨感的上齒列內緣到嘴內圓頂最高處之間的凹凸表面）間。當舌頭放鬆、心寬體胖地脹滿整個口腔時，舌緣完全觸碰齒面內側，而舌面全然地碰觸整個硬顎前後。而那自然地與上牙齦脊相遇的舌頭部分，便是即將要訓練的前行舌部子音構音區。

為了獨立並加強此肌群的反應能力，以下的練習誇張地讓舌頭在嘴外運動延展，這能讓舌頭放鬆回嘴內後更輕鬆地正常運作。

步驟五

- 讓舌頭鬆鬆地滑出嘴，讓舌尖躺在下唇上。照鏡子以確保舌頭既寬且厚，完全躺著不動。若它窄而尖、薄而扁或動來動去，表示你的舌頭並非處於放鬆狀態。
- 前舌提起碰觸上唇，然後彎回碰下唇，好似舌尖往內一、兩公分處有個樞紐支點能精準地移動舌頭。舌頭持續明確地碰觸上下唇。
- 舌頭在嘴外左右移動，碰嘴的兩角。
不要讓下顎跟著搖擺。
- 在上列兩種運動間不停替換練習。
- 舌頭放鬆回嘴內，舌尖輕碰下齒列內側。
- 再一次，前舌出嘴放在下唇上。像之前一樣，舌上抬碰上唇，這次找到在唇與舌之間的音波振動，在舌頭掉回下唇時構成了聲響

---

[43] 譯註：英文Z與注音ㄖ的差異：譯者與作者已探討過兩者間的明確差異，並認為保持「Z」子音練習仍有益處，但也需增加關於「ㄖ」的子音練習。在構音上，「Z」的舌尖置於上齒與牙齦交接處，「ㄖ」舌尖則更往硬顎內捲，音波聚集感相較之下更近嘴內屋頂，震動感強，而「Z」音前行方向感較強。特此註記區別，讀者切勿將之混為一談。

「ㄌl」[44]。

你的舌頭好像在嘴外用前舌跟上唇說出：「ㄌㄜ‧-ㄌㄜ‧-ㄌㄜ‧」。每發一次「ㄌ‧」音後，舌頭都會回碰下唇。

- 刻意且緩慢地讓舌頭在嘴外重複這舌唇運動，同時隨著之前母音練習之順序，改變聲音形狀。

- ㄌㄧ‧-ㄌㄧ‧-ㄌㄧ‧ ㄌㄟ‧-ㄌㄟ‧-ㄌㄟ‧ ㄌㄚ‧-ㄌㄚ‧-ㄌㄚ‧
（Lee）　　　　　　（ley）　　　　　　（lah）

- 接著，舌回口中，又快又輕鬆地重複練習。此時，舌頭會碰觸上排牙齦脊，拍出「ㄌ‧」音：

- ㄌㄧ‧-ㄌㄧ‧-ㄌㄧ‧ ㄌㄟ‧-ㄌㄟ‧-ㄌㄟ‧ ㄌㄚ‧-ㄌㄚ‧-ㄌㄚ‧

- 反覆練習上列兩種練習。

舌在嘴外時練習速度慢，回口內時則加快速度。

因為經歷過了誇張的嘴外拉展運動，你的舌頭被拉開後放鬆了，所以，舌回嘴內後再發出「ㄌ‧」音似乎是毫不費力的。

- 如同先前「ㄅb」及「ㄇm」的構音練習一樣，透過這「ㄌ‧」練習，建立快速活潑的舌頭反應能力。速度逐漸增加，並開始變換節奏。

- 現在，探索「ㄉd」音構成時，舌頭動作所需質量。舌緣碰上牙齦脊，舌頭掉回的同時，推動音波振動向前釋出。

- ㄉㄧ‧-ㄉㄧ‧-ㄉㄧ‧ ㄉㄟ‧-ㄉㄟ‧-ㄉㄟ‧ ㄉㄚ‧-ㄉㄚ‧-ㄉㄚ‧
（Dee）　　　　　　（dey）　　　　　　（dah）

「ㄉd」比「ㄌl」音更增加了舌頭的柔韌性與強度，因為兩個構音表面間需更強大的衝擊力爆擦出此高強度子音。

注意：在處理「ㄅb」及「ㄉd」構音時有相似的聲音振動能量。為了獲得誠真的結果，聲音在各構音表面震動的實在感受至關重要。敏捷的唇舌很容易製造出實際上笨重的「ㄆp」或「ㄊt」音去騙過你的耳朵，但聲

---

[44] 譯註：l：/l/，與注音「ㄌ」起始的嘴內舌齒位置相同，但拿掉中文的抑揚頓挫，以輕聲韻嘆息釋出。

音其實根本還滯留於喉嚨裡。

- 參照以上指示，運用在構音「ㄋn」練習中。

這子音顯然與「ㄇm」同屬鼻輔音的一家人。舌緣與上牙齦脊相觸，在口腔前方擋住了嘴巴出路，聲音只好透過鼻子離開。一旦前舌下放，跟在子音後的母音便能（必須）從嘴腔釋出。

- ㄋㄧˉ·-ㄋㄧˉ·-ㄋㄧˉ·ㄋㄟˇ·-ㄋㄟˇ·-ㄋㄟˇ·ㄋㄚˇ·-ㄋㄚˇ·-ㄋㄚˇ·

  （Nee）　　　　　　　（ney）　　　　　　　（nah）

- 交替練習「ㄇㄧ·ㄇㄧ·ㄇㄧ·」及「ㄋㄧ·ㄋㄧ·ㄋㄧ·」的構音。

子音：舌頭（後舌）

步驟六

為了訓練第三主要構音區，你必須將後舌與硬顎後方（小舌之前）接觸的區域獨立出來。

- 保持舌尖與下齒列內側的牢固接觸，打個哈欠。哈欠時，上提後舌碰觸硬顎後軟腭前的位置，中斷哈欠並構成了「ㄥng」[45]音。
- 再打一次哈欠並延長「ng」，接著後舌離開軟腭，聲音不斷，但形狀改變，自然轉換構成「ㄚah」母音。

利用哈欠的伸展體感（但不真的打出哈欠），反覆後舌的上下運動，構成以下聲響：

- ngng-ㄚ-ngng-ㄚ[46]（「g」不發音，「ㄚ」則是口內像打哈欠般伸展開來）。

這個子音亦為鼻輔音的同家人。

---

[45] 譯註：ng/ŋ/，在快說完英文字「sing」或像說完「一ㄥ」時發出的尾音。

[46] 譯註：注音「ㄥ」並非相應原文之音，「ㄥ」結尾才是ng音之開頭。為避免混淆練習，此處選擇維持英文ng的原文指示。紙本上雖難以形容，但建議讀者以英文ng發音出發，嘗試練習。

放鬆嘴巴與喉嚨。運用之前的母音練習序列，訓練後舌，同時改變聲音形狀：

- ng一‧-ng一‧-ng一‧ng乀-ng乀-ng乀‧ngㄚ‧-ngㄚ‧-ngㄚ‧
  （Ngee）　　　　　　　（ngey）　　　　　　（ngah）
- 按照步驟交替唇、前舌、後舌之構音練習：
- ㄇ一‧-ㄇ一‧-ㄇ一‧ㄇ乀‧-ㄇ乀‧-ㄇ乀‧ㄇㄚ‧-ㄇㄚ‧-ㄇㄚ‧
- ㄋ一‧-ㄋ一‧-ㄋ一‧ㄋ乀‧-ㄋ乀‧-ㄋ乀‧ㄋㄚ‧-ㄋㄚ‧-ㄋㄚ‧
- ng一‧-ng一‧-ng一‧-ng乀-ng乀-ng乀‧-ngㄚ‧-ngㄚ‧-ngㄚ‧
- 開始把玩，變換節奏。
- 後舌上提輕碰硬軟腭交接處，但這次猛地噴爆出與「ㄅb」及「ㄉd」相同質感的音振能量。如果你能實在且冷靜地遵循著指示，應該自然構出子音「ㄍg」，與「ㄅb」、「ㄉd」同為爆輔音[47]一族。
- 接著可以同時運用熟悉的母音練習模式：
- ㄍㄜ‧ㄍㄜ‧ㄍㄜ‧（Guh guh guh）
- 再轉換成：
  ㄍ一‧-ㄍ一‧-ㄍ一‧ㄍ乀‧-ㄍ乀‧-ㄍ乀‧ㄍㄚ‧-ㄍㄚ‧-ㄍㄚ‧

確保舌尖放鬆靠著下齒。

確保下顎的放鬆與靜止，不干擾練習。

步驟七

最後，將一系列的練習綜合起來，從雙唇至前舌到後舌，回前舌再回雙唇上。這綜合構音訓練應該像天天刷牙那般的如常練習，以保持整個構音肌群結構的敏捷銳利。

從雙唇到前舌區：

---

47 譯註：explosive，若以語音學的角度，正確應稱其為塞音，譯者個人鍾情於「爆音」或「爆塞音」。「爆」較貴合原意，且爆字有向外、飛離的動能；塞較停滯不前，又具阻礙感。

- ㄅㄜ‧-ㄉㄜ‧-ㄅㄜ‧-ㄉㄜ‧-ㄅㄜ‧-ㄉㄜ‧（Buh-duh-buh-duh-buh-duh）

從前舌到雙唇：

- ㄉㄜ‧-ㄅㄜ‧-ㄉㄜ‧-ㄅㄜ‧-ㄉㄜ‧-ㄅㄜ‧（Duh-buh-duh-buh-duh-buh）

緩慢地開始，逐漸加速，並交替從唇或舌頭開始的練習。

接著從後舌到前舌：

- ㄍㄜ‧-ㄉㄜ‧-ㄍㄜ‧-ㄉㄜ‧-ㄍㄜ‧-ㄉㄜ‧（Guh-duh-guh-duh-guh-duh）

從前舌至後舌：

- ㄉㄜ‧-ㄍㄜ‧-ㄉㄜ‧-ㄍㄜ‧-ㄉㄜ‧-ㄍㄜ‧（Duh-guh-duh-guh-duh-guh）

先緩慢練習再增加速度，然後交替從後舌或前舌為起始的訓練。

從雙唇到前舌至後舌：

- ㄅㄜ‧-ㄉㄜ‧-ㄍㄜ‧-ㄉㄜ‧-ㄅㄜ‧-ㄉㄜ‧-ㄍㄜ‧-ㄉㄜ‧-ㄅㄜ‧-ㄉㄜ‧-ㄍㄜ‧-ㄉㄜ‧（Buh- duh- guh- duh）

自後舌到前舌再到雙唇：

- ㄍㄜ‧-ㄉㄜ‧-ㄅㄜ‧-ㄉㄜ‧-ㄍㄜ‧-ㄉㄜ‧-ㄅㄜ‧-ㄉㄜ‧-ㄍㄜ‧-ㄉㄜ‧-ㄅㄜ‧-ㄉㄜ‧（Guh- duh- buh- duh）

先緩慢地開始，再逐漸加速。

精準度和清晰度是此處標的。

在所有練習過程中，音波振動均是自由的從橫膈膜中心湧出，嘴巴需要穩定的音源才能形塑聲音構成字句。除非你能專注在聲音與構音機制的連結之上，否則這些子音很容易被夾斷或中途死亡。慢慢的熟悉子音們「ㄅㄉㄍㄉbdgd」後，你或許能發現一種火車在鐵軌上飛奔的節奏。利用該節奏或其他符合這些子音質地的節奏變換，替練習注入活力。

- 繼續子音訓練「ㄅㄉㄍㄉbdgd」，並開始加疊各種不同規模、琶音或歌曲的變化。聲音永遠從橫膈膜中央嘆放洩出，不是被子音阻斷，而是被加工處理。

- 運用「ㄅㄉㄅㄉbdbd」、「ㄉㄅㄉㄅdbdb」、「ㄍㄉㄍㄉgdgd」、「ㄉㄍㄉㄍdgdg」、「ㄅㄉㄍㄉbdgd」、「ㄍㄉㄅㄉgdbd」子音群的練習變化去探索音域（從胸腔共鳴至頭腔假音），從最低至最高再向下回流低音域，不跳過任何一階的共鳴階梯，持續嘆息釋放自由的聲音。
- 僅僅運用「ㄅㄉbd」、「ㄉㄅdb」、「ㄅㄉㄍㄉbdgd」、「ㄍㄉㄅㄉgdbd」等子音群來即興各種對話：
- 即興問答。
- 即興政治對談辯論。
- 即興感情戲。
- 繼續即興瞎拼購物等等的情況，以此類推。整個過程只用上列字音。

即興時，夥伴偶爾互相檢視，或照鏡子觀察眉毛是否雞婆幫忙著。放鬆眉毛。確保頸肌也不會因為爭辯或對話而前推頭頸。

用於構音肌群的能量常會被抓去用在眉毛上、手中、肩膀裡或一直點著的頭。這些地方的動作都應視作與當下交流無關的行為，並且應將溝通責任全然導入呼吸區域及口腔。手和肩或許最後能加強溝通過程，但在這兒，我們鼓勵唇舌承擔所有溝通責任，好讓它處放鬆。誠如前述，眉毛動作總愛替構音的活力或軟腭反應工作，但其實只有某些特定的感受需要眉毛幫助表達而已（難以置信的問題、大驚奇、愁眉苦臉等）。眉毛過度運動會在一定程度上阻斷聲音溝通的本質。該升高的音調變成眉毛高挑。手舞足道的應是唇舌，卻被眉毛搶了鋒頭。

步驟八

遵照步驟五的練習模式，綜合鼻輔音練習。

- ㄇㄜˊ－ㄋㄜˊ－ㄇㄜˊ－ㄋㄜˊ－ㄇㄜˊ－ㄋㄜˊ（Muh-nuh-muh-nuh-muh-nuh）

  ㄋㄜˊ－ㄇㄜˊ－ㄋㄜˊ－ㄇㄜˊ－ㄋㄜˊ－ㄇㄜˊ（Nuh-muh-nuh-muhnuh-muh）

Ngㄜ‧-ㄋㄜ‧-ngㄜ‧-ㄋㄜ‧-ngㄜ‧-ㄋㄜ‧（Nguh-nuh-nguh-nuh-nguh-nuh）

ㄋㄜ‧-ngㄜ‧-ㄋㄜ‧-gㄜ‧-ㄋㄜ‧-ngㄜ‧（Nuh-nguh-nuh-nguh-nuh-nguh）

- ㄇㄜ‧-ㄋㄜ‧-ngㄜ‧-ㄋㄜ‧ㄇㄜ‧-ㄋㄜ‧-ngㄜ‧-ㄋㄜ‧ ㄇㄜ‧-ㄋㄜ‧-ngㄜ‧-ㄋㄜ‧（Muh-nuh-nguh-nuh）

- Ngㄜ‧-ㄋㄜ‧-ㄇㄜ‧-ㄋㄜ‧ngㄜ‧-ㄋㄜ‧-ㄇㄜ‧-ㄋㄜ‧ngㄜ‧-ㄋㄜ‧-ㄇㄜ‧-ㄋㄜ‧（Nguh-nuh-muh-nuh）

所有「ㄜ‧」聲（母音）都應過口釋出，只有子音們是鼻腔音。

步驟九

同上的練習模式，訓練無聲子音「ㄆp」、「ㄊt」、「ㄎk」。

這些其實就是子音群「ㄅb」、「ㄉd」、「ㄍg」的無聲版（又稱清輔音[48]），嘆放的是純粹氣息，而非音波振動。

無聲的氣音（whisper）：

- ㄆㄜ‧-ㄊㄜ‧-ㄆㄜ‧-ㄊㄜ‧-ㄆㄜ‧-ㄊㄜ‧-ㄆㄜ‧-ㄊㄜ‧（Puh - tuh - puh - tuh - puh - tuh - puh - tuh）

- ㄊㄜ‧-ㄆㄜ‧-ㄊㄜ‧-ㄆㄜ‧-ㄊㄜ‧-ㄆㄜ‧-ㄊㄜ‧-ㄆㄜ‧（Tuh - puh - tuh - puh - tuh - puh - tuh - puh）

- ㄎㄜ‧-ㄊㄜ‧-ㄎㄜ‧-ㄊㄜ‧-ㄎㄜ‧-ㄊㄜ‧-ㄎㄜ‧-ㄊㄜ‧

- ㄊㄜ‧-ㄎㄜ‧-ㄊㄜ‧-ㄎㄜ‧-ㄊㄜ‧-ㄎㄜ‧-ㄊㄜ‧-ㄎㄜ‧

- ㄆㄜ‧-ㄊㄜ‧-ㄎㄜ‧-ㄊㄜ‧-ㄆㄜ‧-ㄊㄜ‧-ㄎㄜ‧-ㄊㄜ‧-ㄆㄜ‧-ㄊㄜ‧-ㄎㄜ‧-ㄊㄜ‧

- ㄎㄜ‧-ㄊㄜ‧-ㄆㄜ‧-ㄊㄜ‧-ㄎㄜ‧-ㄊㄜ‧-ㄆㄜ‧-ㄊㄜ‧-ㄎㄜ‧-ㄊㄜ‧-ㄆㄜ‧-ㄊㄜ‧

---

[48] 譯註：語音學中將無聲子音稱為「清輔音」。清（unvoiced）濁（voiced）是無聲有聲的區別。譯者認為中文內清濁定義含某種評價或負義，故選擇客觀的「有無聲」形容詞。

你可以藉由此練習清楚地檢查呼吸自由的程度。聲音不應從喉中出現或滯留，而是輕盈且透明地從構音區的表面彈出。但也不會爲了要製造清透的感覺去屏住呼吸。氣息從橫膈膜中心被毫不猶豫地全然放掉，並堅持讓唇和舌攔截飛經口腔的氣息把它加工一番。若喉道沒有緊繃張力，呼吸和構音肌群間就能眞正自由的連結，你或能直接體感到橫膈膜之振顫——此爲檢視嘴與呼吸中心連結的純粹程度之有效指南。振顫（flutter）的體感，是由於唇舌構成無聲子音「ㄆp」、「ㄊt」、「ㄎk」時快速、反覆、微小的呼吸被多次中斷所造成的。

確保在構音的瞬間，舌頭夠俐落地從硬顎落下，彈出乾淨明確的「ㄊt」、「ㄎk」無聲子音。若舌頭跑過頭到牙齒上了，氣息會絲絲發出類似「ㄘts」的無聲子音，加入聲音則會像「ㄗdz」音。前後舌練習時的落下程度要夠遠離上顎，才能創造足夠的空間讓氣息經過這口內狹縫時不刮擦通道或嘶嘶作響，自由飛出。

對其他英語子音，我僅於此提供極簡的描述。因爲只要唇和舌自由且精實，其他輔音將不會有太多困難。我會解釋這些子音構成的常理，提供你有效運用的檢視框架。至於某些超越了此處概述範圍的特定問題，建議你參考其他專研語音和講演缺陷細項的書籍。

其他有聲子音及其相對的無聲子音：

唇——「ㄈ」與英文「V」（F＆V）[49]

「ㄈfff」是英文有聲子音V的無聲版。中文並無與V相近的發音。「ㄈf」在氣息抵達口中時，上齒與下唇相碰形成。唇齒有著比V輕柔的關係，因爲氣息引發的肌肉反應比音波振動來得溫柔。

舌頭——「ㄙs」、「ㄖ」與英文「Z」

「Z」爲有聲子音，與「V」一樣應歸類爲擦音（fricative），於舌尖

---

[49] 譯註：解釋「V」的原文（經過作者同意刪除，因與中文語言無關）："Vvvv" is formed between the bottom lip and the top teeth as sound vibrates the lip against the teeth.

和上牙齦脊間構成。前舌與舌緣應貼著上牙齦脊之邊緣並溢出碰到上齒列。舌與牙齦脊後這兩者間構成狹窄的通道，在聲音經過時構成Z，產生的振動應會使你的舌尖感到癢麻，且不會把聲音拉回喉道或過度使用舌肌。中文子音「ㄖ」與上述構音結構近似，但舌尖更往嘴內圓頂內捲，舌尖不碰硬齶，聲音聚攏於圓頂及舌尖之處；舌尖的震動體感同Z，構成「ㄖ」音後再順著上牙齦脊前滑衝過齒間出身。語音學名爲有聲齶齦捲擦音，Z則爲有聲齒齦擦音，透過學名即顯見兩者之差異。

（註：下方練習爲原書內容，中文讀者可替換Z成注音「ㄖ」，更符合華文需求。）

「ㄙssss」是無聲的氣輔音。若舌頭是放鬆的，豐滿的「ㄙs」會自然響應發「ㄙs」的念頭。有點漏氣的「ㄙs」音通常是舌頭緊繃而前推至上齒的緣故，氣息從齒間的縫隙露出，嘶嘶作響或變成口哨聲，極可能大大地分散聽眾與說話者的注意力。

因每個人口內結構不盡相同，「ㄙs」音的構成並沒有所謂的「正確」位置。最佳方法是，透過聽覺找到自己滿意的「ㄙs」音之口內位置。首先讓舌頭放鬆寬厚地待在口底，接著讓前舌找到最能輕鬆觸及上牙齦脊緣入口內圓頂前之處。若舌尖在強大氣流釋出舌表面與上牙脊之間時能保持放鬆，應能構成清晰的「ㄙs」音。

不行的話，換將舌尖下放於下齒列後方與牙齦交接處。舌尖穩定後，讓前舌與上牙齦脊的強烈連結關係構成：

- Zー～Zㄟ～Zㄚ（Zzzzeee zzzzey zzzzaaa）
  一個長長的Z（ㄖ）充滿震動的嘆放。

- 接著，想著要發出Z聲，但透過無聲的悄悄話（whisper）把「Zー～Zㄟ～Zㄚ」嘆放出來，聽到的結果應該像是很強烈的「ㄙssssss」聲。

- 現在保持同上的發聲想法，無聲的Z音，但讓母音「ー」、「ㄟ」、「ㄚ」注入聲音，你應該會得到很強烈的：

- ㄙー‧～ㄙㄟ‧～ㄙㄚ‧～（Ssssee sssssey ssssaa）

這裡該練習的是你不常用的「ㄙs」音構成方法。因爲你是唯一能體

會出它與自己平常慣用「ㄙs」構音的思維、口內感知及呼吸過程差異的人。

　　舌頭──「ㄐj」與「ㄑch」，「ㄗzj」與「ㄒ（ㄩ）sh」[50]，「ㄦr」

　　（註：上列注音符號僅能代表幾近相同或類似英文字音的聲響，並非全然相同，請讀者斟酌運用。）

　　這是一串透過舌中上提所形成的獨特聲音，提到快跟嘴內圓頂一樣高的位置的是「ㄐj」，位置相同但無聲時構成的則是「ㄑch」──爆破音（或塞音）；「ㄗzj」及同位無聲的「ㄒsh」──擦音；除了喜劇效果外，在構作R音時，舌頭勿過度內捲僵化，並應避免聲音被拉回到喉嚨裡。

　　舌頭──「ㄓ」「ㄔ」「ㄕ」「ㄗ」「ㄘ」[51]

「ㄓ」不送氣清捲舌塞擦音。
「ㄔ」送氣清捲舌塞擦音。
「ㄕ」清捲舌擦音。
「ㄗ」不送氣清齒齦塞擦音。
「ㄘ」送氣清齒齦塞擦音。

　　構音遊戲百百種，而繞口令對構音之心理（思維）及物理（結構）敏銳度的增強是特別有效的。以下是些可重複的簡單構音練習，提供構音機制的訓練建議。

---

[50] 譯註：sh：/ʃ/在注音符號中無法準確標出，只有兩音「ㄒ」及「ㄩ」的結合較能指出相似的口內舌頭位置。勿發出「ㄩ」聲，因為sh/ʃ/是無聲子音。僅在「ㄩ」的口型結構上嘆放純氣息。

[51] 譯註：此為譯者針對華文需求新編的內容。ㄓㄔㄕㄗㄘ聽來像似「之吃濕資雌」字音，但所有韻母均發空韻的輕聲調，避免字義影響純粹的構音練習。

步驟十

　　以下是某些特定子音反覆練習的範例（及簡單曲調）以供參考，之後你可以自己替其他子／輔音發明新的繞口令或遊戲[52]。

- 「ㄅB」：

Billy Button Bought a Bunch of Beautiful Bananas
（比利巴騰買了一堆漂亮的香蕉）
想像比利的長相，具體化香蕉的樣貌，開始說故事。當速度加快時，意象自然來得更快；加快練習不是為了能機械化的正確執行，而是在增加心思敏捷度的同時能確保字詞本身及其意涵的融合。

- 以琶音的連續嘆放練習，每次重複時升高音調：

　　（註：此處為適合英文的曲調，譯者建議讀者可用一些中文歌謠或小叮噹等簡單好玩的歌曲套入中文的繞口令。）

　　找個人在每個繞口令後問你以下問題，並立即用同樣的子音繞口令字句但不同的強調語氣回答：

- 問：「是喬巴騰嗎？」回：「比利巴騰買了一堆漂亮的香蕉。」
- 問：「是比利史密斯？」回：「是比利巴騰……（略）。」
- 問：「比利巴騰偷了香蕉？」回：「比利巴騰買了……（略）。」
- 問：「他只買一根？」回：「比利巴騰買了一堆。」
- 問：「香蕉爛爛的嗎？」回：「比利巴騰買了一堆漂亮的香蕉。」

---

[52] 譯註：此處僅翻譯原文繞口令的意涵，僅使讀者理解練習內容。若希望能以中文練習獲得類似效果的教材，請參考改編書籍《人聲探索旅程手冊》。

- 問：「是買了蘋果嗎？」

這些問題最後可能讓你覺得煩死了，但應激發你快又有效應對變化的心理反應。

同以上模式，練習「ㄍg」的子音繞口令：

- Giddy Goddesses Gather together and Gossip in Garrulous Groups
  （輕挑的女神們聚在一起喋喋不休的聊八卦）
- 開始問各種相關問題：
- 「她們很安靜嗎？」
- 「是一群政客吧？」
- 「只有一個女神嗎？」
- 「她們在聊工作嗎？」
- 「大概很安靜吧？」
- 「ㄉd」：

  Desperate Donald Die the Death of a Dastardly Drunken Dog
  （絕望的唐諾死在卑鄙殘忍的醉狗手上）
- 「ㄇm」：

  Marvelous Mammals Mimic the Murmurs of Mundane Minimal Men（男人）
  （驚奇美好的哺乳動物模仿著平凡簡單男人的低語）
- 「ㄋn」：

  Nubile Nellie Nibbled the Knees of Nervous Nautical Nerds
  （少年尼利咬著緊張的航海書呆子的膝蓋）
- 「ㄌl」：

  Lily Langtry Lay on the Lawn and Languidly Lasciviously Laugh
  （莉莉蘭翠躺在草地上慵懶的淫淫笑著）
- 「ㄔ」及「ㄔ」[53]：

  大吃奢侈魚刺吃的牙齒參差不齊。

---

[53] 譯註：原文無此字音練習，為譯者與作者商討後同意增加此篇幅以提供華文讀者練習。

- 「ㄕ」及「ㄙs」：

西施死時四十四，四十四時西施死。

利用以上模式自行發明「ㄊt」、「ㄈf」、「ㄆp」等子音繞口令。

還能用這經典的繞口令練習：

- Peter Piper picked a peck of pickled peppers

（彼得・派珀挑了一撮醃辣椒）

A peck of pickled peppers Peter Piper picked

（一撮醃辣椒被彼得・派珀挑了）

If Peter Piper picked a peck of pickled peppers

（如果彼得・派珀挑了一撮醃辣椒）

Where's the peck of pickled peppers Peter Piper picked?

（那麼被彼得・派珀挑的那撮醃辣椒在哪裡？）

我喜歡用完整升降音階練這個繞口令，它正好符合整個升冪及降冪的音階上下移動：

然後用說話的語調再說一次故事，能找到真人練習最好。尋找能激起更多精神能量的方法，才能支持逐漸增快的速度。

彼得・派珀（Peter Piper）曾經有能力首先採摘一整袋醃製的辣椒，這讓懷疑論者更加憤慨。或者，在丈夫不歸來時，派珀夫人為晚餐所需的醃椒感到焦慮。或散布關於可能發生的醜聞，倉促、愉快的八卦。

透過如此訓練，你能更好地維持構音的身體機制敏捷度與心理敏感度之連結。你會發現，只要思維夠快，說話便能隨心所欲想多快就能多快。但只有全身處於真正的放鬆狀態下刺激心念、氣息、雙唇及舌頭，思維才有可能符合想望的速度。生理狀態越能保持放鬆，心理精神越能高度集中。

母音（元音）

我想先從幻想的層面上探討母音。我曾經多年相信著（也曾真從特殊喉內視鏡親眼見證過）母音的初始形狀是由聲帶構成的——後來也清楚地發現那並非事實。儘管如此，我仍堅信這想法是個有創意的錯誤。當時目的是引出我們對母音的重視，以及能特別敏感謹慎地尋找避免母音在構成時失真或失色的方法。

每個母音均擁有基本物理屬性的音樂性本質。大腦皮質語言區發出訊息，聲帶接收後立即形塑出母音的概略形狀假設以滿足大腦需求，從而改變了無論是氣息或是聲音之共振音調。這裡舉個更能使你理解的簡單過程範例：嘴開，齒列上下分離，噘嘴前推雙唇後吹氣過此嘴形，聆聽形成的音頻。現在，兩唇訕笑似地向兩旁拉伸，吹氣過此嘴形，聆聽造成的音高。確保舌頭完全放鬆，讓氣息能順暢抵達雙唇。你應能聽到唇前推噘起時呈現了一定的低聲，而側拉兩嘴角時出現了高音。這裡，你的想法是發出「ㄛ．」（oh）音，聲帶反應形成一近似噘唇的圓型，這念頭的縮影在聲帶上塑成低音的共鳴空間。而對「一．」（ee）的想法，聲帶兩側會拉近彼此，母音因空氣或音波振動經過此狹窄空間而有了更高音的質感。幾種主要母音類別對聲帶形狀有大幅改變之影響，從而造成母音在萌芽階段的先天差異。軟腭、咽壁、舌與唇則加以精修與塑雕出細微的母音差異。就聲帶層面來看，母音成型之源深植於非自主神經系統內。欲保持母音們微妙的音樂性本質，後天的修飾過程必須極度敏感。任何抓攔自由氣息的緊繃張力均會更改母音那依賴自由的聲音而釋放的原生音高之天性。

這音高與母音的相關性，並非規定「一．」音不能低或「ㄛ．」音不能高的標準。情緒影響造成的他種音高，或自我選了某個音高能與母音天性結合，創造出相當有意思的和諧音。譬如安靜[54]的靜字裡的「一ee」，在被一個調皮孩子煩到時，你命令孩子「安靜！」。尤其注意那「一ee」

---

[54] 譯註：原文使用英文「sleep」字詞，意為睡覺。中文講睡覺並無「一ee」音，難以感同身受。譯者決定在相同情況下的可能用語中選擇「安靜」一詞作為例子。

與中高音區會在音域內找到純淨自然的結合處。這基本聲響的釋出，同時反映出情緒與母音音高。現在若把「安靜」當作催眠過程的餵養字詞之一，那透過深層胸腔共鳴的幫助便更能增加作用。仔細聆聽胸腔的低音頻與母音本質的高音的和諧結果。這便是言語天性中的豐富質感。「一ee」音是較明顯的母音形狀，也較容易聽見其和聲變化。其他母音則需透過被良好鍛鍊出的敏銳聽覺才能辨別差異。

以上是對僅能自發的運動過程一種非常分析式的描述。因此我再次重申，這是為了陳述肌群在反應大腦中的運動慾望時越不受張力束縛越敏感越好，才能在非自主層面上正常運行。經濟效益是有效母音的構成標準。費力就無法維持敏感性，不敏感則無精微度可言，不精細便會缺乏音樂性。因此，若你不用下顎便能構成母音，就別用。雖然下顎運動能增加某些共鳴，但基本的母音構成無須下顎幫忙。與唇舌的小肌群相比，移動大的顎骨需費更多精力以達成不同的聲音需求。

清晰的話語能力關鍵是能將唇舌獨立出顎骨肌運動，但你要是把這原則變為極端教條，還不如直接用雄辯圈中最有害的骨頭道具。這東西真的存在，它大概兩、三公分高，學生要把它放於齒列之間，保持嘴巴的開張與下顎的靜止，在這姿態下，唇舌練習發音咬字。有人會用軟木塞，則是種更大阻礙或挑戰。我保證任何這樣訓練咬字的演員永遠無法在戲中提供有效的演出。在這種情況下，唇舌唯一能起作用的方法是誇大動作。勤奮的學生非得大力動口，扼殺了所有保持話語音樂性的希望。它還讓下顎產生張力，導致喉嚨和呼吸有更多的緊張呢。

我再次強調：清楚的發音用字來自於明確的想法思維。我曾親眼見過演員嘴巴努力地咬出每一個字詞，但我還是聽不懂其話語內容；也看過演員似乎沒在費神咬字，我卻能清楚聽見且理解其所言。演員最終能被清楚了解，是演員本身明確而具體之意圖被自由地傳達後得到的結果。

誠如前述，與母音工作需建基在聲音的自由釋放、發展及其敏感度的提高之上，讓聲音能反映特定明確的慾念意圖。在能更明確深入地覺察並體驗自我與聲音的連結後，你便能開始安全的訓練聽覺——聽力的鍛鍊是為了增強你的藝術技能，不是拿來自我批判的方法。

路易斯・科里安尼（Louis Colaianni）之著作《語音之樂》（*The Joy of Phonetics*）為英文母音、口音及各地方言作品等絕佳資源，其理念基礎與本書核心概念相同。科里安尼發展了許多將聲音自由與感知能力擴展銜接語音發音學之方法，再也無須將發聲與構音劃分開來。我所有系統化的母音工作都建立在W. D.艾肯（W. D. Aiken）之著作《人聲》（*The Voice*）一書中的母音範疇之上。它對英國口音助益大，但需為合宜美國口音而調整[55]。其作品之最高價值在於他以音波共振範圍為基礎，將母音音域與共鳴腔體音域視為一體而發展內容。

不過，我發現聲音越自由，你越不需要特別具體的訓練母音構成。下個環節練習中，聲音將成為語言傳達的媒介，而在探索母子音的物理構成（生理）時，你的意識覺察力（心理）也將因此拓展——這是字詞構成的關鍵元素，而非分開的學科訓練。

健「聲」時間

這是截至目前為止我所教的聲音練習綜合起來的一種循序暖聲。內容強調呼吸的激起、呼吸能量的增強，用不同於先前暖聲之練習順序，以及較快的暖聲節奏。

1. 基本放鬆與身體覺察意識的喚醒。
2. 肋骨架的開展。
3. 肺部真空練習（Vacuum the lungs）。
4. 嘆息釋放不同大小的慾望衝動：四個大的，六個中的，許多小而充滿期待的中心喘息panting練習。
5. 自然呼吸韻律的意識喚醒。

（以上共約十分鐘）

6. 聲音的觸動。
7. 在升降冪的音高中，以平常兩倍的速度嘆息釋放：

---

[55] 譯註：此篇幅所提及之參考書籍或作者均以英文語言的探討層面出發，僅供中文讀者參考。

「ㄏㄜ·-ㄏㄜ·-ㄇmmmmㄜ·」（huh-huhmmmmuh）

帶著清楚感受那被喘息panting激發的中心意識，讓氣息一起快速活潑地下落身體中央。

8. 鬆搖頭頸，同時嘆放鳴聲hum。

很快地讓頸部往一方轉去，接著內在快速放鬆讓新氣息交替，然後快速換方向轉鬆頸部。（更快速意指頸部肌肉更釋放，以及頭頸能一口氣轉更多圈的能量。）

9. 嘆放鳴聲之際，脊椎下落成倒掛之姿。接著，在一深長的鳴聲嘆放的同時，脊椎快速下掉後回彈成站姿，站好的瞬間，兩唇分離釋出聲音。

回站後可以膝蓋上下彈跳、肩膀上下動搖等變化多次重複此步驟。

10.下顎鬆搖練習——與聲音一起嘆放。

11.舌頭練習。速度加倍，並更改練習節奏。

12.脊椎節節下掉，音高節節上升，同時進行舌頭練習。

13.待在倒掛姿態，鬆鬆地喘息pant嘆放。

14.在倒掛之姿開始鬆搖舌中，接著緩慢上建脊椎回站，同時嘆放：

ㄏㄧ·-ㄜ·-ㄜ·-ㄜ·（hee-yuh- yuh-yuh）

每個嘆放之間讓氣息快速替換。

15.休息。

16.按序練習完整喘息panting過程。慢速—中速—快速。

17.軟腭練習：

快速地（跟喘息練習的中速相當）嘆進嘆出無聲的氣音「ㄎㄚ·」（kah），過程中，內部橫膈膜的行為運動與「六個中型嘆息釋放」的大小是相同的。找到聲音源頭與渠道之合作無間。

18.以步驟16產生的內在能量，呼喊過想像的山谷：「嗨ㄏㄞ·～ㄞ～（hi-i-i）」。

19.前頸與頭後傾伸展，打開喉道。慢速地喘嘆出多次氣音「ㄏㄚ·～」。

頭頸回正：

中速喘嘆出多次氣音「ㄏㄜ·」；讓陣陣氣息直接從橫膈中心噴到嘴

內圓頂。

頸頭向前落掛：

快速地喘嘆出多次氣音「ㄏㄧ‧」；氣息直接而敏捷地自橫膈中心抵達前齒列。

倒換順序：

頭頸前傾落下，回正，後傾延伸；持續喘息嘆放過不停變化形狀的通道。

20.胸腔共鳴：

ㄏㄚ‧～ㄏㄚ‧～ㄏㄚ‧～（Ha-ah-ha-ah-ha-ah）

口腔共鳴：

ㄏㄜ‧-ㄏㄜ‧-ㄏㄜ‧（Huh-huh-huh）

齒腔共鳴：

ㄏㄧ‧-ㄏㄧ‧-ㄏㄧ‧（Hee-hee-hee）

順序顛倒，反覆多次，並與步驟18交替練習。

21.放鬆自己並釋放喊出「嘿ㄏㄟ‧～ㄟ～」（he-e-e-ey）。全身搖晃甩出聲音。

22.肺部真空vacuum練習。

23.再做一次完整喘息panting訓練。

24.竇腔共鳴：交替以手指按摩或自行上下移動竇肌群，也同時替換頭掛落著或站正齊整的姿勢。在中高音區之音域間嘆放。

25.鼻腔共鳴：帶著愉悅的期待快速地嘆放喘動氣息，接著利用這能量集中聲音飛入鼻骨，很快地越過顴骨後飛出口外。

26.嘆放音域由低至高的「嘿ㄏㄟ‧～ㄟ～」。換成從高到低音。再次嘆放由低至高，再釋放入假音（falsetto）。

27.快且興奮的喘息刺激出把聲音送入頭顱變假音的慾望。

28.因對新氣息出現的興奮而瞬間釋放體內氣息，並隨著越趨興奮的氣息能量，快速假音越變越高。

29.胸腔釋出多個深層的「ㄏㄟ‧」音。

30.音域練習：舌頭鬆搖「ㄏㄜ‧-ㄜ‧-ㄜ‧-ㄜ‧」的同時，嘆息釋

放從低至高再由高變低的音高。

(1)音域練習，嘆放的同時以手鬆搖下顎，搖出聲音。

(2)音域練習，嘆放的同時全身搖動，聲音從地下室飛上頂閣樓再到地下室。

(3)音域練習，一口深長的嘆息釋放能使你脊椎下掉成倒掛，回彈上建脊椎成站姿。反覆多次。

31.構音練習：無聲唇顫及拉展舌中，替唇舌熱身。嘴角前推，嘟起雙唇，再向兩側拉開成「ㄨㄟ˙」（wey）、「willyou」和「willyou-wait」。

(1)音域練習，在喊出「ㄨㄟ˙～ㄨㄟ˙～ㄨㄟ˙～」（wey wey wey）的同時，嘆放從低至高再由高變低的音高。

(2)ㄅㄜ˙（Buh）-ㄉㄜ˙（duh）-ㄅㄜ˙-ㄉㄜ˙-ㄅㄜ˙-ㄉㄜ˙-
ㄉㄜ˙-ㄅㄜ˙-ㄉㄜ˙-ㄅㄜ˙-ㄉㄜ˙-ㄅㄜ˙

(3)ㄍㄜ˙（Guh）-ㄉㄜ˙（duh）-ㄍㄜ˙-ㄉㄜ˙-ㄍㄜ˙-ㄉㄜ˙-
ㄉㄜ˙-ㄍㄜ˙-ㄉㄜ˙-ㄍㄜ˙-ㄉㄜ˙-ㄍㄜ˙

(4)ㄅㄜ˙-ㄉㄜ˙-ㄍㄜ˙-ㄉㄜ˙-ㄅㄜ˙-ㄉㄜ˙-ㄍㄜ˙-ㄉㄜ˙-
-ㄅㄜ˙-ㄉㄜ˙-ㄍㄜ˙-ㄉㄜ˙（Buh - duh - guh - duh）

(5)ㄍㄜ˙-ㄉㄜ˙-ㄅㄜ˙-ㄉㄜ˙-ㄍㄜ˙-ㄉㄜ˙-ㄅㄜ˙-ㄉㄜ˙-
-ㄍㄜ˙-ㄉㄜ˙-ㄅㄜ˙-ㄉㄜ˙（Guh - duh - buh - duh）

以上子音練習先以說話語調練習，再換成嘆放升冪及降冪音高。接著音域練習，從高至低後從低到高音。過程中先從慢速開始，然後切換到盡可能最快的速度——即興變換節奏。

無聲的嘆放氣音（whisper）：

- ㄆㄜ˙-ㄊㄜ˙-ㄆㄜ˙-ㄊㄜ˙-ㄆㄜ˙-ㄊㄜ˙-ㄆㄜ˙-ㄊㄜ˙-
ㄆㄜ˙-ㄊㄜ˙（Puh-tuh）

- ㄎㄜ˙-ㄊㄜ˙-ㄎㄜ˙-ㄊㄜ˙-ㄎㄜ˙-ㄊㄜ˙-ㄎㄜ˙-ㄊㄜ˙-
ㄎㄜ˙-ㄊㄜ˙（Kuh-tuh）

- ㄆㄜ˙-ㄊㄜ˙-ㄎㄜ˙-ㄊㄜ˙-ㄆㄜ˙-ㄊㄜ˙-ㄎㄜ˙-ㄊㄜ˙-ㄆㄜ˙-
ㄊㄜ˙-ㄎㄜ˙-ㄊㄜ˙（Puh-tuh-kuh-tuh）

- ㄎㄜ˙-ㄊㄜ˙-ㄆㄜ˙-ㄊㄜ˙·ㄎㄜ˙-ㄊㄜ˙-ㄆㄜ˙-ㄊㄜ˙·ㄎㄜ˙-ㄊㄜ˙-ㄆㄜ˙-ㄊㄜ˙·（Kuh-tuh-puh-tuh）

加上其他構音練習。

32.念首詩，念一段話，唱首歌。

你應持續研讀練習內容細節並學習順序步驟，之後添增練習變化時才不會遺漏任何重要元素。確保過程中能持續有機的能量釋放。你有多種地板練習可運用，也有擺盪（swing）及琶音練習能增強聲音力量與自由度。

在這樣的健「聲」訓練後應會讓你感覺十分清醒，絕非疲累。若覺得累就表示在過程中你「努力」練習，忽略了反射行動所產生的內在能量。永遠不要累人的「吸氣」──讓氣息自然地被「替代」。而透過喘息panting訓練，你正持續發展著自身敏捷度，也恢復著身體反射運動的自然速度。

第三部分
文本與表演之連結

字詞 —— 意象

　　語言源自於本能、生理、原始的衝動慾念。面對苦痛、飢餓、愉悅或憤怒時發出的咆哮吶喊，在時間的推進之下被身體肌群構成更細節的溝通，以反映出持續進化的身心智之需。越漸精細且訊息特定的傳遞需求如雨般不停落下，部署在口中的肌群需區分正負面的反應能量，並逐漸學會描述目標、事實及處理語言的微小細節。

　　不可思議的是，當嘴剛開始構成字音時，其構音方式與其他熟悉的嘴部運動如咀嚼、咬、親吻、吮吸、舔、咆叫、啵唇、包覆等習性完全不同。以上全屬能獲得感官回應或明顯愉快的（占多數，偶有一、兩個憤怒或恐懼的反應）結果之實際運動。字音能直接連結口腔神經末梢與體內存儲感官情緒（包括控制食慾的神經中樞）之處。

　　然而，這條直接的路徑在過去三、四百年間，先因印刷術的出現、再到近代高度依賴通訊科技改變了溝通模式的關係，早已短路。先不論這些新模式的出現帶來了什麼好處，它們都將分享大量訊息的責任從耳朵轉移給眼睛。眼與資訊的關係始於具有一定距離的體外之處。而耳朵基於其生理結構，得從體內接收訊息，這更易允許訊息的內化。

　　或許可說眼睛客觀化（或具體化，objectify），而耳朵則為主觀化（或抽象化，subjectify）。聽覺的訊息透過振動入體而被吸收。視覺的資訊則能繞過生理反應，輕鬆地進入到評估、賞析或評斷領域中。聽覺／口語是演員生命的重要內容。聆聽是生命的血、氧、食、飲；當一個演員能真實聆聽，便能從本體心思回應。

　　如果你始終認真並遵循著本書的練習，你已透過這些工作恢復了許多能使聲音直接通過的生理神經通路，並在聲音流經身體時，引起物理上、感官上、感知與情感上的各種反應。不過，要重新建立字音與體內之本能連結，仍有些工作該做。

　　字詞大多已變成日常生活中的功能性工具，且其傳遞途徑已被訓練成自大腦語言區皮層直從口出的淺短通路。除了極度挑釁等激動狀況外，字

詞鮮少乘載情緒的波動。唯有激烈情感如盛怒、狂喜、熱愛或悲慟能打破慣常，並燃起內在真理的溝通衝動。但溝通，在功能型與情緒化之間，其實有著廣闊的表達領域，無須等待極端情緒的出現也能使你從內在連結獲益。

若要還原字詞的體感本能，必須先喚回字詞的感性本質。這並非叫你忽略其智識，而是暫時地優先關注字詞的情感性，才能找回字詞情理之間的平衡。大部分時間裡，我們的聲音像個資訊傳遞機器——數據性的事實，擬定會議時間，新聞交流，處理客戶或公務……。這掌管「購物清單」的大腦部分幾乎全然掌握語言使用權，而主掌情感及想像的區域卻得掙扎奪回自身的管轄權。其實，將字詞帶回與生理、感官和情感本源的連結並不難，身體只需幾個實例及基本原則就能理解。

你應以實驗的心態面對下列練習。此些訓練內容旨在激發更多新想法與新試驗，切勿僵化地奉其為教條規矩。

步驟一

你將探索不同的母音聲響究竟能在身體上產生什麼不同的影響感受。母子音聲的感受能揭露字詞中的言下之意。這些母子音聲感受將我們與自身的溝通慾望連結。這裡的「感受」一詞意味著生理的感官知覺與情感作用。

準備讓你的身體成為能被聲音彈奏的人體接收器。無論你從躺、坐、站等任何姿態開始，均需充分深層放鬆以進入身體意識暢行無阻的狀態，音波振動方能自由流動。（建議從仰臥姿態開始。它最容易放鬆，因此最能促進高接收度。）

注意力集中在太陽神經叢／呼吸區上。從那中心嘆息釋放出一深長且輕鬆的「ㄚ·～～」（aaah-aah）。

- 看見音流的意象，從軀體中央流經胸部與喉道後流出口外，流入雙臂後流出雙手，向下流經兩腿後流出雙腳。
- 想像這寬廣的聲音河流「ㄚ·～ㄚ·～～」（AAH-AAH-AAH）是一股動能，啟動了身體動作。

- 想像聲音的電脈衝能同時啟動你的身體與聲音。

探索每次嘆放「ㄚ·～ㄚ·～～」聲所帶來的感受，讓自己透過聲音釋放當下感受。

現在，新的發聲念頭是：

- ㄧㄧㄧㄧㄧㄧㄧ～～～（EEEEEEEEEEEEE）
- 將這份想法慾望餵入中心太陽神經叢／橫膈膜區裡。
- 嘆息釋出「ㄧㄧㄧㄧ～～～」。
- 此聲響流遍你的身軀與四肢，讓它引發你身體的反應而運動。讓身體吸收「ㄧㄧㄧ～」母音的本質，找出「ㄚ」與「ㄧ」音所帶來的情感差別，並看看你的身體動作是否能反映出此份差異。
- 以相同練習模式試試母音「ㄨ～～ㄨ～～」（OOOOOOOOOO），如同屋頂的「屋」字，但發空韻。
- 交替不同的母音聲形，不停向身體中心注入聲音嘆放的慾望：
- ㄚ～ㄚ～～
- ㄧㄧㄧ～～～
- ㄨㄨㄨㄨ～～～
- 替換順序。
- 忠於每個母音聲構成的形狀。

若你用臥姿體驗了這練習，可換站姿重練，讓聲音能帶著你的身體在空間中流動。

步驟二

下列三個母音，本質上比步驟一的母音銳利、短促、具彈跳斷奏感（staccato）。

- /a/ [56]（英文cat的母音發音）

---

[56] 譯註：中文無此發音，僅供參考。

- /□/[57]（英文hit的母音發音）
- /u/「ㄜ」（同「顎」，但忽略音韻。英文cut的母音發音）
- 依序練習，想像橫膈膜是個彈跳蹦床，母音們掉進橫膈中心後被彈出體外。
- 喘息panting嘆放每個母音聲響。
- 音域練習，讓每個母音聲跟著聲音高低上下，感覺每個音高跟母音形狀結合所帶來的不同感受。
- 把玩這些短且彈跳斷奏般的母音，向內刺激身體運動。小小的聲響可能只會激起小部分的身體反應。如「/□/」母音質地必然與「ㄚ～ㄚ～～」母音質感大不同一樣，身體動作的反應質感也應不盡相同。

步驟三

　　一個接著一個地丟入音聲本質相異的母音到體內，好激發出差異大的身體與聲音反應。譬如：

- ㄜ·（/u/）
- ㄚ～ㄚ～～
- /□/
- ㄨㄨㄨㄨ～～
- ㄧㄧㄧ～～
- /a/
- ㄚ～ㄚ～～

　　這是為了發展身體及聲音的反應靈活彈性。更改節奏，持續觀察長短母音所帶來的體感差異。

　　自由聲音／運動反應與強行造作後產出的聲音，兩者間有著極細的

---

[57] 譯註：中文無此發音，僅供參考。

　　這聲音介於注音「ㄧ」與「ㄜ」間，但比「ㄧ」短促，且舌中比「ㄜ」更近硬齶，構音空間仍有差異。

分界。聲音發明及創造屬於另一章節的範疇。此處目標是，觀察身體與聲音是否能接收並全然體現特定的母音之本質特徵。如果你在聲音上硬要發明，那你可以逼迫「ㄨ」母音變得高且彈跳斷續，而/□/則低沉又綿長──前者本質適合處於低共鳴區及溫暖緩慢的運動，後者則能更舒服的存在於較高音域內及輕快的手腳運動反應。要發展聲音的多元化，應在極其多元的母音群內發展其多樣性。

　　以上我僅用了差異最明顯的母音聲響做練習。在你探索母音對身體聲與動影響的精細差別時──如「ㄝ‧」（似英文bed的/□/）、「ㄟ‧」[58]（似英文hate的/e□/）、「ㄡ」（似英文hope的/o/）等[59]──若你持之以恆地訓練發聲肌肉群及共鳴腔的敏感性，便能讓它自然的反映出字裡行間色彩與音樂性之細微差異。

步驟四

　　現在轉換到子音體感經驗上。（粗體字有聲，其他無聲。英文大寫則有聲，小寫無聲／氣音）

謹記：以下所有子音（除非特別指出）均不發韻母，僅讓起始的音改變口
　　　　腔形狀而構成每個子音。

- 意識集中在口腔上。
- 探索兩唇間發出「ㄇMMMMMM」音時的生理感知。
  變換高低音，嘆放時移動雙唇。
- 「ㄇMMMM」音是從身體中央湧出的，找出當「ㄇM」影響雙唇
  時，你的身上有何感受。
  換品嘗看看「ㄋNNNNNN」、「ㄗZ（茲）」、「ㄓ」等音。
- 緩慢且奢侈地品嘗這些子音。想像舌頭、上牙齦脊和太陽神經叢
  之間形成了一道流暢的音流。

---

[58] 譯註：「ㄟ」是雙母音，又稱長母音。其後的「ㄡ」亦是。

[59] 譯註：原文"aw" in walk, "o" in hot：/□/。中文無此發音標記，而/□/發音則介於
　　「ㄜ」和「ㄚ」之間，這對華語演員無太大助益，故刪除。

- 讓子音展現其天性本質。
- 換成無聲子音「ㄙssssssss」及「ㄈffffff」

這些純粹氣息的無聲子音，帶給你什麼感覺或身體感受？

- 接著玩玩有聲子音「ㄅB」、「ㄉD」、「ㄍG」及無聲子音「ㄎk」、「ㄊt」、「ㄆp」。

感受這些具斷奏感的子音（斷輔音）彈跳天性與「ㄇm」、「ㄙs」連奏般的連續音質（連輔音）間的差異。

- 練習屬性對比鮮明的子輔音──斷續彈跳的斷奏（staccato）和相連流暢的連奏（legato）。（氣息會在斷輔音與中性隨興的「ㄜuh」母音結合時振動而爆出有聲子音。連輔音則無須母音的幫助。）

舉例（粗體字有聲，其他無聲。英文大寫則有聲，小寫無聲／氣音）：

- ㄅㄜ‧ㄗ～ㄈ‧ㄋ～ㄎ‧ㄙ‧ㄊ‧ㄉㄜ‧ㄇ～

（BUH ZZZ fff NNN kuh sss tuh DUH MMM）

- 結合幾個子音為一組，並替此音組發展適合的節奏模式，如：

- ㄇ～ㄎ‧ㄗ～ㄈ‧ㄊ‧ㄉㄜ‧ㄋ～

（MMM kuh ZZZ fff tuh tuh DUH NNN）

- 讓子音組合的節奏模式（如上例）帶著身體律動。

步驟五

將兩個聲音／感受／質感截然不同的母音，和兩個聲音／感覺／質感不同的子音結合，像這樣：「ㄨ～（oo）」+「ㄝ‧」，「ㄗ～」+「ㄊ‧」，並合在一起。（下底線＝長聲；上標字＝短聲。）

- ㄨ～ㄗ～$^{ㄊㄝ‧}$

（OOOZZZ^{tA}）

- $^{ㄗ～ㄝ‧}$ㄨ～$^{ㄊ‧}$

（$^{ZZ\ A}$ OOO^{t}）

- $^{ㄊ‧ㄝ‧ㄗ}$ㄗ～ㄨ～

（$^{t\quad A\ Z}$ Z Z OOO）

讓長聲延展，短聲則盡可能地短簡精幹。

- 開始即興發展各種母子構音的音域、聲量、節奏更迭之排列組合。

- 透過身體奏出字詞音聲，字音被「說出」而非唱出——讓口述的字音之樂激發身體的舞動。此練習目的是為拓展你話語發聲領域的潛能。

讓身體感受聲音質感差異且隨之反應。試著允許這些聲音透過「你」傳遞字本身之能量，而非「你」藉著這些字音表達自我能量。

- 以步驟五為基礎，開始探索各三個以上對比鮮明的母子音組合。用清晰的節奏模式合成練習，避免變成胡言亂語。訓練你的身體和聲音能對無字詞意義卻充滿想法思維的慾望衝動有機地反應。

- ㄗ～ˉˋㄈ˙˙ㄝˋㄌ－ㄨ～ㄊ˙˙ㄝˋㄆˋㄝ～ㄎˋㄧ～

  （ZZZI fff AL OOOtA pA k EEE）

- ㄆˋㄛㄇ～ㄚ～ㄅ－ㄨ～ㄈ˙˙ㄧ～ㄙ˙˙ㄧ～ㄊˋㄝ ㄍ－ㄨ～ㄍ－ㄨ～ㄋ˙ －ㄚ～

  （pUMM AAAB OOOff I ss I t A GOO GOO NAA）

- 用任意的母子音組合去激發你的口、呼吸及身體對能量更改而反應出不同動作。

對於此些聲音與身動之探索關鍵在於，各母子音不同的音聲本質特徵萬不能被節奏或其他能量取代或弭平。一旦你能讓這些字聲透過你被奏出，它們將能被自身振動衝擊出能量。只要你的身體夠放鬆，心房夠開闊，聲音立即能產出能量，還提供了一個你能用以表達體內被壓抑的情感之通道——究竟是要透過這練習去釋放自己的情緒，還是要遵守此練習的特殊規則繼續探索？決定權在你身上。練習準則是，不同聲響會產生不同能量，而這些能量將直接反饋回聲音本身並幫助達成發聲目的。

舉列來說：

- ㄊ˙ㄛˋㄆ˙ㄛˋㄊ˙ㄚ˙ㄗ～ㄨ～ㄧ～

  （t u p u t A ZZ OOOEEE）

- 在五線譜上可能會像：

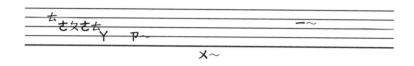

若你用節奏與動作反覆訓練多次，它可能會變成這樣：

- 千萬要避免整組音群因為重複而逐漸變成單一音調，也要試著避免過度興奮而失控的能量讓字聲們偏離了適合其天性的共鳴區。

若要訓練自己的聽力能敏銳覺察出母音內建的音樂性，你需練習無聲 whisper 氣音嘆放。一旦聲音的共鳴振動消除了，你就能清楚聽見氣息在穿越不同口內空間時自然改變的音調。

步驟六

這是一個把各母音本質的音樂性及其相應共鳴階區結合在一起的方法。母音及共鳴聲在體內均有屬於自己的地方。這是一個能體現母子音的高能量暖身。在母音域內，你會從最低頻的母音開始移動至最高音頻的母音範圍，而每個母音均有不同的子音伴隨。每個聲音在體內有專屬之地，讓每種聲響激發能量、心情、感受或熱血的情緒，並在傳遞釋放時引觸全身運動反應。

（註：以下所有子母音結合的聲響，請緩慢而不間斷地從子音漸連至母音，並切勿死念成單一聲調。）

- 好似手也在說話般，用雙手塑形、鼓勵、撫摸、甚至揍打體內聲音。
- 聲響「ㄗ˙～ㄨ～」[60]（ZZOOO）向下傳入你的骨盆和雙腿，啟動了此身體區域的動作。
- 現在，想像有個巨大的嘴巴從你的肚子張開，聲音「ㄨ˙～ㄛ‐ㄛ˙～」（WO-O-Oe）從身體中央洩出並啟發此區動作反應。
- 清楚看見附著在肋骨架邊緣的橫膈膜／太陽神經叢，讓聲音「ㄒ˙‐ㄠ～～」[61]（SHAW-AW-AW）從此漫長的嘆放離身。
- 現在，你的一個拳頭置於胸部中央胸骨上，另一拳頭則在兩肩胛骨間。好似聲音非得穿透骨頭不可，銳利又強力的「ㄍ˙‐（ㄚ+ㄡ）」[62]（Goh）的聲音爆出來。
- 雙手置於上胸，嘆放深長的「ㄇM」。當雙手臂向外開展的同時，聲音跟著變成溫暖的「ㄚ～～」（aaa）聲。你的心聲振動透過寬敞大方的喉道及手、手臂的延伸而釋放。
- 手指放在唇上，像送飛吻般，送出一個輕盈的「ㄈ˙‐ㄜ˙」（Fuh）。
- 現在，你的手與唇會釋放模糊、迷霧般有些不太確定的聲響，像是一個長且不成形的嘆息「ㄏ‐ㄜ˙～ㄜ˙～」（HU-U-U-H）。
- 下一個，手指放在兩頰上，爆出一銳利強烈又外向的「ㄅ‐（ㄝ+

---

[60] 譯註：中文無「z」，此以「ㄗ」有聲子音代替。

[61] 譯註：原母音SHAW-AW-AW，英文aw/□/在中文裡無此發音，注音中近似發音為「ㄠ」（但更相近於/a□/）且不含韻母。整體構音結構仍相差懸殊，此為譯者權衡後的妥協選擇，請讀者們注意。

[62] 譯註：同上，Goh/□/（如英文got）於中文內僅在音「ㄚ」及「ㄡ」結合時能稍微獲得相近的母音聲響。為使這聲響仍能忠於本來作者設計的母音共鳴區域，譯者決定不更改母音，而使用兩個母音結合的方式供讀者試驗，找到作者望你感受到的體驗。（與「ㄚ」一樣的開放感，但雙唇如「ㄡ」音般的圓拱前送音波。）

ㄚ=æ）」音[63]，像英文bat的/æ/，從唇上直接透過兩頰中央發出。讓此音的個性明亮自信又興高采烈。

- 從那兒直接上移至顴骨，讓手指到達鼻翼兩側硬顴骨脊上的共鳴區。讓你的前舌緣彈出音節「ㄉㄝ‧」（Deh」（英文deck的/ㄉ/）。

- 現在，你思維的上行之旅已抵達視線的水平高度。感覺眼周之骨骼結構，想像眼睛的舷窗空間（porthole）[64]。感受這靈魂之窗的脆弱度及其周遭的所有保護──一個幾乎完全透明的清澈音流從此釋出「ㄆㄟ～ㄟˊ～」（PE-EY-EY），表達此層區的開放與脆弱，或驚訝、好奇、無邪、甚至驚恐的個性。（似「陪」音，語氣上揚，有種在說「陪我？」般向外詢問或尋找感。）

- 接著很快地上跳，在前額中央吐出一個細刺的聲響「ㄎㄧ‧」──像台語來去lai-khi裡的「去」音。因為中文裡無此音，故於此借用台語發聲。英文kit的/k/。

- 最後，音階頂部的最終聲音盤旋而上，從想像的頭頂小孔飛出「ㄖ～～ㄧ～～」[65]（REEE-EE-EE），產生的充沛活力應能帶你飛離地面。你可能覺得它有點傻、狂喜的、顫抖的或激動的，但你若不帶著笑意躍升，會滿難發出這聲響的。

我們已經從低到高走過整個音域與共鳴區域，現在可回頭向下走。讓每一聲均能喚起不同能量和心情，每一聲都找到自己真實的音頻與高低。你承諾會一直帶著讓氣息自由並對每個聲音忠誠反應的精神。

以下是整個練習的序列圖。開始先由最低向上到最高，再從頂至底（註：這裡特以左注音右英文標記以供比較，但練習時左右均為相同聲音）：

---

[63] 譯註：如同前方其他母音，/æ/並不存在中文裡，此雙母音可以透過注音「ㄝ+ㄚ」大略的結合出其構造。英文bad、bat、apple的字母a等均為此發音。

[64] 譯註：porthole，船上或飛機上的小圓窗，用以透氣與透光的舷窗。

[65] 譯註：此處英文版本會將彈舌（齒齦顫音）一併加入「R」中釋放，中文無此發音。無法彈舌的讀者可在「ㄖr」前加入唇顫（lip trill），以感受彈舌能帶來的更活潑能量。

從最上排開始，沿路下行

Start here and go down.

ㄖ-一	頭頂	RREE-EE
ㄎㄧ˙	前額	KI
ㄆㄟˊ	眼睛	PE-EY
ㄅㄝ˙	顴骨	DEh
ㄅ（ㄝ+ㄚ）˙	兩頰中央	BA
ㄏ-ㄜ˙～～	嘴巴	HU-UH-UH
ㄈ˙-ㄜ˙	唇	FUh
ㄇmㄚ˙～～	心	MAA-AAH
ㄍ（ㄚ+ㄡ）˙	胸腔中央	GOh
ㄒ˙-ㄠ～～	太陽神經叢	SHAW-AW
ㄨ-ㄛ˙～	肚子	WO-Oe
ㄗ˙-ㄨ～～	骨盆及腿	ZZOO-OO
此處開始，上行		於此結束

　　剛開始練習時，應先讓每個聲音的出現都有全新的氣息衝動去支持。在對此音階程序熟悉後，便能如句子組成般將之分成幾大組，並確保這分組可在聲音與身動之中充分體現。

　　（△表示氣息更替）

ㄗ˙-ㄨ～ㄨ-ㄛ˙～ㄒ˙-ㄠ～△

（ZZOO WOe SHAW）

ㄍ（ㄚ+ㄡ）˙ㄇmㄚ～△

（Goh MMAAAH）

ㄈ-ㄜ˙ㄏㄜ˙～ㄅ（ㄝ+ㄚ）˙ㄅㄝ˙△

（FUh HU-UH BA DEh）

ㄆㄟˊ ㄎㄧ˙ㄖ-一～△

（PE-EY KI RRREEE）

ㄖ-ㄧ～ㄎㄧ‧ㄆㄟˊ △

（RRREE KI PE-EY）

ㄉㄝ‧ㄅ（ㄝ+ㄚ）‧ㄏ-ㄜ‧～ㄈ‧-ㄜ‧△

（DEh BA HU-UH-UH FUh）

ㄇmㄚ～ㄍ（ㄚ+ㄡ）‧ㄒ‧-ㄠ～ㄨ-ㄛ‧～ㄗ‧-ㄨ～

（MAAAH GOh SHAW WOe ZZOOOO）

再來變成：

ㄗ‧-ㄨ～ㄨ-ㄛ‧～ㄒ‧-ㄠ～ㄍ（ㄚ+ㄡ）‧ㄇmㄚ～△

（ZZOO WOe SHAW GOh MMAAA）

ㄈ‧-ㄜ‧ㄏ-ㄜ‧～ㄅ（ㄝ+ㄚ）‧ㄉㄝ‧ㄆㄟˊ ㄎㄧ‧ㄖ-ㄧ～△

（FUh HU-UH BA DEh PE-EY KI RRREE）

ㄖ-ㄧ～ㄎㄧ‧ㄆㄟˊ ㄉㄝ‧ㄅ（ㄝ+ㄚ）‧ㄏ-ㄜ‧～ㄈ‧-ㄜ‧△

（RRREE KI PE-EY DEh BA HU-UH-UH FU）

ㄇmㄚ～ㄍ（ㄚ+ㄡ）‧ㄒ‧-ㄠ～ㄨ-ㄛ‧～ㄗ‧-ㄨ～

（MAAAH GOh SHAW WOe ZZOOOO）

最後：

ㄗ-ㄨ‧ㄨ-ㄛ‧ㄒ-ㄠ‧ㄍ（ㄚ+ㄡ）‧ㄇmㄚ‧ㄈ-ㄜ‧ㄏㄜ‧～
ㄅ（ㄝ+ㄚ）‧ㄉㄝ‧ㄆㄟˊㄎㄧ‧ㄖㄧ‧～

（ZZOO WOe SHAW GOh MMAAH FUh HU-UH, BA DEh PE-EY KI

RRRE）

△

ㄖㄧ‧ㄎㄧ‧ㄆㄟˊ ㄉㄝ‧ㄅ（ㄝ+ㄚ）‧ㄏㄜ‧～ㄈ-ㄜ‧ㄇm
ㄚ‧ㄍ（ㄚ+ㄡ）‧ㄒ-ㄠ‧ㄨ-ㄛ‧ㄗ-ㄨ‧～

（RRREE KI PE-EY DEh BA HU-UH-UH FUh MAAAH GOh SHAW
WOe ZZOO）

　　這結合了母音、共鳴區、身體及能量的完整聲音階程，其範圍廣大的各式音聲色調應能讓你充分暖身。它提供了身體內裡的聲音有氧運動，充飽語言活力，並能替任何文本注入生命力。

步驟七

　　把步驟一到六的練習當作解剖字詞的模式，選一個擬聲（狀聲）詞並在體內釋放出來，盡可能地忽略字詞本身意義。

- 例如[66]：
  淅瀝瀝嘩啦啦隆隆嗡嗡嗡滴滴答答啪啪啪機哩瓜拉嘰哩瓜拉
  若以「滴滴答答」一詞為例，你可能會有以下體驗：
- 感覺「ㄉ」隨氣息從呼吸中樞釋放，飛至前舌及上牙齦脊間，接著跟著前舌下掉至下齒列內側。
- 在舌頭下掉後立即輕微回彈舌中，音波振動，隨之而來如雨滴落地板後震出聲響，感覺「一」聲的湧出。
- 重複以上動作，舌頭由上而下滴落後輕微反彈出的自由聲響「滴滴」。
- 接著，感覺「ㄉ」隨氣息從呼吸中樞釋放，飛至前舌及上牙齦脊間，聲音跟著前舌下掉至下齒列內側。
- 舌頭下掉，全然放鬆，允許音波振動在舌面與口內空間迴盪共鳴出「ㄚ」音。
- 重複以上動作，兩次舌頭自上齒後落下構成的聲響釋出「答答」。
- 緩慢一個個地拆解字詞，每個音聲的嘆放都有新的氣息支撐。
- 讓身體意識主導這個練習，逐漸增加以上過程的速度，直到最後每個母子音都在一個氣息的嘆息釋放內相連結合。
- 接受因各種音聲集結而產生的感知及圖像聯想。
- 讓「字」掉入身體中央，看看它能帶給你什麼體感。
  讓身體對字的感覺透過其字聲振動被彈奏出來。
- 身體跟著彈奏的字詞運動，探索字詞的聲音、感知、聯想及感受。

---

[66] 譯註：原文：splash, ratatat murmuring susurration whip均為狀聲詞，因用中文也能獲得類似的效果，故選擇新編中文狀聲詞彙。

步驟八

以具體的圖片與字詞做練習。

風	蝴蝶	龍	雲	天空
地球	月亮	石	磚	荷花
海	浪	小溪	河	大洋
火	驟燃	烈焰	火光	

- 範例：
  眼睛閉上，心念仍清楚地看見圖片。
- 讓此圖向下沉入太陽神經叢／呼吸中心。
- 在氣息飛入體內之時，自然地對圖像反應而產生感覺。
- 讓那些感覺找到聲音。聲音流經嘴巴釋出時，你的唇舌會替聲音形塑其原本字音。讓字詞去服務圖像。這些感受需要透過字而訴說表達。

步驟九

探索具有情感意象的字詞。

- 範例：
  愛　　　憤怒　　　傻笑悲傷
- 讓每一個字詞分別掉入體內深處，體驗看看會發生什麼事。若你真的給自己時間，你或許會發現字意之外所聯想到的意象開始衍生，或字意本身直接觸碰了你的情感。再次讓你的氣息下探與感覺融合後，透過字詞回流釋出。

步驟十

找到較抽象的意象字詞。

- 範例：

紫色	紅色	藍色	黃色
鋸齒邊狀	圓形標靶	過渡的	異想天開

單薄的 　　　　　無動於衷的
- 讓這些字詞在你身內形成屬於它們的意象或聯想或感受。讓這些感受透過氣息、聲音及字音被傳達出去。

步驟十一

探索具動作能量的字詞。
- 範例：

跑	塌陷	探索		
活	死	戰	走	飛
謀殺	慰藉	安撫		

步驟十二

玩玩小字：介詞、副詞[67]。
- 範例：

其 在 介 於 之 而 然 但 或 則 那 卻
只 從 此 且 便 仍 同 若 亦 如 以 就

　　字詞，如果你給它時間，它會樹立自身的獨特性格，並能在意識意念中創造抽象形體。但其個體獨特性在句中通常會被更強大的圖像抑制或搶焦，而字的個別特質能替句子的語調添增細節及色彩。它們對想法的產生、心房的開啟、轉捩點的選擇、建立或斷絕關係等過程具有戲劇性的影響力。

步驟十三

串起步驟八到十一中的各一字詞，無須邏輯或意義。

---

[67] 譯註：原文：For and to it if such now which what How or but against unless since，為英文中常見的介詞或副詞。譯者多列了幾個中文常用的介、副詞以供參考。這些「小字」或「無意義的字」本身也有著意象或感受。

- 例一：

  蝴蝶　藍色　傻笑　碎念自語

- 訓練你能按序讓圖像（具體或抽象）接著圖像一一浮現，並讓不同感受隨著圖像改變而反應釋出。在腦海裡，你或能聽／看見這字帶出的畫面，讓它投射到身體中央，也可能直接看見它在身體中央浮現。

- 讓每個字詞／圖像／感覺一個接一個準確地反映於你的聲音內。首先緩慢地開始以確保每層面的精確性且片刻不遺漏，再逐漸加快速度而不讓任何字詞奪取別的字詞獨特性。譬如說，別讓「藍色」掩蓋塗滿了「蝴蝶」，或讓「傻笑」影響了「碎念自語」。

- 開始從詞句文法中找出某種意義，例如：

- 「喃喃自語的藍蝴蝶傻笑著。」

- 現在，當你把「藍色」和「蝴蝶」放在一起時，兩個單獨的圖像形成了全新的圖像，而元素的合成優勢讓這新的圖像變得更強大。「碎念自語」的加入合三者而為一，變成一個具動能的完整圖像；「傻笑」出現分解了先前的圖像，感受也改變了。

- 例二：

  無邏輯的：烈焰燃燒海洋嘰哩呱啦憤怒黃色

- 合理化語意：嘰哩呱啦的海洋燃燒成黃色的怒氣。

- 海洋有自己獨立的圖像。「嘰哩呱拉」的加入改變了海的圖像。「燃燒的烈焰」是一個新圖像。「憤怒」獨自存在時可能是紅色的，但它必須對海洋的黃色怒氣臣服。

這裡的練習目的是讓每個單字／詞影響聲音。所以，短詞或字句能因此擁有比完整句字總體意義更多的生命力。我刻意讓例一沒什麼意義邏輯，但這句子確實有著那些蝴蝶在咯咯傻笑的訊息。句子整體感覺可能會因傻笑感浮現，讓「傻笑」成了整句的單一語氣。這樣的話，喃喃自語又被染成藍色的事實就可能顯得不重要而被忽略。例二的句子總體的憤怒印象較強，但若聲音能敏銳地受「嘰哩呱拉」、「黃色」、「海洋」影響，你的聲音更能全然傳達整句圖像裡的具體細節。

　　回憶小時候念的詩「太陽在天空中」，你可能往天空看，同時聲音向上揚起：「土地在腳下」，這時或許會停頓一下，看著地上，語調下降。但這些練習旨在讓聲音透過內在產生動能，讓聲音自充滿感知及想像力的內在世界出生。你的聲音現在處於易受非文本主體的所有素材影響之狀態，不過聲音一旦變得靈活且敏感後，你便能回到原初傳達文本意義的目標上。文中極端的色彩及圖像有助於感受的變化，但話語將不再只依賴感受產生語調變化。

關於文本 —— 藝術

一些總體觀察心得

本書重點是人的聲音。聲音與話語（speech）是不同的溝通工具。一旦人天生的原初聲音被釋放，將在全領域內擴展其藝術性潛能。除了某些特定劇場作品完全無語言或人聲外，大多數的劇場表演都以某種形式運用（人）聲音。現代舞劇有時或也透過聲音表現，偶劇亦有聲音的延伸使用，但這兩者均是演員聲音訓練目標——忠實地活出文本的生命——體現後的細化發展。此處工作的最終目標是做好充分的聲音準備，才能將印在紙本上的故事文字轉化成口聲話語。演員以服務著故事的合作身分持續在聲音與語言上工作。「從紙上到舞台上」這精闢箴言的真實體現，就是透過把字語從死寂的印刷上救活復甦，轉換成有血有肉的具體存在。

「文本」（text）一詞源自拉丁文texere，譯為「編織」或「編造」。紡織（textile）一詞亦為同字根。一個文本作品就像多樣複雜的思維透過文字編織而成的藝術織毯。表演者需透過聲音將平面的文字編織轉譯成口語故事，所以，表演之藝術根植於具有能直覺地透過語言傳達想法中情感之能力的演員身上。而演員的聲音技藝決定了其探查文本原初情感的直覺技能水準高低。

西洋戲劇建基於口語及文本之上。為了滿足西方戲劇文學的需求，演員們需具有對語言的愛好及更了解文本的渴望。在這本書的尾末，我有一些讓演員接近文本的想法可供參考。這並非分析型的文本工作，不是那種積極排練前會坐在桌前執行的文本分析（table work）。是演員私密且個人地將劇本文字吸收入裡，在身心內有機地撒下文本意涵之種，扎根，生長。從身心智能的土壤中開花結果迸出的真實情感，與理性的腦前額葉預設後並控管生產的果實相比，來得令人驚喜多了。

笛卡爾式的思維被簡化成「我思故我在」的格言，從來無法說服表演藝術者。對於在精神物理學領域工作的人而言，顯而易見的真理是「我

在故我思」。安東尼歐・達馬吉歐的著作《笛卡爾之誤》（*Descartes'* *Error*）指出身心間之交流路徑，並以神經生物學的證據佐證了存在（be-ing）必爲思想之基礎。在開始探索語言、文本和字詞的探險之際，我將再次引用達馬吉歐的另一本著作，書中描述語言工作的方式有著我難以效仿的眞實與優雅美感。

> 語言，意即字與句，是他種事物的翻譯解釋；是實體、事件、關係和論斷等非言語圖像的轉換。若語言與其他事物同樣是為了自身及意識而運作著，就表示語言內容必先存在於非語言型態裡，才透過字句成為言語符號。那「我」（I，名詞，或受詞me）字中必存有非言語可表述的自我，而「我知道」（I know）句內必有著無法言喻的意會內涵——那麼無論任何語言，「我」字及「我知道」句都是這些內容物的合理翻譯結果。我認為，先有了以自我為中心對某事物有著非語言型態的理解認知，才被激勵而說出「我知道」短句之過程推斷是合理的。
>
> 「自我及意識在言語之後會隨即浮現，並且是語言直接建構的成果」的想法不太可能是正確的。語言並非無中生有，語言給事物們取了名字。賦予給我們的優異語言天賦，能將大部分意識內的元素材料、論斷的主題客體等翻譯成語言。迄今對我們來說，歷史及個體歷史中意識的基本歷程均能透過語言無休止地翻譯，也可說是被語言「掩蓋」了——正因如此，要能想像語言之下的真正內涵確實需費很大努力，卻是我們必須且值得花費的心神氣力。
>
> ——節錄自安東尼歐・達馬吉歐《當下之感》，頁107

演員把印刷文字轉換成話語所需付出的精神努力，在於使理性大腦的叫囂冷靜下來，並給字詞時間從印刷字溶解變回隱藏其下的非言語型態之意象、感受、狀態、慾望以及回憶。字、詞或句，像是石頭被丟進心念意

識的池子裡，激起了擾亂池水的漣漪。這是什麼樣的池水？是身體的、感官的、知覺的、情感的能量之水。於是當能量持久變得需要釋放時，水轉換成振動後產成了音聲。非言語的內容物有了現成的留存於大腦的字詞可用，形塑成語言而非受大腦控制。你在本書體驗到的聲音訓練就是為了讓你準備好迎接這種與文字相遇的方式。

在理想國度中，此聲音工作應在你無須刻意運用技巧的狀態下，就能有機地融入表演、說台詞或單純講話。若本書釋放自由人聲的工作已被你深層吸收，那你自然已經擁有更加自由的聲音；聲音與你合而為一。那麼在面對很多狀況時就會產生自然的連結。有人從聲音課轉入到表演課時會體驗到全新自由的感受，這自由感可能已經跟聲音沒太大關係了。這時提及上台或排練前能用此聲音系統暖身的好處或許顯得多餘了些，但有些演員仍然對先用此聲音訓練暖身後所獲得的排練或表演效果感到驚喜。再者，大多對表演技藝認真嚴肅的演員會在每次表演前暖身／聲長達一小時（天賦異稟的例外異人才可能從街上走到台上，在毫無準備的狀態下仍能精湛的演出。年輕演員千萬不可拿他們當榜樣）。暖身之目的不僅是把人體樂器的音調好，也是為了再度開掘體內通往創意源頭的雙向道路。

當給予真理／真相的表演時刻來臨之時，聲音及語言會知道該怎麼做。當代表演訓練以即興及各種練習去引導、動搖或誘騙學生進入一種非語言的本能狀態，慾望衝動無須經過大腦便能湧現及行動。演員體驗到真實自我存在的狀態，逐漸熟悉到達此狀態的路徑，並發展能擺脫些許創作過程的不規律性之表演技藝。不過，演員擁有越多能通往真相的鑰匙越好；了解如何深入文本並將語言連結呼吸與聲音，便能提供一把在表演技藝下懸掛著的金鑰匙。

本書聲音工作持續出現的主題是圖像的運用。既有解剖學層面的精確圖像，也有特定的想像意象。中樞神經系統藉由連串的圖像掌控著整個有機體，其中包括聽覺、嗅覺、觸覺、視覺、印象或譬喻性的圖像意象。聲音練習的圖像能讓整個生命體與聆聽及說話行為重新聯繫起來。傾聽不再僅侷限於耳，說話不再受口的獨裁影響。聆聽與說話的體現需要全身從頭到腳的參與，無處不能聽，處處皆可說。

從這體驗的基礎上，我們能設計出加快理解文本速度的過程。身體的智能比腦前葉的智慧高太多了，而當字詞變成活生生的血肉時，講者便跨過了心領神會之門檻。

威爾士詩人關妮絲‧路易斯（Gwyneth Lewis）指出：

> 前進之道於我而言，在於用自身其他部分去判斷是非真偽。我所能敘述的最好方法是將思考從大腦讓位下移給腹部。頭腦是你無止盡上演幻想、回憶、抱怨糾結及猜測推斷之處；是個虛擬現實的藝廊，致力於滿足你個人的需求異想。儘管藝廊中的圖像很生動——不，簡直真到難以置信——你卻無法在此處分辨出幻想和現實的差別，因為兩者看來均充滿說服力。這時腦袋非常善於各種可能的嘗試，多種現實的版本上演，卻完全無法在其間做出正確的抉擇。
>
> 腹部無法以視覺工作，但其內在卻能於黑暗中「看見」；若你能仔細傾聽，它其實提供了相當可靠的指引。你說謊時，它會打結；它告訴你該怎麼做，即便你還沒搞懂為什麼這樣做是對的。它其實像狗一樣，喜惡跟決定都出自於本能，始終做著正確的抉擇。頭會告訴你它猜想的可能性，腹部則直言不諱傾倒出真實情狀。
>
> 習慣了讓腦袋主導你的生活之後，要讓身體主掌權下移並學習這身體深處所帶來的新視野是很困難的。但努力轉換後獲得的新角度及領悟，將會使你驚喜不已。
>
> ——節錄自關妮絲‧路易斯著作
> 《雨中的日光浴：關於憂鬱症的快樂之書》
> (*Sunbathing in the Rain: A Cheerful Book about Depression*)

你若習慣了讓腦袋主導你的生活，你大概也有著腦袋閱讀文字的習慣。即便是身體中央引導生活的那些人，也會用腦子閱讀文本，覺得文本應與真實人生有所區別。將閱讀中心下移到肚子（或更深處），將會回饋

給你多樣的見解與觀點。

接下來，我想提供你除了聲音工作（或演員自己針對這個多面向的藝術所發展出來的個人表演方法）之外，專門設計來深究探研文本的一些簡單技巧。

處理文本的方法概論

用腦袋閱讀：線性習慣（The Linear Habit）

這裡請你做個小測試，測驗你與紙上文本的關係。從一個劇本裡摘錄一段話或詩。你看到這被印在紙上的文本時所做的第一件事是什麼？

百分之九十九的人對這頁文本的第一反應都是迅速地瀏覽至結尾以找出其意涵：情節為何，人物是誰。

為什麼你會想知道它的意義？這樣你能掌控情況；能很聰明地面對內容；能立刻做出如何詮釋這段文本的一些決定。你的腦袋統治著你，它說未知是危險的。你正善用著線性（linear）的思考習慣。線性閱讀提供你理性的合理訊息──或許潛藏著暗湧的作用力。

但是，身為演員，你必須重新導向精力去要求自身能將紙上躍出的訊息垂直地下沉入你心神之井，與潛意識的地下河流融合。

如何抑止線性閱讀習慣

> 將紙上劇本的字詞視為種子。
> 將自我身心視為肥沃土壤。
> 讓字詞種子播種至你的體內。
> 給它們時間著床，發芽。
> 當它們成為想活著想被說出來的滿脹慾望衝動時，將透過語
> 言字詞重生。

字／詞（Words）必須下沉入太陽及薦骨神經叢內才能變成：

圖像　　感受　　密語
意圖　　敘述　　記憶
潛力　　行動　　能量

這些力量上旋與呼吸交融，內在反應和感想聚集成慾望衝動
及說話需求。

氣息成為音波振動。

內裡的意識之流找到了字詞之序。

嘴巴回應了明確表達的需求，構成具體語言以傳達那源自紙
上文字，再與說話者結合而成的真理（truth）。

　　我知道這複雜曲折地描述了我們視為理所當然的過程。每個人都能閱
讀，但我想問的是：「我們究竟選擇了何種閱讀過程？」水平式的線性閱
讀確保我們待在有控制力且具發明力的前腦安全區內。垂直性的閱讀則引
導我們進入創造性混亂裡，從感知的、情感的及很身體的自我存在與記憶
景觀中，出現難以預測的反應。前腦使我們安全，但安全與舒適是害怕創
造的懦夫避難所。演員必須熱忱渴望著打破不安全的、未知的、未觸碰過
之想像界限。因為沿著此邊界探索，將帶我們前往創造性的應許之地。

原有閱讀過程的恢復

　　我們在說話時，並不知道自己正邊看邊說著圖像們。圖像運行變換得
太快了。圖像已經轉成了慾望衝動本身。

　　我們會對自己（或別人）說：「上班前不知道我有沒有時間去超市買
個牛奶？」「我會在回家路上去拿乾洗的衣服。」「那我在出門開會前花
點時間餵一下貓。」……等，這些都是平凡卻都富有圖像的訊息。有些學
生跟我說他們不是視覺導向的，而是依賴聽覺或觸覺感官的人。但有了上

述日常瑣事參考後，他們就能辨識何謂「圖像」，並發展出視覺性感知以平衡其他感知習慣。

即便是更抽象的討論，仍是圖像型的：「今天我覺得真沮喪。」「我不知道該怎麼辦。」「一切好像毫無意義。」……從熟悉的情緒邏輯，延伸到同樣熟悉的存在性問題「生命的意義是什麼？」──在印象的色彩和形狀之懷裡，圖像比比皆是。心情和情緒，感知及行動，均以串流意象的形式記錄於有機生命體內。

我們說話時的內容均具有言下之意。研讀文本時，我們必須潛過淺顯字詞的目標下方，深深下沉至那最初透過意象所經歷到的很私人又個性驅成的慾念與需求。這過程必須是個慢行之旅，方能緩慢且徹底地讓那些先於文字的圖像烙印在心靈及生命體上，才透過文字傳達出去。

這些圖像一旦播種入體，慾望衝動即出生。文字（語言）又再湧現。若種入過程是真實的，被說出的字詞則為真理。演員將不再「看見」那些他徹底銘刻於心的圖像。身心機制啟動，慾望自動燃起非自主性的聲音及講演肌群之動作。

最後結果的真實度，取決於當初播種的深度。

運用你已熟悉的內裡景觀意象及科學的解剖圖像，將更加深播種的深度。

如何恢復原初閱讀習慣

剛開始學台詞時，請不要用「背／記」（*memorize*）這個字。它有種忙且快速的功能性在，而「背誦／記憶」（*memorization*）這詞傾向圖片式的文字記憶：你知道現在正念到某頁台詞的上面或下面，甚至還知道什麼時候會翻頁。你會在眼睛的正後方（或上方）設置一種像提詞機（Tele-PrompTer™）的東西以便閱讀。這種快速學習法將難以根除的言語抑揚頓挫烙印於身。說話言語變得機械而缺乏人味。

老派的「用心學習」一詞明述了研讀文本時該做什麼。你必須將角色的話語文字吸收並放入你自身的內裡風景。你需要透過氣息吸入其語言字詞好讓潛藏的想法成為感受，而你身體的細胞結構對這些感受反應開始自

我調整。

　　練習：簡單的方法從背朝地的臥姿開始，劇本放在身旁。這裡我假設你已經暖過身體及聲音，你與身體深處的意識有著精力充沛的連結。

- 慵懶地拿起劇本，看幾個字。
- 放下劇本。讓氣息下沉時帶著這些字一起進入身體低處，自然呼吸，讓這些字詞變成圖像、感受、可能的動作、情緒、疑問等等。
- 當文字不再被視爲印刷字時，聲音向外釋放成字語話音。

　　以同樣的過程運用在隨之而來的字詞們上，並交替不同身體姿態練習：斜向延展（diagonal stretch）、半胚胎（semifetal）體位、摺葉式（the folded leaf），以及蕉式伸展動作（banana stretch）。

- 躺在地上學台詞。
- 透過自由且外向的聲音釋放來學台詞——不是低語輕念。持續探索字詞內的圖像、感覺及各種油然而生的聯想。
- 每次重複字詞都能找到新的意義。不要滿足於表面的詮釋。
- 讓不同的身體姿態對應字詞，交流出不同的反應。

不要退縮，不要阻礙——在你學台詞的同時，讓聲音自由的釋放。

- 地板躺膩了，就換姿勢繼續說著話：蹲姿、四肢著地（all fours，或頭垂掛放鬆的站姿）。字詞釋出體外的同時也被深植入體。
- 最後，你終於回到齊整站姿時，需確保字詞仍每一次都沉入身體中央以下之深處。在你持續說出／釋放出台詞話語時：

移動你的骨盆。

上下彈跳雙膝。

上下彈跳肩胛骨。

全身抖動，脊椎下掉倒掛後再回正，遊走，跳躍，延展拉筋。

　　別擅作主張決定要怎麼說（how）這些字，而是找出字詞本身在講什麼（what），以及爲什麼（why）你要把它說出來的原因。

　　體態的轉換更替，在打開「意料之外」的想法及點子時能幫助驅逐那過早決定好詮釋的習慣。在思考與感受文本的路上，讓聲音一起釋出，把小心謹慎丟到風中，隨它去吧。這是對文字純粹且活躍積極的體內研究。

提醒：說話行動共含括了具思想／感受的衝動，說話的慾望；呼吸；音波振動；共鳴；構音。而其行動肌群則透過圖像／意象觸發了位於非自主性層面的肌骨運動。

　　這裡另有一種關於吸收、釋出與幫助記憶台詞的註記法：

* 需要培養的3M——心念（Mind）、身體中央（Middle）、嘴巴（Mouth）

　　三個需要被刺激的區域：心神（身心之體驗）、體中央（對圖像及慾望敏感的太陽神經叢／橫膈膜）、嘴巴（同樣敏感的唇舌）。唇與舌思考並感受，並非僅是構音的工具。

* 需要驅逐的3M——肌肉化（Muscling）、操控（Manipulation）、嚼咬（Mastication）

　　肌肉出力掌控真的太容易了。當肌肉出力就會綁架真相：「最好相信我，不然你就完蛋了！」「我講的清楚又大聲！」「你一定要相信我！」

　　現實中，肌肉常參與著情緒表達，肌肉經驗到一定程度後會說：「憤怒就是拳頭和肩膀緊縮，咬緊牙關，肚子用力。悲痛等於壓制喉嚨，臉肌扭曲，收胸悶縮。」事實上，這些面對情緒時會有的肌肉行為，常常是已發展完全的慣性反應，因為情緒被抑制而形成的。演員表演需要自由地表達情感時，就得打對抗自身情感壓抑慣性的戰爭，產生了額外的肌肉氣力。這樣的努力，說服了表演者正在非常有力、真實且有效地傳達著情感的自我感覺。

　　人的真實情感，馳騁於呼吸之風與內建的共鳴腔體穴中迴盪放大的聲波之上。強烈的慾望衝動表達顯然有肌肉的強勢參與——看兩歲小孩發脾氣就知道了。但情緒能量是透過這些肌肉運動而傳遞出去還是反被抓住抑制的，結果差別極大。肌群被從內而外有力地刺激，或從外用力、操縱或主動的掌控著力氣，兩者之間有著圖像層面上的真實性差異。

　　為了能每週演出八場表演，刻畫情感的藝術家必須知道其能量在人體中是如何流動的。只複製日常情緒表達之神經慣性的表演者，會很快地被精神疲累與氣力耗盡而擊垮。

對文本自身的具體觀察

　　這世界上顯然並無一個簡單的通則能闡明且賦予所有戲劇文本生命力。不同時期、地理及社會環境被不同的文本風格描繪出來，也需要不同的處理方法。

　　譬如精準地演繹莎士比亞的文本是一種特別的專業。你必須知道如何吸收比今日英語年輕四百歲的英文。你必須學會從伊麗莎白時代的世界觀角度，面對語言修辭學編入的線索、五步抑揚格及其不規律性、韻文和散文結構等所有內容中讀取文本意涵。坊間有許多書可供你進行莎士比亞之冒險所需的細節，我的書《釋放莎士比亞的原初之音：給演員的文本轉聲指南》（*Freeing Shakespeare's Voice: The Actor's Guide to Talking the Text*）就是其中之一。

　　從希臘戲劇到莎士比亞再到布西科特（Boucicault），「古典」（classical）主題的戲劇均運用了高濃度的語言和常見到的詩歌型態，以傳達高強度的豐富體驗如史詩般的故事。故事就在文字裡。這種表演依賴著透過輪廓鮮明的人物刻畫以體現其戲劇化語言。所有訊息躍然於紙上。

　　一般認為，現代戲劇始於易卜生（Ibsen）、史特林堡（Strindberg），以及契柯夫（Chekhov）。面對此些劇種，演員除了關於翻譯的掙扎，還有另一事實：表演者需進入潛台詞（subtext）之境。文本語言仍然濃度高張且常富詩意，但角色的內心世界比話語表達出的故事驅動了更多實質的戲劇行動。莎士比亞於《哈姆雷特》第三幕第二景中有句格言：「行動需吻合字語，字語需吻合行動」，是演出經典文本的完美建議。但他接續著說：「但特別覺察：你無法踰越謙遜的天性。無論是初始或當下以表演之名做過頭的任何行為，其最終目的都是為了拿起鏡子映照當時世界社會狀態；讓美德看見自身美好，也嘲笑自我形象與當世之形體及樣

貌。」[68]莎劇時代的戲劇範疇標準能持續沿用至現代戲劇、當代戲劇，和未來可能出現的所有戲劇型態。

易卜生和契柯夫也拿了鏡子照映了他們的世代，那個開始揭露心理面及私人世界的戲劇化時代，如此越級的戲劇高度在早期無法獲得認可。而畫上現代（modern）標籤的戲劇，從易卜生時代蔓延至如喬治·伯納德·蕭（George Bernard Shaw）、亞瑟·米勒（Arthur Miller）和田納西·威廉斯（Tennessee Williams）等劇作家的時代。他們的文字深入社會和人際關係之底層，也賦予了當時人們豐富的語彙以表達其衝突及慾望。語言仍隸屬現代戲劇身分認知的重要組成元素。

現今的作家以視聽之鏡映照出一個已失去語言認同標籤的當代社會特性。在電影及電視戲劇中，就角色而言，語言經常只不過是冰山一角。文字語言僅爲指向戲劇行動的路標。在劇場裡，音樂、技術、音效背景及特效替代了過去言語的使用目的。衝突（conflict）本是劇場藝術的命脈，卻在今日戲劇中成爲了疏離的顯現——人類爲了擺脫極端的苦痛情況所展現的求生能力。疏離的語言或許文采滔滔卻冗長，只能漂浮於真實生命之表層。現在的演員，必須深度掘入舞台上角色們之生命深土，才能挖掘出其動機及行動之養分。角色之生命能量源於字詞言下，是爲語言的潛層、深層或言外之意。一般而言，現代人日常使用的聲音範圍很小，是受限的。四、五個音高便能滿足口語溝通需求。擁有三至四個八度音程的講演音域，能提供人類表達情感的完全領域及完整思維細節，卻鮮少被我們使用的事實，證明了社會裡人們對自身的情感與想法的壓抑有多嚴重。

在這些「當代」（contemporary）、「現代」（modern）、「經典」（classical）的標籤中，我們或能從「現代」聲中聽見它受促進口語溝通

---

[68] 譯註：原劇台詞：*"Suit the action to the word, the word to the action, with this special observance: that you o'er step not the modesty of nature. For anything so overdone is from the purpose of playing, whose end, both at the first and now, was and is to hold as 'twere the mirror up to nature, to show virtue her own feature, scorn her own image, and the very age and body of the time his form and pressure [impression]."*

的社會系統之正面影響（相較於「當代」，受到的是高科技主控的溝通系統之不利影響）——家庭聚餐或在地娛樂活動的歌唱和朗誦，露天演說及政治相關的辯論，說書講古，鼓勵個人（或合唱團）學習並說讀詩詞的教育，以及面對文學時尊敬、甚至崇拜的態度。人聲音之範圍與力量，對當時社會的生命力至關重要。

傾聽經典文本時，我們能發現古典時代的聲音有多自由、多廣泛。希臘故事的龐大需要偌大的聲音與情感能力支撐。無論歌隊何時傳唱著這些故事，它都只能透過詩意的語言訴說，其字語踩踏於旋律的裙邊，並吟詠成誦詞或歌曲。英國作家如莎士比亞、馬洛、強森、韋伯斯特和福特；法國莫里哀、拉辛與高乃伊；義大利的戈齊和塔索；西班牙的卡爾德隆[69]等作家，均提供了能證明當時歐洲社會奢侈地揮霍著語言的證據，並明目張膽地為慶祝此開銷做好準備。

透過仍根植於千年口語傳統而流傳下來的歌曲詩詞及故事等種種良好養分的滋潤，加上實際的生命需求，社會各階層仍運用著完全的聲音領域。在田野與茅屋中，男女呼喊著、哄騙著、哭泣著或暢飲狂歡著；在城裡街上，人們大聲叫賣著；在院校學府內，男人與男孩朗誦出嚴肅修辭的莊重拉丁文課程內容。約翰・多恩（John Donne）的佈道聲充斥於聖保羅大教堂內，據說他的聲音能昇揚迴盪於教堂大圓頂中，甚至教堂外圍墓地內滿溢的人潮也能聽見。在海上，船長隨風揚起了聲音，讓船夫繩索一拉揚起了風帆；領導者的舌頭將其帶領的軍隊捲進戰場；王、后、貴族、女人用著強力的雄滔闊論高談訕笑各種主題或對象，恰能好好運用人聲裡悠揚旋律的經文、情歌、卡農及牧歌詠唱音域。

我深信，這些聲音的響鳴及範圍仍能在我們真正學會聆聽時被聽見。這是經典文本時代的音聲領域。我們需要培養一種充滿想像力的時空旅行機，內建的聽聲感應器能偵測先古前人之音。想像力必須透過閱讀及史究

---

[69] 譯註：依序列出作家的原名：

Shakespeare, Marlowe, Jonson, Webster, Ford; Moliere, Racine, Corneille; Gozzi, Tasso; de Calderon.

才能滿足，但接續則需靠自己相信自身靈敏的耳朵與眼睛。

有個關於發明無線電報和無線短波技術的物理學家古列莫·馬可尼[70]的故事相當迷人。這或許是個虛構的故事，但它對歷史的想像力起了很好的刺激作用。他在晚年時被問及是否仍從事著新研究，他回答：「當然。」有人問，此刻生命中正引起著他的科學興趣的東西是什麼？他回答：「建基在聲波永不會終止而永續向前行進入宇宙之事實」，他正致力發展出能重現史上曾被說出的話的調頻技術。接續的問句：「那這些世紀以來的所有言語，你特別想聽到的是什麼？」他回答：「耶穌的山中聖訓。」[71]

或許我們先祖之聲仍奔馳於永恆的聲浪之中；或許耶穌仍以「貧窮者有福了，因其將繼承大地」祈福著；也有人說祖先的記憶其實存儲於我們的大腦邊區。無論何種方法，我們似乎有著與過去接軌的能力，而經典文本的字語提供了我們能探尋往日昔音一種可靠的探測器。將戲劇分類成經典、現代、當代文本等，是相當廣泛的類別——根據規則分門別類後，自然會有各種變體及例外。分類，是為了在更細節地深研時能提供一些基本的指引方向。

---

[70] 譯註：Gugliemo Marconi，1937年辭世。

[71] 譯註：馬太福音，The Sermon on the Mount。

聽見文本之音──想像力

通常在理解文本的關卡上，你會依賴理智的引導。腦子的智能可提供調查型的想像力一連串檢查項目：你現在聽到了什麼訊息？有沒有從這個角度思考過？那個呢？你真的知道現在為什麼要說這些話嗎？但你千萬不能讓理智成為獨裁者。智力在非耽溺於情感中或掉入無政府狀態之防禦衝動的前提下，有著引領想像力連結慾望衝動、情緒、感知及聲音的強大責任。它必須將所有創意之源的產物塑形成具有意義的形狀樣貌。理智能在你一開始探索之時輕聲耳語提供導引，但它最終是一個管道，而非主控者。

這裡提供你一些能讓文本覺知更靈敏的方法。若能頻繁地參考此些文本練習的清單項目重複訓練一段時間，以後無論你面對何種文本，都能自動地以耳讀本，並了解其文本的特殊風格與內容。

檢查清單上的要點雖跨界於文本與表演，但這應成為演員在與他人排練前的文本準備功課之一部分。

檢查清單

- 轉折：思路轉折，主旨轉換，話題更替，行動轉折。
- 永恆六問：何人，何處，何時，何事，為何，如何。
- 五P之實：個體性，心理性，專業性，政治性，哲學性。
- 變化動力：文本之變化動力，角色之動態，戲劇事件之動變力。
- 節奏：言語節奏，角色節奏，場景節奏。

何謂轉折？

轉折，通常從「如果」、「但是」、「或」、「雖然」等字詞及標點符號中表現出思路的轉變。

情緒的改變即轉折。

轉折意指戲劇動作之方向改變。

何謂永恆六問？

1. 人（Who）：一開始透過五P性質找出頭緒，再延伸至「你在與誰對話？」「還有誰在場？」

2. 地（Where）：這裡的問題會是「你說話時人在何處？」「你從哪裡來？你要去哪裡？」

3. 時（When）：與時間有關的問題——年、月、早晚，或是季節——與劇中事件有關的時間資訊。

4. 事（What）：關於人物言語內容、對話內容、事件內容的所有問題。

5. 為何之因（Why）：你的動機。你為什麼要說這些話？上述四個問題也能幫你找到緣由。這也包括了特別字語選擇的原因。角色明明可以這樣說就好，為什麼選擇那樣講？

6. 如何（How）：關於手段與策略的問題——心理層面、行為層面及生理（身體）層面。

何謂五P之實？

1. 個體面（Personal）：所有關於說話者人生的個體事實——年紀、性別、種族、家庭狀況、高、矮、胖、瘦、教育程度高低等。

2. 心理面（Psychological）：與心理相關的事實，能表明一個人是否快樂、消沉沮喪、強勢好鬥、憂鬱多愁，以及其童年經歷和其他影響成長人格的因素，或角色性格的構成經歷。

3. 專（職）業面（Professional）：專業事實包括角色的社會地位及其專業、如何謀生等。

4. 政治面（Political）：政治事實解釋了角色生活的政治環境、在社經結構內之歸屬、本身是否參與政治等。

5. 哲學面（Philosophical）：諸如宗教信仰或無宗教崇拜一類之哲學事實。上帝存在與否；是否遵循任何形式的靈性修煉；存在意義的探尋；萬物皆有靈論者；得過且過的度日者等等。

變化動力的元素為何？

（就聲音而言）

速度是變動力的元素之一（快，較快；慢，較慢；介於快慢之間的中速）。

音高是變動力的元素之一（高，較高；低，較低；適中）。

音量是變動力的元素之一（大聲，較大聲；輕聲，更輕柔；適中）。

節奏的元素為何？

變動力是節奏的元素之一。

強調（加重）是節奏的元素之一，包括了與弱調的對比。

規律、變體和省略均為節奏的組成元素。

節奏、變動力和轉折的運用藝術取決於個人對比敏感度發達程度。

演員必須知道永恆六問及五P問題的答案。演員必須主掌所有資訊，即使角色本身知道的可能不多。

這裡我再次重申：檢查清單上的要點雖跨界於文本與表演，但這應成為演員在與他人排練前的文本準備功課之一部分。

一旦你的私密工作創造了集結幻想和現實、聯想、記憶、動機、音樂性及節奏的寶庫，便能帶著它與其他表演者提供的新鮮素材相遇、融合、激盪出新的化學變化。

這一長列的清單運用起來似乎很費力，但你若持續練習，重複再重複，心智將更擴展其向心意識並更深更廣地「閱讀」文本。

俳句[72]

我將用一種特殊的詩意文本示範如何使用上述練習，希望此例證能提供你舉一反三工作它種文本的指南。畢竟本書篇幅有限，試圖舉例說明

---

[72] 譯註：Haiku，俳句，是由十七音（大多為五、七、五）組成的日本定型短詩，從俳諧（誹諧）發句演變而來。

兩、三種或二十種不同寫作風格以企圖囊括所有文本是不可能的。

俳句是鍛鍊個人文本解析能力的理想迷你健身房。一首好俳句之基本特性為，在十七個音節中含有至少能引起三種不同情感反應的三個圖像。

這裡我只用受日本承認的傳統經典俳句。這意味著在英文翻譯之時仍需遵守十七個音節的規定，並準確地找到原文的情感及圖像表達。我選俳句的原因是它的言簡意賅能很經濟地運用於課堂時間上。選用經典則是因為它們經受過時光考驗並充滿力量。它情感與心理上的豐沛能量，只有在說話者準備好「反應」其字詞帶來的影響之時才能實現，而非主動的「演做」（doing）。因此，俳句是優良凝練的文本與表演練習。

能從俳句學到的另一件事是，你必須通透作者才能獲得其言語的真諦。不與詩人共馳於同一思想意象之上就想演繹好其創作是不可能的。日本古代俳句寫作的源起時代已不得而知，但它在十七和十八世紀達到其鼎盛巔峰，我從此時期中挑了五首俳句，你能從《俳句導讀，從松尾芭蕉到正岡子規志希的詩人詩選集》（*An Introduction to HAIKU, An Anthology of Poems and Poets from Basho to Shiki*）一書中找到。哈洛・韓德森（Harold G. Henderson）撰寫了此書的譯文與珍貴評論。韓德森對松尾芭蕉（Basho，被公認為經典俳句大師）之論述如下：

> ……無論有意或無意地，芭蕉晚期絕大多數的俳句，有著任何人均能理解的意涵（甚至更深之意）。讀者越深思細讀，越能在每首俳句裡、甚至那些看似瑣碎的細節中發掘更深層的意境。從其作品或能感覺人在某種程度上屬於一全整體的小部分。曾有過相同經歷的日本人解釋因芭蕉受禪道精神浸潤之深，其筆下萬物自然顯見處處禪意。這樣的釋義或許為真，但仍待商榷，畢竟尚且無人能定義「禪道精神」的確切意涵。禪悟（日文稱satori）顯然是種無法言說的強烈情感體驗，有人稱之為「實相之開悟」。非禪之人能做的僅是觀察禪道對芭蕉及其詩詞的影響。像他對生命的極大熱情；有著活盡每時每刻的渴望；懂得欣賞自然萬物的相同生命力；能

感受到萬物不孤獨，無事不偉大；具有覺察萬物間不同感知
與關係的敏銳覺察力等，常被認為是芭蕉部分禪道的體現特
質。

接下來是如何在替文本注入生命、氣息及靈魂後，進而闡明演繹其意
涵的細緻考究。一旦你了解過程步驟，進行速度其實很快。但爲了確保你
理解的完整度，我必須用蝸牛般的速度慢慢引領你走完全程。

下列五首俳句的詩人分別爲上島鬼貫（Onitsura, 1660-1738）、山口素
堂（Sodo, 1641-1716）、松尾芭蕉的徒弟內藤丈草（Joso, 1661-1704）、
小林一茶（Issa, 1762-1826）及松尾芭蕉（Basho, 1644-1694）本人[73]。

步驟一

請印出以下俳句（一張紙一首詩），加大行距並加粗字體。每首俳句
印兩份。

青綠的穀田們
一隻雲雀飛升
在彼處
再次回降

春裡我的小舍
裡頭實在空無
萬物皆有

---

[73] 譯註：此處俳句皆為英文的中譯，非直接從日本俳句翻譯而來。原文經兩番折騰
後的翻譯結果或許更偏遠原意。譯者的字詞選擇僅能試圖貼近俳句規矩及詩意，
但仍以忠於本書原文本意為目標。

「我剛剛才去了
湖底深處！」
這樣的表情
寫在小鴨臉上

男人　只有一個
還有蒼蠅　只有一隻
在偌大的客廳內

雲彩不時出沒
給人們機會
從凝視月亮中　歇息

步驟二：俳句#1

Green fields of grain	青綠的穀田們
A skylark rises	一隻雲雀　飛升
Over there	在彼處
Comes down again.	再次回降。

- 阻擋你的線性閱讀慣性：把詩的每個單詞撕開遠離彼此。你手上會有一堆紙片，每張紙片上都有一個字詞。
- 躺在地上。隨機地撿起其中一張紙片，拿到臉前讓字詞映入眼簾。讓字詞隨著氣息下沉進入你的身體。讓它轉換成圖像，或情感，或動作，或抽象形體。給這意象時間與空間讓它長大，充滿生命力。
- 紙放下無須再讀。
- 讓來自字詞意象的感受與氣息結合，震盪出聲音振動。體內的想像力在你說出此字詞時一起被釋出。

- 讓身體在字語釋出時，被聲音與意象的能量啟動。
- 持續用上述的步驟逐個體驗所有字詞，直到練完整疊紙片為止。
- 多次讓每個字詞沉入體內，融入氣息並產生聲音的碰觸，以便你真正看見、品味、觸碰並尋得字語的個別意涵。

步驟三

- 拿出第二張複印的俳句，這次依句逐條撕開。
- 躺在地上，讓每組字句透過呼吸沉入體內和想像之界，創造新圖像。而因為字詞已分別被你注入生命並個別成像，這群字語將會創建出充滿生命力的生動圖像。現在，它們的互相關聯形成了新的意境。
- 當每個句子從想像力和意象激出感受時，這積聚了能量的感覺能促使你起身。讓字詞意象啟動身體。
- 在持續探索字句細節之時，維持身體的活動性。
  （現在將按字句順序練習）

青綠的穀田們
- 萬分謹慎地確立意象的準確性：
  顏色。
  不是只有一個田的存在而已。
  不是草地，而是穀物。
青綠的穀物示意出季節性──晚春或早夏。
待在田野圖像內──你對這大片田感覺為何？
- 現在，讓下一個意象自然發生。

一隻雲雀　飛升
- 圖像改變了，感覺也更替。
這是一個轉折。
- 維持意象的準確度：雲雀是種垂直上行並有著如歌般喜悅鳴叫的小型鳥類。

在彼處

此處的距離很重要，能對證前一個意象帶來的感受。

這是另一個較小型的轉折。

• 與此意象共處，覺知當下感受。

• 讓下個意象自然發生。

再次回降

這個新意象帶來什麼新的感受？記下因此而生的新情感轉折。

步驟四

這俳句並不僅是首優美的田園詩。詩人對大自然中某特定時刻之洞察，源自於當下心理及情感狀態聚焦而成的觀點。一個重要的存在時刻提高了詩人的敏銳知覺。詩詞語言的濃烈情感照亮了眼前的景象，亦映照著詩人心境。說話者的任務是先潛入激發創作的那瞬時，進而推斷詩人當下之內在狀態。接著，說話者則需從自我生命中挖掘出近似狀態，使作品生命力再度復甦。

為了尋得詩人靈感湧現時刻，雖然並非所有問題都相關，你仍需借用永恆六問和五P之實的幫助。

1. 透過具感受的思維轉折讓意象再度自然湧現：

練習體內外雙重視覺的同時運作。（體外見識真實風景，體內浮現情感內涵。）

2. 想像詩人當下時空中與圖像有關的細節：

何人？詩人是誰？他／她？何處？在田野裡？還是站在小屋門口？

何時？時辰早晚？何月何季？

何事？在這當下，詩人的生活狀態為何？

為何？為什麼詩人觀視田野和雲雀的當下會倏然激發靈感，非寫下這首俳句不可呢？

3. 現在，自我設身處地於詩人的位置。找到一處與此相似的風景或用想像的。問自己上列的同樣問題。

4. 五P之實會替你與詩人填答許多問題。例如：

個體層面上：詩人多大？我多大？我們在鄉間幹麼？

心理層面上：從青翠的穀苗風景讓青春氣息和希望感油然而生。雲雀從田野裡倏然上衝，劇烈興奮感猛地入心——某些驚奇之事也即將發生在我的生命中。但長路漫漫。雲雀下降，我的希望，也落地了。

專職層面上：這種承諾、希望和伴隨的失望相似於我的職涯起伏。而且我總在愛情中更迭游溺。這俳句之背景是詩人的職業生命，還是關於私生活？那對我來說呢？

政治層面上：這詩可以有個政治背景的故事，但我覺得有點扯太遠了，所以省略不談。

哲學層面上：詩人和我都明白生命充滿期待和幻滅的本質，也清楚每次的經歷都仍會像首次發生般新鮮。

步驟五

現在有了需要傳達的內涵衝動，說話者能逐漸意識到圖像及感受的改變。換句話說，講者能開始尋找這些圖像及情感本質的動力能量。但表達此些轉折時請千萬小心，可能有理智一「聽見」某些有意思的動能就拿來用的危險：這裡說快一點，那邊音加高些，最後放慢點逐漸輕聲結尾……。若任憑理智控制變動能量，最終表現將死板無機。

5. 變動能：

青綠的穀田們

根據已習得之內容，這些字語需要些廣幅——應該會帶些重量並緩慢地顯現出來。

一隻雲雀　飛升

雲雀的上升速度將激發出與「青綠穀田們」相當不同的能量——聲音可能變得稍高，字也來得更快。

在彼處

距離、偏遠的程度及母音原聲均使傳遞速度趨緩，字詞或許更延展，音調可能變低些。

再次回降

情緒與聲音齊同下沉。「回降」的語重心長像低音鼓般的低鳴。「再度」帶你跌撞出最後一個意義的重擊。

6. 節奏：

俳句的節奏從圖像、感受及字詞本身的動變能量特質中湧現出來。

並留意幾乎每個字詞均有強調作用——在十六個音節中僅有五個弱音。（此指英文原文，中文無強弱音之差。）

步驟六

實際念出整首俳句，以體驗身體對俳句中三個主要意象之轉變而反應出的三種主情感變化。

步驟七：俳句#2

My hut in spring	春裡我的小舍
True there is nothing in it	裡頭實在空無
There is everything	萬物皆有

- 遵循與第一首俳句工作的順序過程。將字詞個別撕開。字詞們下沉融入你體內圖像、情緒及行動的積聚中心。說出每個字詞時，讓想像力與字音一同體現。
- 下一步，沿句撕開俳句。吸收每一行句。讓釋放每句話之時所產生的能量啟動你的身體。
- 按順序排列句子。在看見並說出意象之際，練習體內外雙重視覺的同時運作。（體外見識真實風景，體內浮現情感內涵。）
運用永恆六問與五P之實的逐步提問，挖掘俳句真相。

◀)) 作者的話

　　通常這時學生會浮出雖夠私人化但不太準確的意象。可能是個放了稀疏家具的海邊小屋景象，此首俳句「萬物皆有」的意境實為「雖無一物，卻也無妨」。此時，講者的個人需讓位以服務詩人之話。它是一個「小舍」，裡頭並無「任何東西」。講者必須開始運用想像力，看見的並非阿迪朗達克山脈中有著宜家家具的木屋，而是個光禿無一物的小舍屋。

　　學生首次念俳句時，反應通常是滿頭問號，接著想「那又怎樣？」。這些俳句的字語對他們來說很平淡，其闡述之事也了無趣味。但為了真實理解俳句的意義，學生必須化詩人創作的字語及詩人與小屋的關係為自身。若學生真能接受自己擁有的寒舍實在光禿無一物，他們便能開始想像這小屋的位置、面貌、如何獲得這小屋，以及提出各種自己與屋子的關係問題。

　　這裡頭，「春天」的重要性很容易被忽略。詩人在一年裡的這個季節看著自己的小屋，突然充滿生意。因此，一提及春天之時，我也必須喚起一個與其他季節大不同的質感。或許冬季的小屋根本太寒冷無法居住，只能緊閉。夏天來臨之際，我早已習慣這居所的存在，進出都不曾看它一眼。秋季，我發現屋子變得溼冷難耐。可是春天，使我憶起了喜愛待在小屋內獨處時光的一切。也很明顯地可以發現，我不讓他人來訪。

　　那麼，「無」（nothing）和「萬物皆有」（everything）呢？是孤獨與寂靜構成了「無」嗎？當我一人安靜地處於自己的小屋內時，會發生什麼事？然後春天裡，我會聞到花香、感到微風輕拂嗎？我是否會這麼想著「我心滿，又意足。萬象皆有，我無所求」？

　　我們一開始需要藉由五P之實追尋此俳句更深層的哲學面。如果，其實我就是小屋，那可能我找到了一種表達自我精神更新之際的方式，在個體靜心冥想中進入「無」之境界，如此狀態充飽了深刻自我意識與精神的滿足。

- 讓俳句的字語沿著特定意象行旅至下一個特定圖像的同時被說

出，讓每個意象找到其特屬的情緒及個人反應。允准過去的字語
與詩人的靈感迴盪，共鳴出音語字響。

步驟八：俳句#3

"I've just been	「我剛剛才去了
To the lake bottom!"	湖底深處！」
That is the look	這樣的表情
On the little duck's face.	寫在小鴨臉上

按照前兩首俳句的工作過程來處理新的俳句。你的內在眼耳於持續練
習的狀態之下應能看到更多、聽得更細。

將你的解讀對照我的範例。我的解析或非正解，但或許能啟發你探索
的更多可能。

「我剛剛才去了
我剛去了一個不知道如何描述的地方。

湖底深處！」
於我而言，湖底相當於暗黑的奇幻世界或一段奇異的幻旅，或者剛好
相反，是種淹窒於絕望深淵之感。

這樣的表情
寫在小鴨臉上
我設想著：一隻小鴨生平第一次下潛到湖底後，才剛浮出水面，搖
晃甩落頭上的水滴，驕傲並愉悅地看著周圍，心想：「啊哈！我活下來
了！」

我看見一位陷入愁雲慘霧中的詩人行走湖畔，突然小小的鴨子從水中
迸出。小鴨的神情看起來頗驚訝，好像在微笑，甚或大笑。詩人這時感覺
一股重壓從心中一掃而空，他說：「是啊，我還活著呀！我挺過來了！」

英文原文中，此處的節奏是塊狀而斷續的：「lake's bottom」（湖
底）、「little duck」（小鴨）、「that is」（那是）、「on the」（掛

在），這些字詞都短且音節有力。而粗體標示的/k/和/t/子音，像小鴨在水面拍打出清脆水聲一般鏗鏘。

步驟九：俳句#4

A man just one	男人　只有一個
Also a fly just one	還有蒼蠅　只有一隻
In the huge living room	在偌大的客廳內

步驟同前。你能發現越多轉折越好。例如，「男人」是第一個意象；你加上「只有一個」的細節，意象變得有點怪，甚至有些威脅性。但下個新的圖像出現，平衡了內在意象：「蒼蠅——只有一隻」，更怪了。先別急著把句子合在一起。感受兩個對比圖像之間的張力，以及被重複的字詞「只有一個（隻）」。

透過提出你和詩人各身在何處的問題，去探索詩中男人與蒼蠅的關係。男人是你，還是詩人？你是透過窗戶由外觀看這個場景嗎？客廳真的單純只是客廳嗎？

謹記：必須要有極強烈的心理或情感緣由，促使在詩人目睹此景的當下，將所見所感轉換成為俳句。

繼續向下閱讀之前，請務必先做足這首俳句的準備功課。

在此供你參考我對此俳句的閱讀過程，但請切記這並非所謂「正確答案」。這是我個人的解讀：

> 我被畫面中偌大的空間感及靜謐深深震懾到——或許這份寂靜被蒼蠅的嗡嗡聲響劃破？但或許蒼蠅毫不作聲的緊貼牆上或天花板上。我看見男人與蒼蠅互相盯著彼此。這場景似乎訴說著比家更龐大的事物，偌大的客廳影射著生命本身或直指世界。現在，男人與蒼蠅成為了世上最後活物。男人會打死蒼蠅或蒼蠅會殺死男人嗎？

以上詮釋並非我的腦子隨便想出來的；它是從朦朧的圖像中、無法即

時解答的問題內，以及不太令人舒服的答案裡逐漸浮出水面的。極端的狀態開始顯具吸引力。一首能延續超過三個世紀的俳句應是在某種極端情況下出生的，否則其意象所含之效力早應消逝了。

這是演員的文本基本功。進入更複雜的表演領域之前，它必須成為演員熟稔之地盤。你必須能夠體驗到身內的情感想像。若欲如實地再現經典文本及詩詞，你必須能夠表達字語內體現的情感想像。

注意我說的是「你必須能夠」。這種完整的豐富表達力並非經典文本或詩詞的審美規則。一旦你能從自我限制的表達方法中解脫，語言便能成為你多樣表達風格的選擇之一。

步驟十：俳句#5

Clouds come from time to time	雲彩不時出沒
And give to men a chance to rest	給人們機會
From looking at the moon	從凝視月亮中　歇息

雲彩不時出沒
我的第一印象認為雲是灰的，暗沉的雲暗示了哀傷或抑鬱的時刻。

給人們機會
喔！這些雲其實是撫慰人心、平和的。

從凝視月亮中　歇息
所以雲朵於夜空中飄經月亮。
月亮意味著什麼呢？愛，狂，夢與願，或失眠？
我知道現在是夜晚時分，詩人和我都無法入睡。我們不是深陷愛的泥沼中，就是緊抓著某種執悟，或虛構著輝煌、充滿榮耀卻不切實際的美夢。月亮映照出我們的瘋狂。不過幸好，時不時地我們能憶起過往災難級的失戀時刻，執迷眷戀消弭之時，或野心被重挫的當下——說實在的，這些時刻最後帶來的是種解脫。現實中的雲彩遮住了月，寧靜安詳。但月亮

出脫雲後之際，我們又將陷回痴眷之中。

雲彩不時出沒（Clouds come from time to time）

原文中首句Clouds come節奏沉重緩慢，音調相對暗沉。不時（from time to time）的能量稍減輕了沉重效果。字語的母音們較明亮，但仍然綿長。

給人們機會（And give to men a chance to rest）
從凝視月亮中　歇息（From looking at the moon）

這是自冷漠的自然世界變為人類個體世界之轉折，兩者均為宏觀性質。母音的短唳使節奏稍微加快，而此句內含的問題「雲彩能予人何物？」，推動了前進的能量。「機會」一詞充滿希望，這潛力稍稍提高了聲調；「歇息」讓聲音緩柔輕落。

俳句尚未完成：月之恆久光亮照映，令人難以安寧。

這首俳句原文的節奏與他首迥異，不僅是詩詞本身內容節奏的不同，並且在其主要關鍵字詞之間散布著許多小且短的字詞。

雲彩不時出沒（Clouds come from time to time）
給人們機會（And give to men a chance to rest）
從凝視月亮中　歇息（From looking at the moon）

你尋著人生的意義，凝望明月。你能愛上這首俳句。你也可能為了搞清楚這首詩的真正意涵而弄到自己快瘋了。

或許月亮是你內心的聲音？心裡的聲音是否難以理解？你正在準備一個角色？尋找著他的個性及特徵？

讓雲飄過來一下吧。去睡吧。暫時不要想了。放寬心一會兒。下次，再抬頭望月時，或許就能突然看見你不停追尋的那答案。

下次，再度念這首俳句時，或許你就能真正體會其詩詞意涵的真實感受。

下次，再度與自我聲音工作之時，或許它就真能變得完整且自由，並絕對地專屬於你。

附錄

　　節錄自羅伯特・史塔洛夫博士之著作《人聲解剖生理學》（*Anatomy and Physiology of the Voice*）及《合唱教學法》（*Choral Pedagogy*）[74]

　　人類聲音是複雜、細膩又卓越非凡的。其所能傳遞的不僅是複雜的智理概念，亦能傳達微妙的情感差異。儘管幾世紀來，人們已懂得欣賞人聲的美好與獨特性，一直到1970年代末、80年代初，醫學界才開始理解人聲之運作原理及護理。雖然我們無須透過掌握詳細的人聲解剖及生理學層面的科學資訊就能健康地唱歌（說話），但些許聲音結構及功能的基本了解會對你更有助益。

解剖學理：身體何處合成發聲設備？

　　何為喉？

　　喉部（larynx，也稱voice box）是必不可少的發聲部位，但聲音的解剖學範疇並不僅限於喉。人體發聲機制包括腹部及背部肌肉組織、肋骨架、肺、咽部（pharynx）、口腔及鼻部。每個組成對於發聲均具重要作用，人即便沒有喉部也可能發出聲音（譬如某些因癌症而接受喉部切除手術的病人仍能發聲）。此外，人體所有部位實際上在發聲之際都負了部分工作責任，也有可能成為發聲功能失調的障礙。甚至看似毫不相干的扭傷腳踝都可能改變身體姿態，從而損害腹部肌群功能，導致發聲效率低下、疲弱、嘶啞。

　　喉部由四個基本結構單位組成：喉骨（skeleton）、喉內肌（intrinsic muscles）、喉外肌（extrinsic muscles），以及喉黏膜組織（mucosa）。喉骨的最重要部分為甲狀軟骨（thyroid cartilage）、環狀軟骨（cricoid carti-

---

[74] 譯註：羅伯特・史塔洛夫（Dr. Robert Sataloff），醫學與音樂藝術學博士（M.D., D.M.A）。

lage）和一對杓狀軟骨（arytenoid cartilages）。此些軟骨與喉內肌相連。喉內肌群中的聲帶肌群（vocalis muscles，屬甲杓肌thyroarytenoid muscle 的一部分），從杓狀軟骨的兩側延伸到甲狀軟骨內側，也就是喉結[75]下後方，形成了聲褶皺層（vocal folds，俗稱聲帶）的主體。聲帶是聲道內的產振器或產聲源。聲帶間的空區稱為聲門（glottis），是解剖參考的結構點。喉內肌能改變聲帶的位置、形狀與張力，將之聚攏內收（adduction）、分離外展（abduction）或增加縱向張力以延展聲帶。喉部軟骨藉由附著的柔軟組織相連，這些組織能變動軟骨們的相對角度和距離，從而改變了懸掛於軟骨間組織的形狀與張力。而杓狀軟骨還能搖盪、轉旋和滑動，多樣的方向能變換聲帶內緣之形狀，提供了複雜的聲帶運動能力。除了環甲肌（cricothyroid muscle）外，喉部兩側所有肌群都由喉返神經（recurrent laryngeal nerves）的其中之一來支配……[76]。

此神經結構路徑很長，從脖子下延胸內再回返喉部（因此稱為喉「返」）……。而杓甲肌則受喉部兩側的喉上神經支配……。這能增加聲帶的縱向張力，對音量大小及音調的控制極為重要。另外，假聲帶（false vocal cords）位於聲帶上方，無法像真的聲帶一樣在發聲時互觸。

喉部上方：上聲道

上聲門（supraglottic）聲道包括咽、舌、軟腭、口腔、鼻及其他結構。它們齊為一共鳴體，負責大部分人聲之音質（或音色）和語音感知之特徵。聲帶本身僅產生嗡嗡音聲的原型而已。在歌唱表演及講演的聲音訓練過程中，不僅喉部會有所改變，上聲門之聲道內的肌肉運動、控制及形狀也會相應變化。

---

[75] 譯註：Adam's apple，歐美暱稱喉結為亞當的蘋果，據說亞當偷吃了伊甸園的禁果蘋果，其中一部分卡在他的喉嚨中，因而得名。

[76] 譯註：……，代表之後的文章省略，作者僅節錄有關的重要段落。

喉部下方：下聲道

下聲門（infraglottic）之聲道則為聲音的動力來源。歌者及表演者常稱這動力來源為「支撐」，或直接稱為「橫膈膜」。但支持發聲的解剖結構實際上特別複雜，醫學也尚未能全然理解。因此使用像「支持」或「橫膈膜」等字詞未必跟下聲門之聲道結構是同一件事。然而，此結構相當重要，缺乏其支持能力經常會導致發聲功能障礙。

支撐機制的存在目的是製造能導引並掌控聲帶之間氣流的力量。使主動呼吸肌群與其他被動力合作。主要吸氣（inspiration）肌群為橫膈膜（一圓頂狀肌肉沿肋骨架底緣延展開散）及外部肋間肌群。在平穩的呼吸過程中，呼氣（expiration）大多是被動的……。

此支撐機制若有缺陷，會常常導致喉部肌群代償而不當用力，而喉部肌群並非設計來產生支撐能量的……。

聲音生理學

人體所有結構究竟是如何合作產生聲音的？

腦和神經究竟與發聲有什麼關係呢？

人體發聲之生理過程極為複雜。發聲的意願始於大腦的腦皮層。而促成發聲的指令涉及腦內語言區及其他區域間之複雜的交互作用……發聲的「想法」傳至運動神經皮層的中央溝前回（precentral gyrus），轉傳成另一組指令給腦幹的運動核中及脊髓內。這些區域傳送出必要的複雜信息，用以協調喉、胸、腹肌組織及聲道構音機制的各種運動。而椎體外神經系統（extra-pyramidal）與自主神經系統則進一步提供了更完善的皮層運動。實踐發聲衝動所產出的聲音，不僅傳送到了聽者耳裡，也進入發聲者自身耳中（聽覺）……而儘管我們尚未能全盤了解觸覺（感知與觸感）的反饋機制及作用，但從喉嚨及參與發聲之肌群的觸覺反饋得知，觸覺是有助於微調人聲之輸出的。

人體如何發出聲音？

發聲（phonation）意即製造聲音——物理上來說需要動力源、振動器以及諧振器（共鳴腔體）的相互作用。

聲門在發聲過程中根據需求而閉張及變形，它的阻力因此幾乎不停地變化著，所以下聲門肌群組織必須快速且複雜地持續對應調整。每個發聲週期起始時，聲帶內縮，聲門閉攏。如此能使下聲門壓力增加，通常可到達約同於七毫米的水壓力，能提供一般說話力量……。由於聲帶處於封閉狀態，因此無氣流產生。接著，下聲門壓力逐漸把聲帶由底向上推開分離，空間因此出現，空氣開始流動。伯努利原理中指出，流體力（Bernoulli force）因空氣在聲帶之間流動而出現，再與聲帶的機械性能結合，在上聲門邊緣仍開展之時就幾乎立即關閉下聲門。伯努利定律的原理和數學相當複雜。這裡用大家較熟悉的例子解釋更容易理解的流動效果：當高速行駛的卡車經過你的車時，車子能感受到卡車施加的拉力感；或當水流過浴簾時，簾子會產生內漩運動。

聲帶的上部具有強大彈性，能使聲帶回彈置中。此力量在上部邊緣被拉展，而反向之空氣作用力因聲帶下緣的內收被削減的時候更顯優勢。於是，聲帶上部回返置中，完成了一次聲門開閉週期。下聲門壓力再次增加，開啟了下個週期循環……。

音高，則為與知覺相關的振動頻率。正常情況下，當聲帶變薄、延伸及氣壓增加時，氣流脈衝會加大，音調隨之升高……。

透過聲帶振動而產生的聲響，稱為音源訊號，是一種複雜音調，包含了基頻（fundamental frequency）、許多泛音（overtones）或更高的諧波分音（harmonic partials）……。

聲音如何塑形成體？

咽、口腔及鼻腔為系列相連的諧振器（共鳴體）。過程中，某些共鳴體會減弱頻率，其他則能增強。增強之頻率再以相對較高的振幅或強度發

射出去。音樂學博士桑德伯格[77]已證明,聲道具有四或五個重要的共振頻率,稱爲共振峰(formants)。共振峰的出現改變了聲源頻譜原有的均勻傾度,而且共振峰頻率能產生高峰值。這些聲源頻譜脈絡的更改,使我們得以區分歌唱及說話之差異。

如何控制音高及音量?

聲音的基頻及強度這兩種特徵的控制機制特別重要。基礎頻率相對應於音高,可透過氣壓或聲帶之機械性能轉換而改變(雖然多數情況下變更聲帶其實更有效率)。環甲肌(cricothyroid muscle)收縮時,使甲狀腺軟骨樞轉並增大甲狀和杓狀軟骨之間距,因此伸展了聲帶。此時亦擴大下聲門氣壓之表面積,讓氣壓更有效地上衝分開聲門。另外,聲帶的彈性纖維被拉伸能更有效益地回彈閉攏。隨著週期縮短和更頻繁的重複開閉,基頻及音調會升高。其他如甲杓肌(thyroarytenoid)等肌肉也參與了此過程。

聲音強度與音量對應,取決於聲道中何種聲門波動激發空氣分子的程度大小。氣壓的升高會加大聲帶回中線之位移幅度,因此增加聲音強度。不過,實際上這並非聲帶振動造成,氣流的倏地停止才是聲道產出聲音及能控制強度的原因。有點像嘴唇上發出嗡嗡聲響的音聲振動機制。喉部內,氣流的阻斷越急遽,聲音強度就越大。

總結

人聲機制包括喉、腹、背肌組織、肋骨架、肺、咽、口腔與鼻。在發聲過程中,每個部分均扮演著重要角色。聲音的生理學極其複雜,涉及大腦中語言和其他區域間的互動。信號傳輸到腦幹之運動核和脊髓中,以協調喉、胸、腹肌群及聲道構音組織的活動。其他神經系統區域提供了更完善的微調。發聲(phonation)需要動力源、振動器以及諧振器(共鳴體)的相互作用。聲帶產生的聲音稱爲音源訊號,是包含一個基頻及許多泛音

[77] 譯註:約翰・桑德伯格(Johan Sundberg),1936年出生,爲瑞典皇家音樂學院音樂聲學會主席。

的複雜音調。咽、口腔及鼻腔為一系列相連的諧振共鳴器。透過創造（唱歌的）共振峰，能在這些共鳴體中形塑音質並增強可聽性。特定發聲結構的調整能控制聲音的基頻及強度。

致謝

　　在此深表感謝福特基金會予我全年的時間撰寫此書的1976年首版，並感謝洛克菲勒基金會授予五個星期進駐於塞爾貝羅尼別墅（Villa Serbelloni），此書寫作才能成眞。

　　對於修訂及擴展的新版，需感謝哥倫比亞大學藝術學院及院長布魯斯・弗格森（Bruce Ferguson）授予我整學期的創作長假，以便修改我的教材。極度感激馬蕎麗・漢隆（Marjorie Hanlon）、茱莉・希涵（Julie Sheehan）、喬安納・維爾（Joanna Weir）、安卓雅・哈琳（Andrea Haring）和弗蘭・班納特（Fran Bennett）寶貴的編修協助。我仍需感謝湯姆・希普（Tom Shipp）對「聲音如何有效形成」內容之貢獻，其描述與1976年版大致相同，並感謝羅伯特・薩塔洛夫（Robert Sataloff）博士允許我摘錄其著作，充實了此書解剖學相關方面之內容。

　　我也將此增訂版獻給曾接受過嚴格教師認證培訓的所有老師，以及熱愛以此方法與人聲工作的你。

克莉絲汀・林克雷特
寫於紐約市
www.kristinlinklater.com

國家圖書館出版品預行編目資料

林克雷特聲音系統：釋放人聲自由的訓練/
Kristin Linklater著；林微弋譯. -- 初版.
-- 臺北市：五南圖書出版股份有限公司，
2022.04
　　面；　公分
　　譯自：Freeing the natural voice：
imagery and art in the practice of voice
and language.
　　ISBN 978-626-317-574-7（平裝）

1.CST：聲學　2.CST：聲音

334　　　　　　　　　　　　　111000805

1ZOX

林克雷特聲音系統
釋放人聲自由的訓練

作　　者 ― Kristin Linklater

譯　　者 ― 林微弋

發 行 人 ― 楊榮川

總 經 理 ― 楊士清

總 編 輯 ― 楊秀麗

副總編輯 ― 陳念祖

責任編輯 ― 劉芸蓁、李敏華

封面設計 ― 姚孝慈

出 版 者 ― 五南圖書出版股份有限公司

地　　址：106臺北市大安區和平東路二段339號4樓

電　　話：(02)2705-5066　　傳　　真：(02)2706-6100

網　　址：https://www.wunan.com.tw

電子郵件：wunan@wunan.com.tw

劃撥帳號：01068953

戶　　名：五南圖書出版股份有限公司

法律顧問　林勝安律師事務所　林勝安律師

出版日期　2022年 4 月初版一刷

定　　價　新臺幣520元

經典永恆・名著常在

五十週年的獻禮 —— 經典名著文庫

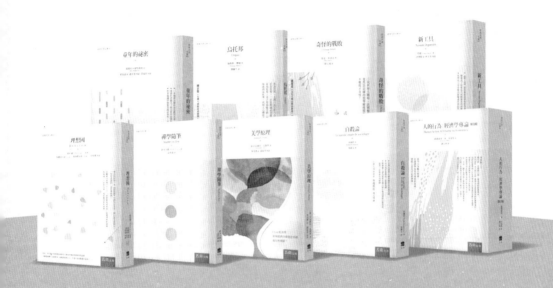

五南，五十年了，半個世紀，人生旅程的一大半，走過來了。

思索著，邁向百年的未來歷程，能為知識界、文化學術界作些什麼？

在速食文化的生態下，有什麼值得讓人雋永品味的？

歷代經典・當今名著，經過時間的洗禮，千錘百鍊，流傳至今，光芒耀人；

不僅使我們能領悟前人的智慧，同時也增深加廣我們思考的深度與視野。

我們決心投入巨資，有計畫的系統梳選，成立「經典名著文庫」，

希望收入古今中外思想性的、充滿睿智與獨見的經典、名著。

這是一項理想性的、永續性的巨大出版工程。

不在意讀者的眾寡，只考慮它的學術價值，力求完整展現先哲思想的軌跡；

為知識界開啟一片智慧之窗，營造一座百花綻放的世界文明公園，

任君遨遊、取菁吸蜜、嘉惠學子！